土木建筑大类专业系列新形态教材

U0645606

建筑识图与构造

张小平　穆文媛　徐艳宏 ▣ 主　编

高培云　段素萍 ▣ 副主编

清华大学出版社

北京

内 容 简 介

本书是为了推动"岗课赛证"融通,培养高技能人才而编写,将建筑工程识图职业等级标准的考点贯穿于每一个学习单元中。本书主要包括四部分内容:建筑工程图识图基础、房屋建筑施工图的识读、建筑构造及"1+X"建筑工程识图职业技能等级考试样题。其中建筑工程识图职业技能等级样题一是根据本书附图进行编制,样题二基于典型工程图进行编制。

本书可作为建筑工程技术专业、建筑监理专业、建筑工程造价专业以及相近专业必修课程教学用书,也可作为"1+X"建筑工程识图初级和中级技能等级考试的培训教材。

图书在版编目(CIP)数据

建筑识图与构造/张小平,穆文媛,徐艳宏主编. —北京:清华大学出版社,2023.6(2025.1重印)

土木建筑大类专业系列新形态教材

ISBN 978-7-302-63498-0

Ⅰ.①建…　Ⅱ.①张…　②穆…　③徐…　Ⅲ.①建筑制图—识图—高等学校—教材
②建筑构造—高等学校—教材　Ⅳ.①TU2

中国国家版本馆 CIP 数据核字(2023)第 083285 号

责任编辑:郭丽娜
封面设计:曹　来
责任校对:李　梅
责任印制:沈　露

出版发行:清华大学出版社
　　　　网　　　址:https://www.tup.com.cn,https://www.wqxuetang.com
　　　　地　　　址:北京清华大学学研大厦 A 座　　　　　　　邮　　编:100084
　　　　社　总　机:010-83470000　　　　　　　　　　　　　邮　　购:010-62786544
　　　　投稿与读者服务:010-62776969,c-service@tup.tsinghua.edu.cn
　　　　质量反馈:010-62772015,zhiliang@tup.tsinghua.edu.cn
　　　　课件下载:https://www.tup.com.cn,010-83470410
印　装　者:北京同文印刷有限责任公司
经　　销:全国新华书店
开　　本:185mm×260mm　　　印　　张:17.5　　　　　总字数:425 千字
版　　次:2023 年 7 月第 1 版　　　　　　　　　　　　印　　次:2025 年 1 月第 2 次印刷
定　　价:59.00 元

产品编号:095843-01

前　言

我国已进入高质量发展阶段,高技能人才已经成为国家的重要战略资源。培养高技能人才是职业教育实现高端发展、优化人才结构的必然选择。党的二十大报告指出,统筹职业教育、高等教育、继续教育协同创新,推进职普融通、产教融合、科教融汇,优化职业教育类型定位。为增强职业教育的适应性,培养高素质、复合型、创新型技能人才,职业教育亟须创新,以体现类型教育特征的育人模式。职业教育应基于岗位技能标准设计课程,定向培养高技能人才,坚守国家职业技能大赛理念,攀登技能型人才培养之巅,加强证课融通对接行业标准,探寻高技能人才培养的有效途径。为此,职业教育须深化技能型人才培养模式改革,以促进学生技能发展为中心,开展“岗课赛证融通”的高技能人才培养模式,形成“课证融通”“赛教融合”“赛证课相通”等人才培养模式。

本书正是为了推动“岗课赛证”融通,培养高技能人才而编写的,将建筑工程识图职业技能等级标准的每一个考点贯穿于每一个学习单元中。坚持“以项目为载体、工作任务为引领”的教学改革理念,形成“做中学、做中教、教学做一体化”的共识。同时,本书编写团队以典型工程施工图案例为载体,编写了建筑工程识图初级等级样题和中级等级样题,便于学生对知识的巩固与模拟测试,实现在知行合一中学得真功夫,将学校所学知识、技能与企业岗位需求无缝对接。

本书主要介绍建筑工程图的识读方法和建筑构造知识,包含以下四部分内容。

第一部分:建筑工程图识图基础,介绍了投影原理,建筑构件投影图的识读方法,剖面图和断面图的绘制与识读,轴测投影的简介。

第二部分:房屋建筑施工图的识读,以一套典型建筑工程图为例,详细介绍了建筑施工图的识图方法、识图步骤和识图内容。

第三部分:建筑构造,介绍了民用建筑各组成部分的组合和构造方法,并在书中介绍了装配式钢筋混凝土建筑构造知识。

第四部分:附录配套了两套“1+X”建筑工程识图技能等级样题。

本书由山西工程科技职业大学张小平、穆文媛、高培云、段素萍和太原市润民环保节能有限公司徐艳宏五位老师共同编写,其中,张小平编写了学习单元1~4、学习单元6及附录中的样题一;穆文媛编写了学习单元5、学习单元7和学习单元8;段素萍编写了学习单元9、学习单元11、学习单元12和学习单元14;高培云编写了学习单元10、学习单元13、学习单元15及附录中的样题二;徐艳宏编写了学习单元16。

由于编者水平有限,书中难免出现疏漏和不足之处,敬请广大读者批评指正。

编 者

2023 年 3 月

目 录

第二篇　房屋建筑施工图的识读

第三篇　建筑构造

第一篇

建筑工程图识图基础

本篇包含内容如下：

学习单元 1 建筑工程制图的基本标准

学习导引

建筑工程图是工程师的语言,从事建筑工程管理的人员只有掌握这种语言,才能进行工程管理。

知识目标

熟悉《房屋建筑制图统一标准》(GB/T 50001—2017)的基本规定。

技能目标

(1) 能应用制图标准,设置图幅尺寸("1+X"建筑工程识图职业技能等级要求(初级)1.2.1)。

(2) 能规范应用图线和字体("1+X"建筑工程识图职业技能等级要求(初级)1.2.2)。

思政要求

培养严谨的工作态度。

建筑工程图是工程建设项目实施阶段重要的技术文件,为了便于技术交流,提高生产效率,国家指定机关组织制定了相关"国家标准",简称国标,代号"GB",

建筑工程制图方面的标准有《房屋建筑制图统一标准》(GB/T 50001—2017)、《总图制图标准》(GB/T 50103—2010)、《建筑制图标准》(GB/T 50104—2010)、《建筑结构制图标准》(GB/T 50105—2010)、《建筑给水排水制图标准》(GB/T 50106—2010)和《暖通空调制图标准》(GB/T 50114—2010)。所有从事建筑工程技术的人员,无论在设计、施工和管理中都应该严格执行国家有关建筑制图标准。

《房屋建筑制图统一标准》

1.1 图 纸 幅 面

单位工程的施工图需装订成套。为了使整套施工图方便装订,国标规定图纸按其大小分为 5 种,如表 1.1 所示,A0 幅面是 A1 幅面的 2 倍,A1 幅面是 A2 幅面的 2 倍,依次类推,即 A0=2A1=4A2=8A3=16A4。同一项工程的图纸,幅面不宜多于两种。一般 A0~A3 图纸宜横式使用,必要时,也可立式使用,如图 1.1 所示。如果图纸幅面不够,可将图纸长边加长,但

GB 和 GB/T 的意义

短边不宜加长,长边加长应符合表 1.2 中的规定。

表 1.1　幅面及图框尺寸　　　　　　　　　　单位:mm

尺寸代号	A0	A1	A2	A3	A4
$b \times l$	841×1189	594×841	420×594	297×420	210×297
c		10			5
a			25		

表 1.2　图纸长边加长尺寸　　　　　　　　　　单位:mm

幅面代号	长边尺寸 l	长边加长后的尺寸
A0	1189	1486(A0+1/4l)　1635(A0+3/8l)　1783(A0+1/2l)　1982(A0+5/8l) 2080(A0+3/4l)　2230(A0+7/8l)　2378(A0+1l)
A1	841	1051(A1+1/4l)　1261(A1+1/2l)　1471(A1+3/4l)　1682(A1+1l) 1892(A1+5/4l)　2102(A1+3/2l)
A2	594	743(A2+1/4l)　891(A2+1/2l)　1041(A2+3/4l)　1189(A2+1l) 1338(A2+5/4l)　1486(A2+3/2l)　1635(A2+7/4l)　1783(A2+2l) 1932(A2+9/4l)　2080(A2+5/2l)
A3	420	630(A3+1/2l)　841(A3+1l)　1051(A3+3/2l)　1261(A3+2l) 1471(A3+5/2l)　1682(A3+3l)　1892(A3+7/2l)

注:有特殊需要的图纸,可采用 $b \times l$ 为 841mm×891mm 或 1189mm×1261mm 的幅面。

　　图纸中应有图框线、幅面线、标题栏、装订边线和对中标志,图纸的标题栏及装订边的位置,应符合下列规定。

　　(1) 横式使用的图纸,应按图 1.1(a)和(b)的形式进行。

　　(2) 立式使用的图纸,应按图 1.1(c)和(d)的形式进行。

　　标题栏和会签栏应符合图 1.2 的规定,根据工程的需要选择确定其尺寸、格式及分区。签字区应包括实名列和签名列,并应符合下列规定。

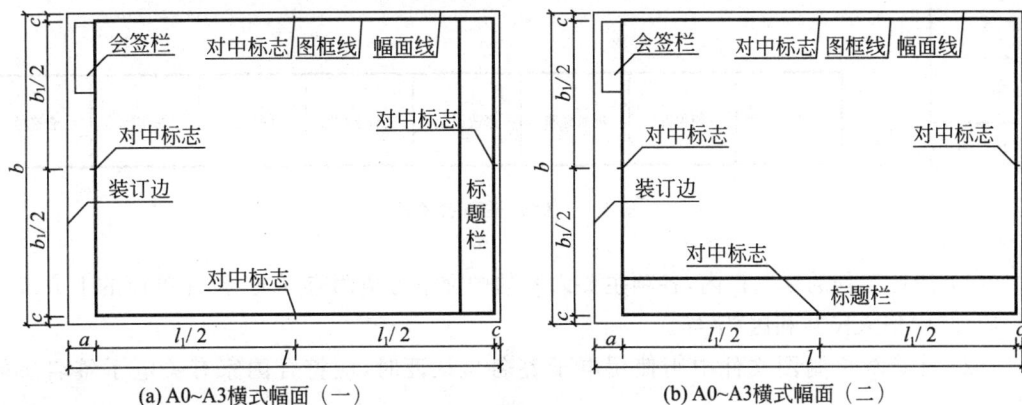

(a) A0~A3横式幅面（一）　　　　　　　　(b) A0~A3横式幅面（二）

图 1.1　图纸的幅面格式

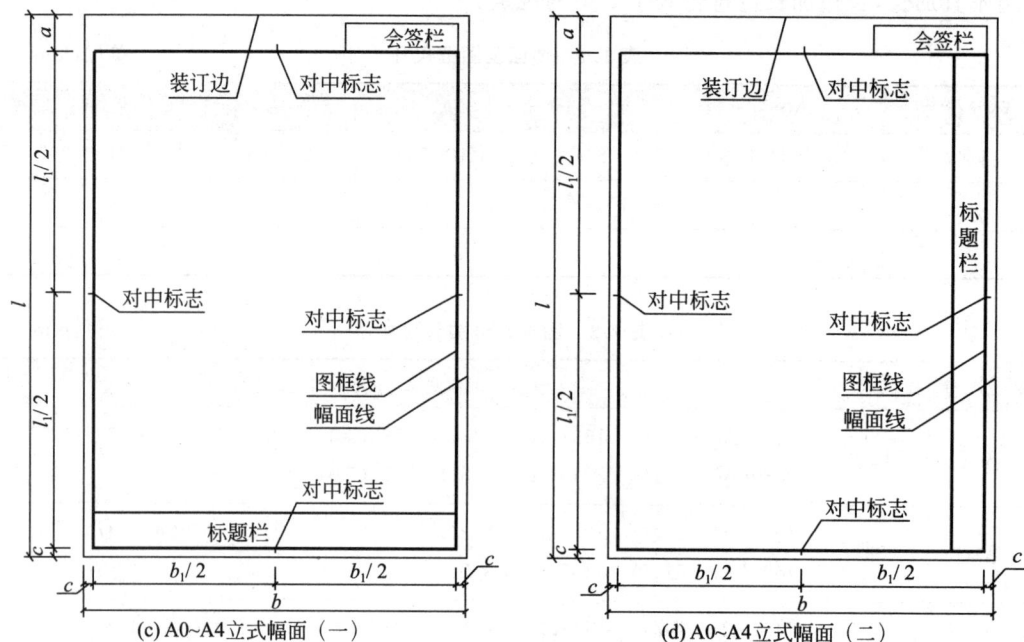

(c) A0~A4立式幅面（一）　　　　(d) A0~A4立式幅面（二）

图　1.1(续)

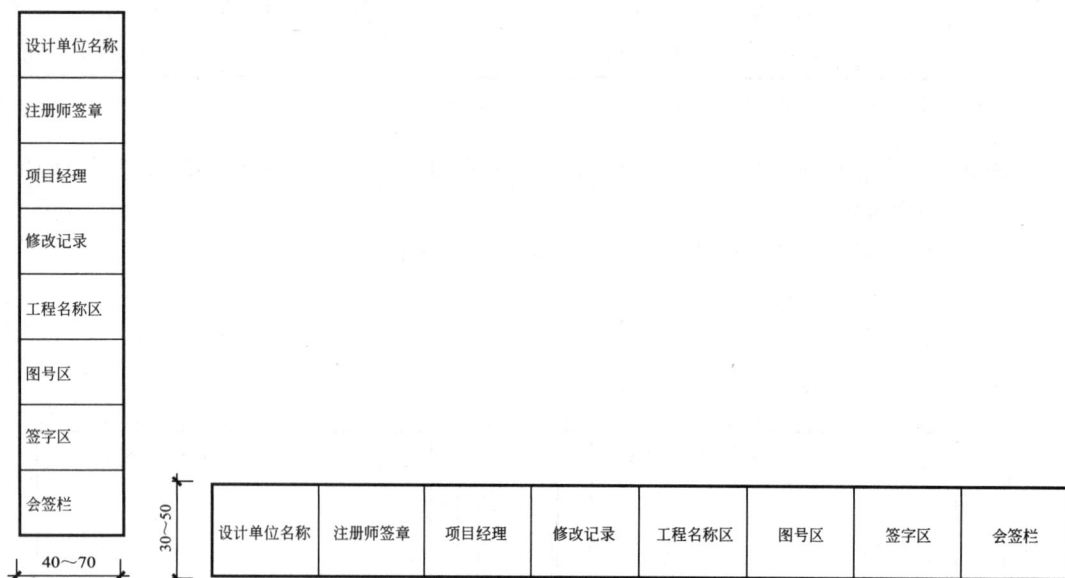

图1.2　标题栏与会签栏

（1）涉外工程的标题栏内，各项主要内容的中文下方应附有译文，设计单位的上方或左侧，应加"中华人民共和国"字样。

（2）在计算机制图文件中当使用电子签名与认证时，应符合国家有关电子签名法的规定。

1.2　图　　线

1.2.1　图线的种类与用途

工程图样中的内容都通过图线表达,为了使各种图线所表达的内容统一,国标对建筑工程图样中图线的种类、用途和画法都作了规定,在建筑工程图样中图线的线型、线宽及其作用如表 1.3 所示。

表 1.3　图线的线型参数及其用途

名　称		线　型	线宽	一　般　用　途
实线	粗		b	主要可见轮廓线
	中粗		$0.7b$	可见轮廓线
	中		$0.5b$	可见轮廓线、尺寸线、变更云线
	细		$0.25b$	图例填充线、家具线
虚线	粗		b	见各有关专业制图标准
	中粗		$0.7b$	不可见轮廓线
	中		$0.5b$	不可见轮廓线、图例线
	细		$0.25b$	图例填充线、家具线
单点长画线	粗		b	见各有关专业制图标准
	中		$0.5b$	见各有关专业制图标准
	细		$0.25b$	中心线、对称线、轴线等
双点长画线	粗		b	见各有关专业制图标准
	中		$0.5b$	见各有关专业制图标准
	细		$0.25b$	假想轮廓线、成型前原始轮廓线
折断线	细		$0.25b$	断开界线
波浪线	细		$0.25b$	断开界线

图线的宽度 b 宜从 1.4mm、1.0mm、0.7mm、0.5mm、0.35mm、0.25mm、0.18mm、0.13mm 线宽系列中选取。图线宽度不应小于 0.1mm。每个图样,应根据复杂程度与比例大小,先选定基本线宽 b,再选用表 1.4 中相应的线宽组。基本线宽 b 应根据图样的复杂程度合理选择,较复杂的图样选择较细的图线,如 0.7mm、0.5mm;较简单的图样选择的图线粗一点,如 1.4mm、1.0mm。

表 1.4　线宽组　　　　　　　　　　单位:mm

线宽	线　宽　组			
b	1.4	1.0	0.7	0.5
$0.7b$	1.0	0.7	0.5	0.35
$0.5b$	0.7	0.5	0.35	0.25
$0.25b$	0.35	0.25	0.18	0.13

注:① 需要微缩的图纸,不宜采用 0.18 及更细的线宽。

② 同一张图纸内,不同线宽组中的细线,可统一采用较细线宽组中的细线。

图纸的图框线和标题栏的图线可选用表 1.5 中的线宽。

表 1.5　图框线和标题栏的线宽

幅面代号	图框线	标题栏外框线	标题栏分格线
A0、A1	b	$0.5b$	$0.25b$
A2、A3、A4	b	$0.7b$	$0.35b$

1.2.2　画图时的注意事项

画图时应注意以下问题。

（1）在同一张图纸中，相同比例的图样，应选择相同的线宽组。

（2）相互平行的图例线，其净间隙或线中间隙不宜小于 0.2mm。

（3）虚线、单点长画线或双点长画线的线段长度和间隔，宜各自相等。

（4）单点长画线或双点长画线，当在较小图形中绘制有困难时，可用实线代替。

（5）单点长画线或双点长画线的两端不应是点。点画线与点画线交接或点画线与其他图线交接时，应是线段交接。

（6）虚线与虚线交接或虚线与其他图线交接时，应是线段交接。虚线为实线的延长线时，不得与实线连接。

（7）图线不得与文字、数字或符号重叠、混淆，不可避免时，应首先保证文字等的清晰。

各种图线相交画法正误表如表 1.6 所示。

表 1.6　各种图线相交画法正误表

名　　称	正确	错误
虚线与虚线相交		
虚线与实线相交	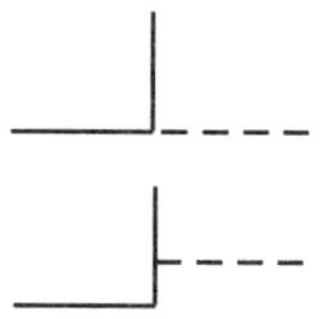	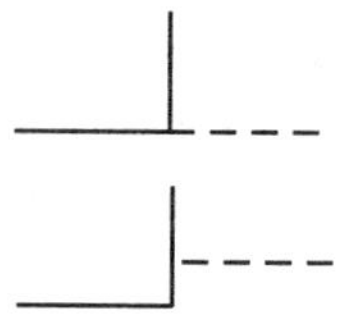
中心线相交	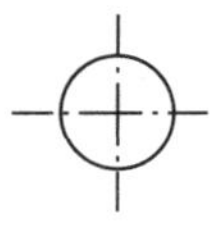	
虚线圈与中心线相交	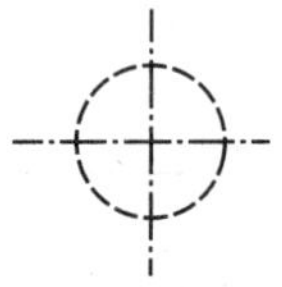	

1.3　字　　体

工程图样不仅要用图线表达建筑及其构件的形状,而且需要必要的文字说明。图纸上所需书写的文字、数字或符号等,均应笔画清晰、字体端正、排列整齐;标点符号应清楚正确。文字的字高,应从表 1.7 中选用。字高大于 10mm 的文字宜采用 True Type 字体,如需书写更大的字,其高度应按$\sqrt{2}$的倍数递增。

表 1.7　文字的字高　　　　　　单位:mm

字体种类	中文矢量字体	True Type 字体及非中文矢量字体
字高	3.5、5、7、10、14、20	3、4、6、8、10、14、20

1.3.1　汉字

图样及说明中的汉字,宜采用长仿宋体(矢量字体)或黑体,同一图纸字体种类不应超过两种。长仿宋体的宽度与高度的关系应符合表 1.8 的规定,其高宽比大约为 1:0.7。黑体字的宽度与高度应相同。大标题、图册封面、地形图等的汉字,也可书写成其他字体,但应易于辨认。汉字的简化字书写应符合国家有关汉字简化方案的规定。长仿宋体字的书写要领是:横平竖直、起落分明、笔锋满格、结构匀称、间隔均匀、排列整齐、字体端正。其书写示例如图 1.3 所示。

表 1.8　长仿宋字高宽关系　　　　　　单位:mm

字高	20	14	10	7	5	3.5
字宽	14	10	7	5	3.5	2.5

10号字　字体工整　笔画清楚　间隔均匀　排列整齐

7号字　　横平竖直　注意起落　结构均匀　填满方格

5号字　　技术制图机械电子汽车航空船舶土木建筑矿山井坑港口纺织服装

图 1.3　长仿宋体字的书写示例

1.3.2　数字与字母

如需将阿拉伯数字与罗马数字写成斜体字,其斜度应从字的底线逆时针向上倾斜 75°。斜体字的高度与宽度应与相应的直体字相等,且字高均不应小于 2.5mm。如图 1.4 所示。

$$1234567890$$
$ABCDEFGH$ 75°

1234567890 75°
$ABCDEFGH$

(a) 数字书写示例　　　　　　　　(b) 字母书写示例

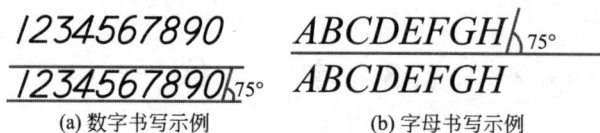

图 1.4　数字与字母书写示例

1.4　比　　例

图样的比例应为图形与实物相对应的线性尺寸之比。比例的符号为"："，比例应以阿拉伯数字表示，注写在图名的右侧，字的基准线应取平；比例的字高宜比图名的字高小一号或二号，如图 1.5 所示。

平面图　1:100　　⑥ 1:20

图 1.5　比例注写

比例的大小是指比值的大小，如 1：50 大于 1：100。绘图常用的比例如表 1.9 所示。

表 1.9　绘图常用的比例

可用比例	1：1、1：2、1：5、1：10、1：20、1：50、1：100、1：150、1：200、1：500、1：1000、1：2000、1：5000、1：10000、1：20000、1：50000、1：100000、1：200000
常用比例	1：3、1：4、1：6、1：15、1：25、1：30、1：40、1：60、1：80、1：250、1：300、1：400、1：600

1.5　尺 寸 标 注

1.5.1　尺寸的组成

一个完整的尺寸一般包括尺寸界线、尺寸线、尺寸数字及起止符号，如图 1.6 所示。

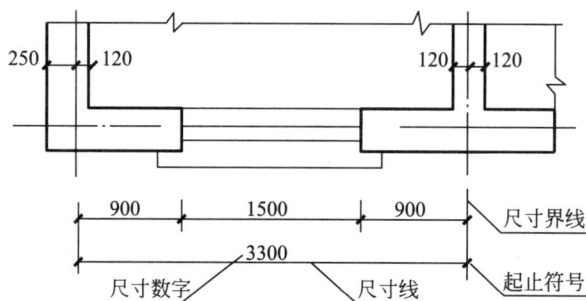

图 1.6　尺寸的组成

1. 尺寸界线

尺寸界线应用细实线绘制，一般应与被注长度垂直，其一端应离开图样轮廓线不小于 2mm，另一端宜超出尺寸线 2～3mm。图样轮廓线可用作尺寸界线，如图 1.7 所示。

2. 尺寸线

尺寸线应用细实线绘制,应与被注长度平行。图样本身的任何图线均不得用作尺寸线。

3. 尺寸起止符号

尺寸起止符号一般用中粗斜短线绘制,其倾斜方向应与尺寸界线呈顺时针45°角,长度宜为2～3mm,如图1.8所示。

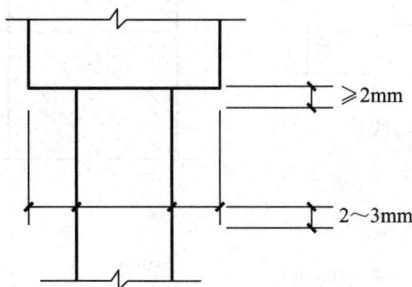

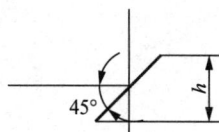

图1.7　尺寸界线　　　　　　　　　图1.8　尺寸起止符号

4. 尺寸数字

图样上的尺寸应以尺寸数字为准,不得从图上直接量取。图样上的尺寸单位,除标高及总平面以米(m)为单位外,其他必须以毫米(mm)为单位。尺寸数字的方向,应按图1.9(a)的规定注写,若尺寸数字在30°斜线区内,宜按图1.9(b)的形式注写。尺寸数字一般应依据其方向注写在靠近尺寸线的上方中部。如没有足够的注写位置,最外侧的尺寸数字可注写在尺寸界线的外侧,中间相邻的尺寸数字可错开注写,如图1.10所示。

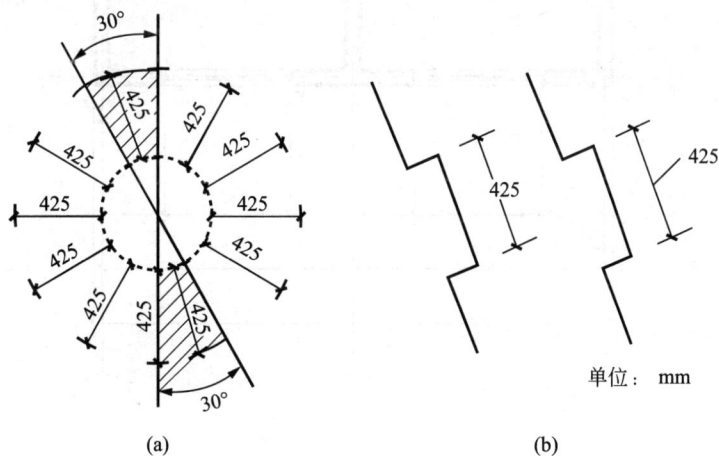

(a)　　　　　　　　　　　　　　(b)

图1.9　尺寸数字的注写方向

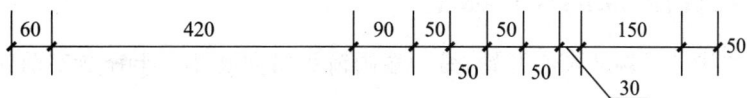

图1.10　尺寸数字的注写位置

5. 尺寸的布置

尺寸宜标注在图样轮廓以外,不宜与图线、文字及符号等相交,如图 1.11 所示。

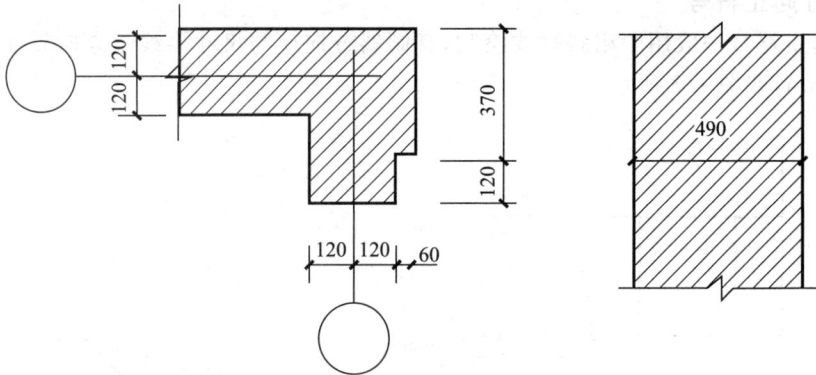

图 1.11 尺寸数字的注写

相互平行的尺寸线,应从被注写的图样轮廓线由近向远整齐排列,较小尺寸应离轮廓线较近,较大尺寸应离轮廓线较远。图样轮廓线以外的尺寸界线距图样最外轮廓之间的距离不得小于 10mm。平行排列的尺寸线的间距宜为 7~10mm,总尺寸的尺寸界线应靠近所指部位,中间分尺寸的尺寸界线可稍短,但其长度应相等,如图 1.12 所示。

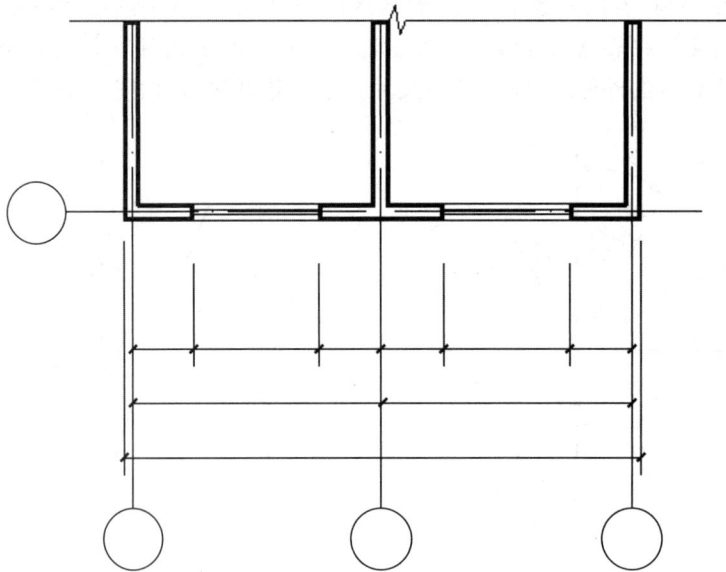

图 1.12 尺寸的排列

1.5.2 半径、直径、球的尺寸标注

半径的尺寸线应一端从圆心开始,另一端画箭头指向圆弧。半径数字前应加注半径符号"R",如图 1.13 所示。

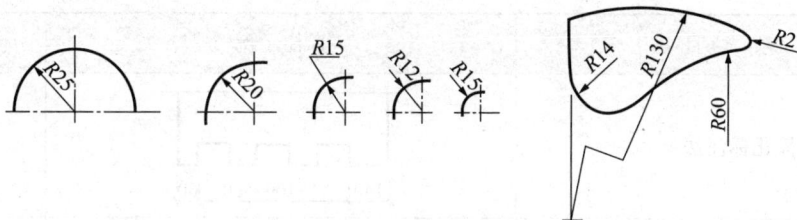

图 1.13　半径标注方法

标注圆的直径尺寸时,直径数字前应加注直径符号"φ"。在圆内标注的尺寸线应通过圆心,两端画箭头指至圆弧,如图 1.14 所示。

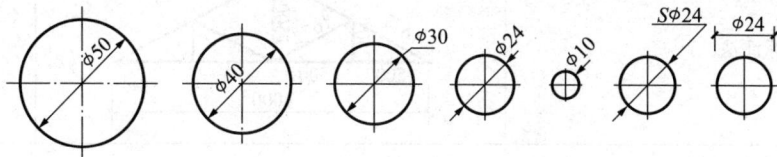

图 1.14　圆直径的标注方法

标注球的半径尺寸时,应在尺寸前加注符号"SR"。标注球的直径尺寸时,应在尺寸数字前加注符号"Sφ"。注写方法与圆弧半径和圆直径的尺寸标注方法相同。如图 1.15 所示。

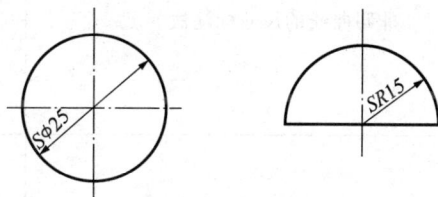

图 1.15　球体的尺寸标注

1.5.3　其他尺寸的标注

其他尺寸标注方法如表 1.10 所示。

表 1.10　尺寸标注示例

项　目	标注示例	说明
角度、弧度与弦长的尺寸标注法		
坡度的标注法		

续表

项　　目	标注示例	说明
等长尺寸简化标注法	140　5×100=500　60	
薄板厚度标注法	t10	
杆件尺寸标注法	1677　1677　1677　750　1500　1500　1500　6000	
非圆曲线的尺寸标注法	1400　800　600　950　1250　1450　1550　1650　950 900 1000 1000 1000 1000 1000　全长尺寸　13700	
相同要素的尺寸标注法	S∮60	

1.6　工程图的绘制

计算机绘图软件出现之前,工程图主要是借助绘图工具和绘图仪器进行手工绘制。20 世纪 80 年代,发明了计算机绘图,开发了 CAD 绘图软件,提高了绘图速度和绘图质量,使得工程制图得以长足发展。特别是 BIM(building information model,建筑信息模型)软件的开发,更是将设计、绘制、施工、管理融为一体,从而使工程建设向现代信息管理迈了一大步。

计算机绘图软件及 BIM 软件将在后续课程中学习,为了便于巩固学习成果,需要进行必要的手工作图,这里只介绍手工绘图的知识。

1.6.1　手工绘图工具及仪器

常用的绘图工具有图板、铅笔、丁字尺、三角板、比例尺和圆规等。

1. 图板

图板是画图时的垫板,通常用胶合板制成,为防止翘曲,四周镶以硬木条。图板板面应质地松软、光滑平整、有弹性,图板两端要平整,角边应垂直。图板的大小有 0 号、1 号、2 号和 3 号等规格,可根据所画图幅的大小选定。

2. 丁字尺

丁字尺由相互垂直的尺头和尺身构成,其主要作用是画水平线。用丁字尺画水平线时,铅笔应沿着尺身工作边从左画到右,当水平线较多时,则应自上而下逐条画出。如图 1.16 所示。

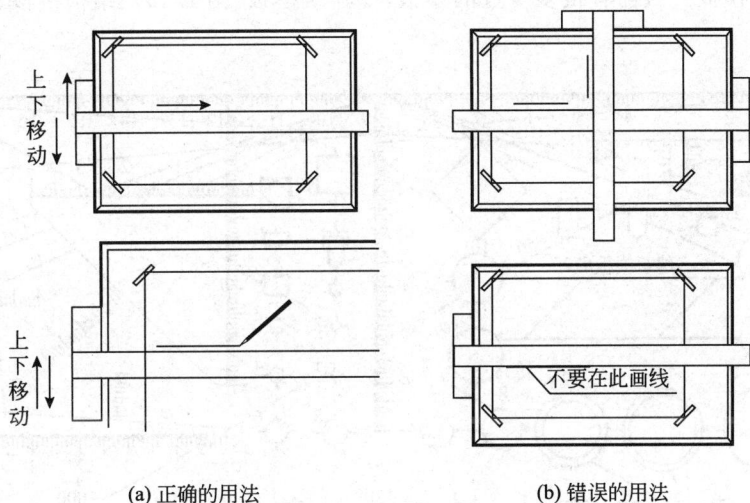

(a) 正确的用法　　　　　　　　　　(b) 错误的用法

图 1.16　丁字尺的使用方法

3. 三角板

每副三角板有两块,其中 45° 和 30° 各一块,可与丁字尺配合使用画竖线和斜线。还可以画出 15° 的整倍的任一角度。如图 1.17 所示。

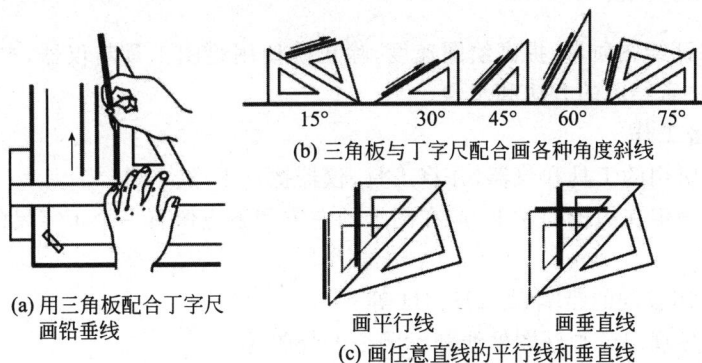

(a) 用三角板配合丁字尺
画铅垂线

(b) 三角板与丁字尺配合画各种角度斜线

画平行线　　　　画垂直线
(c) 画任意直线的平行线和垂直线

图 1.17　三角板与丁字尺配合画竖线和斜线

4. 比例尺

比例尺是绘图时用来缩小图形的绘图工具。其上有多种不同比例的刻度,画线时可以不经计算直接从比例尺上量取尺寸,如图 1.18 所示。

5. 其他绘图用品

（1）绘图纸。绘图纸用于画铅笔图或墨线图，要求纸面洁白、质地坚实，并以橡皮擦拭不起毛、画墨线不洇为好。

（2）铅笔。绘图所用铅笔的铅芯黑度和硬度分别用 B 和 H 标明，B 表示软且浓，H 表示硬且淡，HB 表示硬度和黑度适中。画底稿时常用 2H 和 H 铅笔，加粗时常用 HB 和 2B 铅笔。

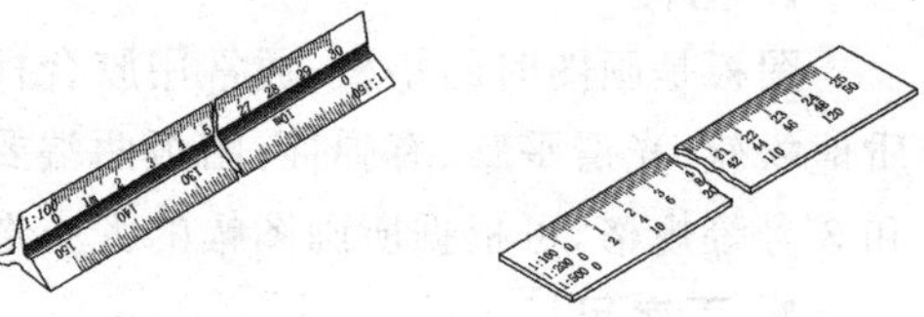

(a) 三棱比例尺   (b) 比例直尺

图 1.18　比例尺

（3）制图模板。目前有很多专业的模板，如建筑模板（图 1.19）、结构模板、轴测图模板、数字模板等。

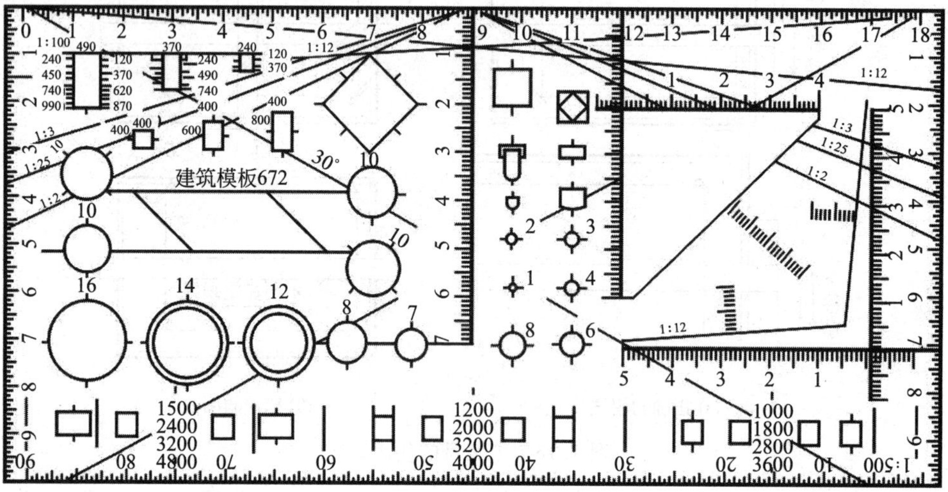

图 1.19　建筑绘图模板

1.6.2　绘图的方法与步骤

为了充分保证绘图质量，提高绘图速度，除正确使用绘图工具与仪器，严格遵守国家制图标准外，还应注意绘图的方法和步骤。

1. 做好准备工作

（1）准备好所用的工具和仪器，并将工具、仪器擦拭干净。

（2）将图纸固定在图板的左下方，在图纸的左方和下方留有一个丁字尺的宽度。

2. 画底图

画底图需要用较硬的铅笔，如 2H、3H 等。

（1）根据国标规定先画好图框线和标题栏的外轮廓。

（2）根据所绘图样的大小、比例、数量合理地布置图面，如图形有中心线，应先画中心线，并注意给尺寸标注留有足够的位置。

（3）画图形的主要轮廓线，由大到小，由整体到局部，直至画出所有轮廓线。为了方便修改，底图的图线应轻且淡，能定出图形的形状和大小即可。

（4）画尺寸界线、尺寸线，以及其他符号。

（5）最后仔细检查底图，擦去多余的底稿图线。

3. 用铅笔加深

绘制图线使用较黑的铅笔，如 B、2B 等，文字说明用 HB 铅笔，对图样进行加深。

（1）先加深图样，按照水平线从上到下，垂直线从左到右的顺序依次完成。如有曲线与直线连接，应先画曲线，再画与其相连的直线。各类线型的加深顺序是：中心线、粗实线、虚线、细实线。

（2）加深尺寸界线、尺寸线，画尺寸起止符号，写尺寸数字。

（3）写图名、比例及文字说明。

（4）画标题栏，并填写标题栏内的文字。

（5）加深图框线。

图样加深完成后，应达到图面干净、线型分明、图线匀称、布图合理的效果。

小　结

图纸是工程师的语言，是工程实施、管理的重要技术文件。《房屋建筑制图统一标准》(GB/T 50001—2017)对图纸的幅面、图纸中的线型和画法、文字的写法要求、图样的比例、尺寸标注的内容和要求做了详细的规定，所有从事工程建设的人员都必须掌握制图标准并按照制图标准规范绘图。

学习单元1习题

学习单元 2　投影的基本知识

学习导引

工程图是工程师的语言,这种语言的基本原理是什么?

知识目标

掌握工程图的绘图原理和表达方法。

技能目标

掌握投影的基本知识、规则、特征和方法,识读点、线、面、体的三面投影图("1+X"建筑工程识图职业技能等级要求(初级)1.1.1)。

思政要求

高楼大厦都是从基础做起,为建成高楼大厦,我们必须认真学习基础知识,为将来的高楼大厦打好坚实的基础。

2.1　投影的概念、分类及其应用

2.1.1　投影的概念

光线照射物体,在地面或墙面上产生影子,这种影子只能反映物体的简单轮廓,不能反映其真实大小和具体形状。工程制图就是利用了自然界的这种现象,将其进行科学地抽象和概括。假想所有物体都是透明体,光线能够穿透物体,这样得到的影子可以反映物体的具体形状,这就是投影,如图2.1所示。

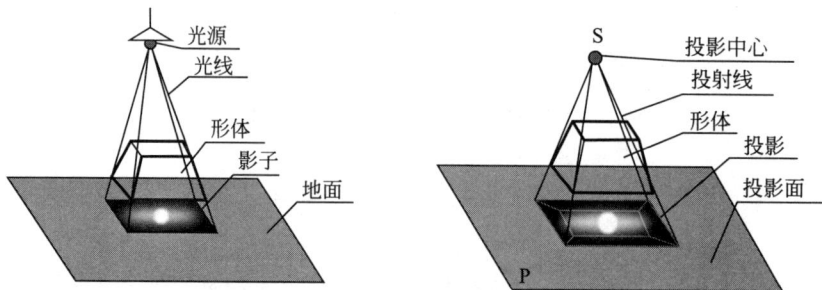

图 2.1　投影的形成

产生投影必须具备:①光线——投影线;②形体——只表示物体的形状和大小,而不反映物体的物理性质;③投影面——影子所在的平面。

2.1.2 投影的分类

根据光源所产生的投影线不同,可将投影分为中心投影和平行投影两种。

1. 中心投影法

由点光源产生放射状的光线,使形体产生投影,叫作中心投影,用这种方法绘制的投影图叫作透视图,如图2.2所示。其直观性较强,符合视觉习惯,但作图也较难掌握。

2. 平行投影法

当点光源向无限远处移动时,光线与光线之间的夹角逐渐变小,直至为0,这时光线与光线互相平行,使形体产生的投影,叫作平行投影。平行投影又分为正投影和斜投影。正投影是投影线与投影面垂直的投影。图2.3所示为台阶正投影,正投影具有作图简单、度量方便的特点,被工程制图广泛应用,其缺点是直观性较差,投影图的识读较困难。标高投影是带有数字的正投影图,如图2.4所示,在测量工程和建筑工程中常用标高投影表示起伏不平的地面。作图时,将不同高程的等高线投影在水平投影面上,并标注其高程值,相邻等高线的高程差相同。标高投影是正投影的一种应用。

投影线与投影面倾斜的投影称为斜投影,如图2.5所示,这种投影直观性较好,但视觉效果没有中心投影图逼真。在设备施工图中,如图2.6所示的供暖系统轴测图,通常采用斜投影来表达管线的空间走向和空间连接。

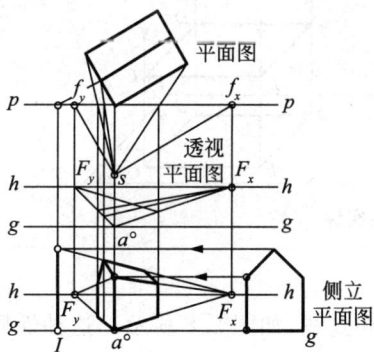

图2.2 双坡屋面房子的中心投影

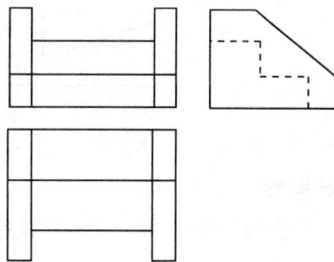

图2.3 台阶正投影

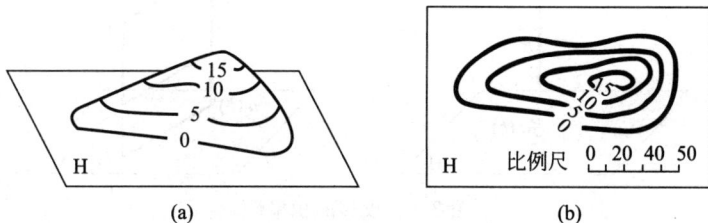

(a)

(b)

图2.4 标高投影

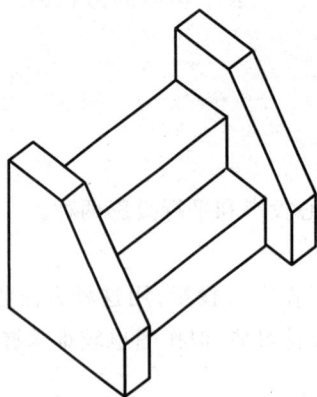

图 2.5　斜投影图

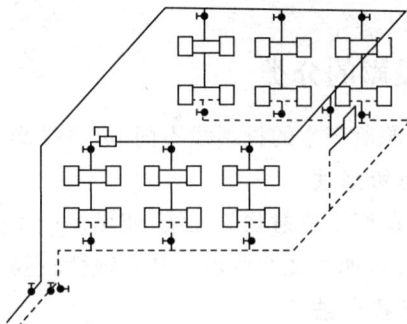

图 2.6　供暖系统轴测图

2.1.3　正投影的特性

1. 显实性

直线或平面与投影面平行时,其投影反映直线或平面的实形,如图 2.7 所示。直线 AB 平行于投影面 H,它在平面 H 上的投影反映直线 AB 的实长,即 $AB=ab$。平面 $ABCD$ 平行于投影面 H,其在 H 面上的投影反映平面 $ABCD$ 的真实形状和实际大小,即 $\Box ABCD \cong \Box abcd$。这种性质称为正投影的显实性。

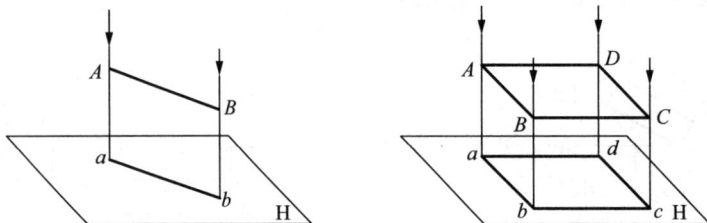

图 2.7　投影的显实性

2. 积聚性

直线或平面与投影面垂直时,其投影积聚成点和直线,如图 2.8 所示。这种性质称为正投影的积聚性。

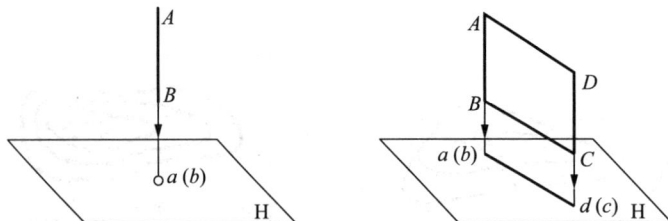

图 2.8　投影的积聚性

3. 类似性

直线或平面与投影面倾斜时,直线的投影仍为直线,但短于原直线的实长;平面的投影仍为平面,但形状和大小都会发生变化。如图 2.9 所示,当直线 *AB* 或平面四边形 *ABCD* 不平行于投影面时,其投影 *ab*<*AB*;平面四边形 *ABCD* 的投影 *abcd* 仍为平面,但 *abcd* 不仅比平面四边形 *ABCD* 小,而且形状也发生了变化。这种性质称为正投影的类似性。

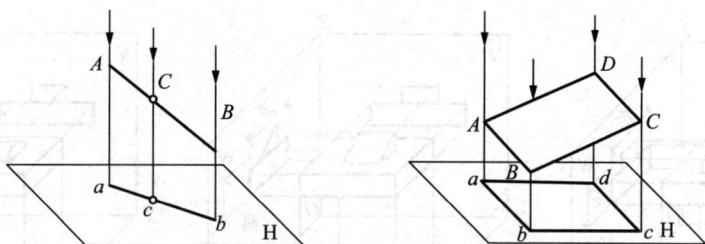

图 2.9 投影的类似性

2.1.4 三面投影图

1. 三面投影图的形成

如果将一形体放置在水平面之上,从上向下作投影,得到的投影图称作水平投影图,水平面称作水平投影面,用字母 H 表示,水平投影反映形体的长度和宽度,如图 2.10 所示。形体的水平投影不能将形体的所有尺寸(长、宽、高)全部反映出来。而且图中四个不同的形体,投影图是相同的,可见形体的水平投影不能唯一确定形体的形状。

若在位于观察者正对面再设置一投影面,使其与水平投影面垂直,形体从前向后投影,得到的正投影图称作正面投影图,投影面称作正立投影面,用字母 V 表示,形体的正面投影反映了形体的长度和高度,如图 2.11 所示。水平投影面与正立投影面构成两面投影体系,它们的交线叫投影轴,用 *OX* 表示。形体的两面投影能将形体的长度、宽度和高度全部反映出来,但是却不能唯一地反映形体的形状,如图中四棱柱、三棱柱和半圆柱是三个不同的形体,其两面投影却完全相同。

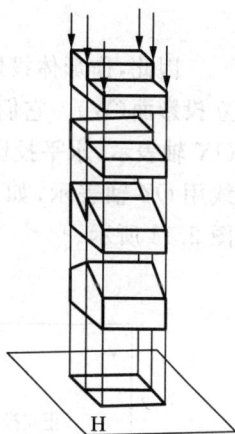

图 2.10 形体的水平投影

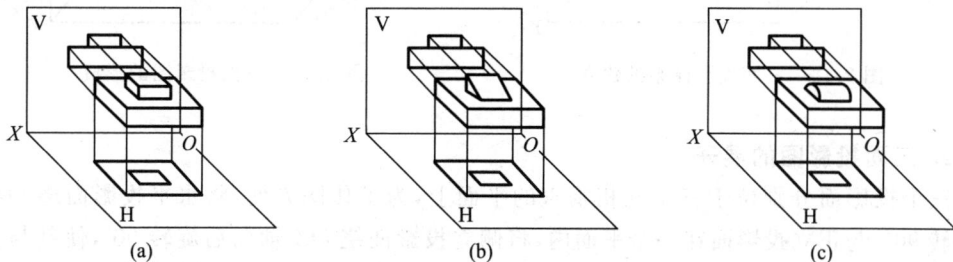

(a)　　　　　　　(b)　　　　　　　(c)

图 2.11 形体的两面投影

　　为了能完全区分形体的形状,在水平投影面和正立投影面的右侧再增加一个投影面,形体从左向右作正投影,得到的投影图称作侧面投影图。新增加的投影面称为侧立投影面,用字母 W 表示。侧面投影反映形体的宽度和高度,如图 2.12 所示。形体的三面投影不仅能确定形体的三维尺寸,而且能唯一地确定形体的形状,如图 2.12 所示,三面投影图可以将四棱柱、三棱柱和半圆柱明显区别出来。

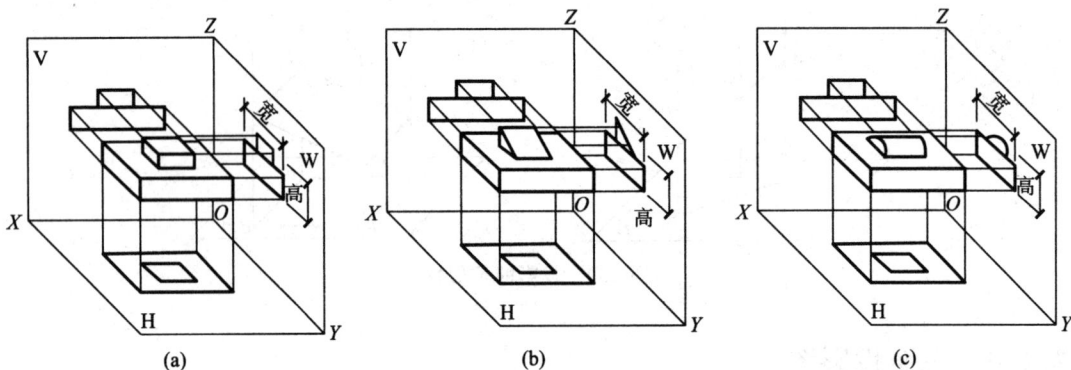

图 2.12　形体的三面投影

　　因此,作形体投影图时,应建立三面投影体系,即水平投影面(H)、正立投影面(V)和侧立投影面(W)。它们互相垂直相交,交线称作投影轴,水平投影面和正立投影面的交线用 *OX* 轴表示,水平投影面和侧立投影面的交线用 *OY* 轴表示,正立投影面与侧立投影面的交线用 *OZ* 轴表示,如图 2.13 所示。形体在三面投影体系中的投影称作三面投影图,如图 2.14 所示。

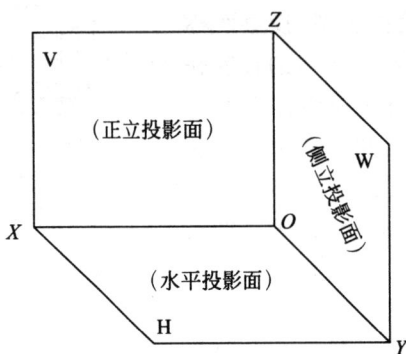

图 2.13　三面投影体系的建立

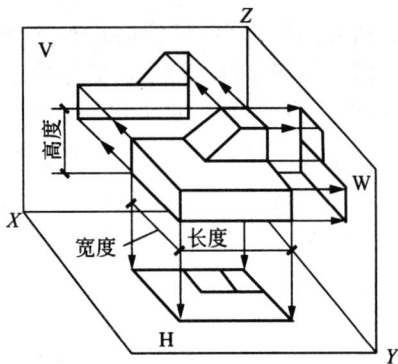

图 2.14　三面投影图的形成

2. 三面投影图的展开

　　三个投影面分别位于三个互相垂直的平面上,为了作图方便,将水平投影面绕 *OX* 向下旋转 90°,与正立投影面在一个平面内,将侧立投影面绕 *OZ* 轴向后旋转 90°,使其与正立投影面也在一个平面内。这样,三个投影面被摊开在一个平面内的方法,叫作三面投影图的展开,如图 2.15 所示。

3. 三面投影图的规律

很明显,由于作形体投影图时,形体的位置不变,因此展开后,同时反映形体长度的水平投影和正面投影左右对齐——长对正,同时反映形体高度的正面投影和侧面投影上下对齐——高平齐,同时反映形体宽度的水平投影和侧面投影前后对齐——宽相等,如图 2.16 所示。

"长对正、高平齐、宽相等"是形体三面投影图的规律,无论是整个物体,还是物体的局部都符合这条规律。

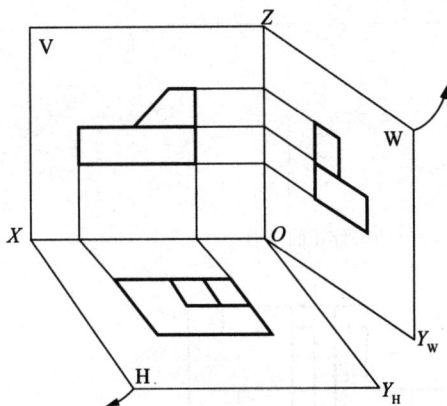

图 2.15 三面投影体系的展开

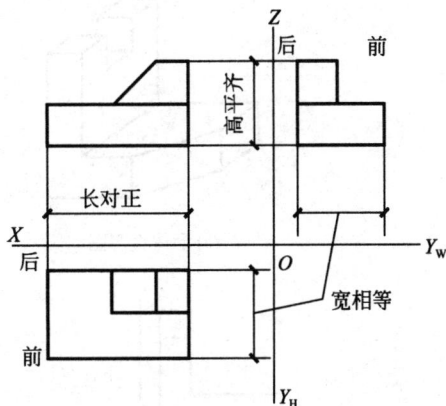

图 2.16 三面投影图的规律

4. 三面投影图的方位

形体在三面投影体系中的位置确定后,相对于观察者,它的空间就有上、下、左、右、前、后六个方位,如图 2.17 所示。水平面上的投影反映形体的前、后、左、右关系,正面投影反映形体的上、下、左、右关系,侧面投影反映形体的上、下、前、后关系。

三面投影图
展开动画

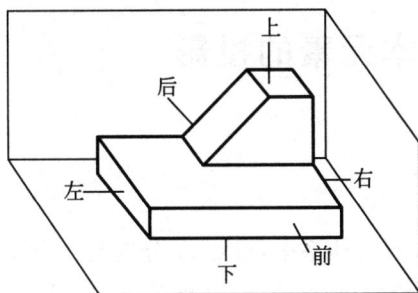

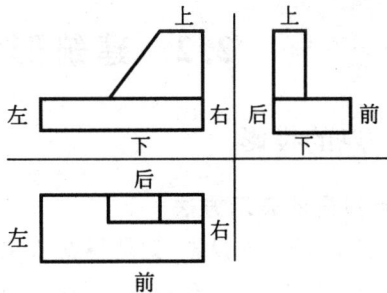

图 2.17 三面投影图的方位关系

5. 三面投影图的画图方法

以图 2.18(a)所示的形体为例,作形体投影图时,先画投影轴(互相垂直的两条线),水平投影面在下方,正立投影面在水平投影面的正上方,侧立投影面在正立投影面的正右方,如图 2.18(b)所示。

(1) 量取形体的长度和高度,在正立投影面上作正面投影,如图 2.18(b)所示。

（2）量取形体的宽度，根据"长对正"的投影规律在水平投影面上作水平投影，如图2.18（c）所示。

（3）根据"高平齐"和"宽相等"的规律作侧面投影，如图2.18（d）所示。

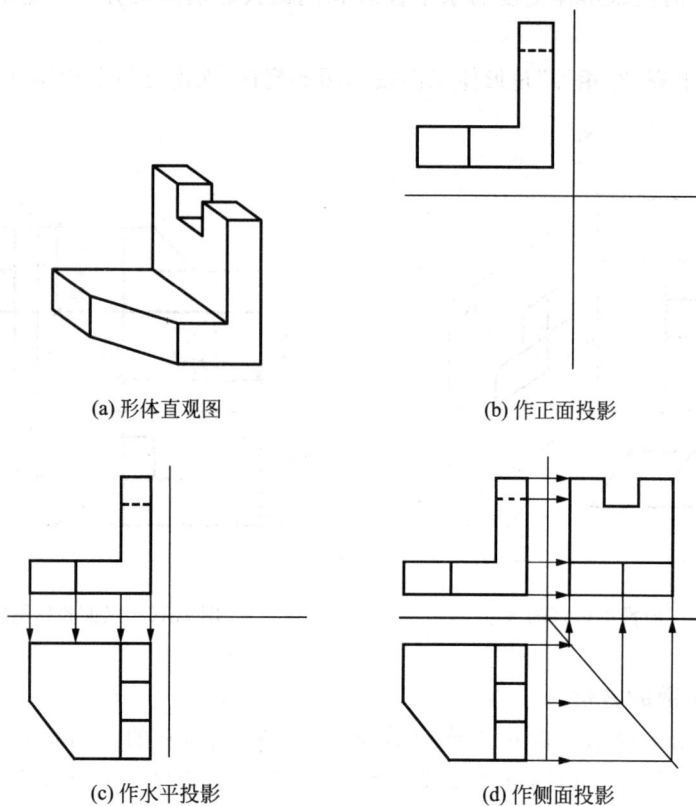

(a) 形体直观图　　　　　　(b) 作正面投影

(c) 作水平投影　　　　　　(d) 作侧面投影

图 2.18　作形体的三面投影

2.2　建筑形体基本元素的投影

2.2.1　点的投影

1. 点投影的表示方法

空间点 A 的三面投影，就是将点 A 置于三面投影体系中，过点 A 分别向三个投影面作投影线，投影线与投影面的交点，形成点 A 在三个投影面的投影，其标注方法分别用空间点的同名小写字母 a、a'、a'' 表示。a 表示点 A 的 H 面投影，a' 表示点 A 的 V 面投影，a'' 表示点 A 的 W 面投影。过点 A 的三面投影分别向投影轴作垂线，和投影轴分别交于 a_x、a_y 和 a_z，如图 2.19（a）所示。将点 A 的三面投影图展开，如图 2.19（b）所示，去掉边框线，形成点 A 的三面投影图，如图 2.19（c）所示。从图 2.19（c）中可以得出点在三面投影体系中具有以下投影规律：

（1）点的水平投影与正面投影的连线垂直于 OX 轴；

（2）点的正面投影和侧面投影的连线垂直于 OZ 轴；

（3）点的水平投影到 OX 轴的距离等于侧面投影到 OZ 轴的距离；

（4）点到某投影面的距离等于其在另两个投影面上的投影到相应投影轴的距离。

点的投影规律的前三条是形体投影规律"长对正、高平齐、宽相等"的理论根据。根据这个规律，可以在已知点的两面投影的条件下，求作第三面投影。

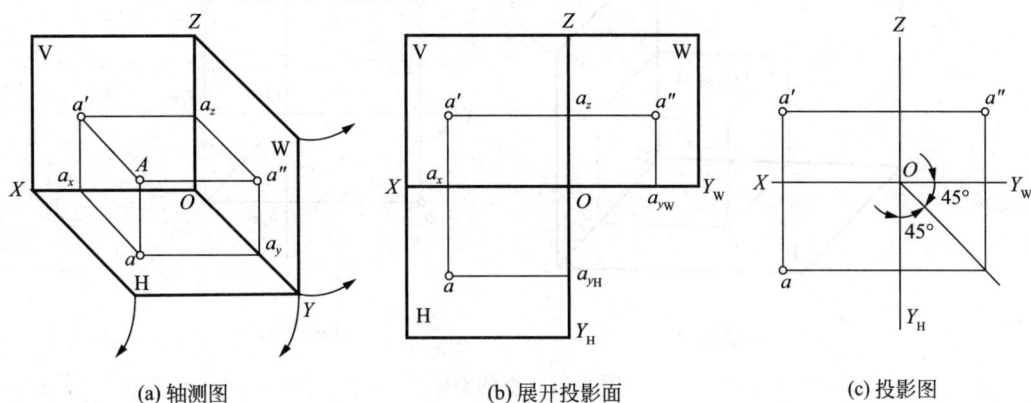

| (a) 轴测图 | (b) 展开投影面 | (c) 投影图 |

图 2.19　点的三面投影

【**例 2.1**】　如图 2.20(a)所示，已知点 A 的水平投影 a 和正面投影 a'，作出它的侧面投影 a''。

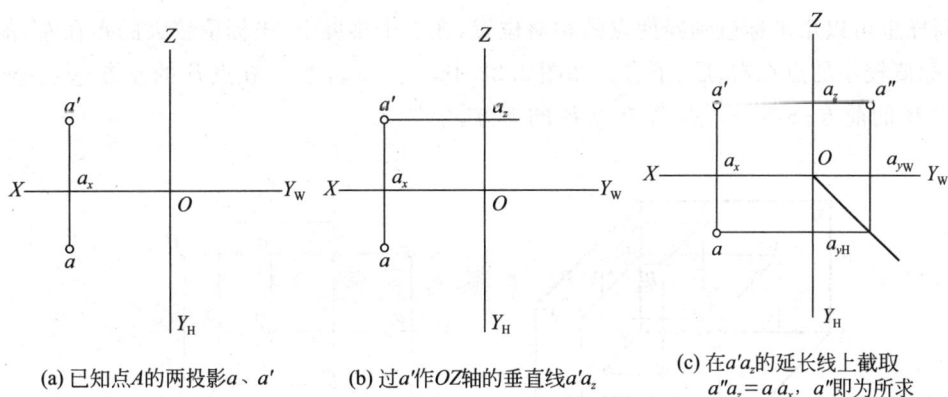

(a) 已知点A的两投影a、a'　　(b) 过a'作OZ轴的垂直线a'a_z　　(c) 在a'a_z的延长线上截取 a''a_z = a a_x，a''即为所求

图 2.20　已知点的两面投影作第三投影

从投影规律第 2 点可知，点的正面投影和侧面投影的连线垂直于 OZ 轴，因此，过正面投影 a' 作 OZ 轴的垂线，并且延长，如图 2.20(b)所示；从投影规律的第 3 点可知，点的水平投影到 OX 轴的距离等于侧面投影到 OZ 轴的距离，为了满足这个条件，过投影轴的交点 O，在右下方作 $45°$ 斜线。再过 a 向 OY_H 轴作垂线，与 $45°$ 斜线相交，过该交点向上作 OY_W 轴的垂线，并延长与过 a' 所作的 OZ 轴垂线相交的交点，就是点 A 的侧面投影 a''，如图 2.20(c)所示。

如果把三面投影体系看作直角坐标系，则 H 投影面、V 投影面、W 投影面称为坐标面，

投影轴 OX、OY、OZ 称为直角坐标轴。点的空间位置可由直角坐标值表示,因此,点到三投影面距离也可用坐标值表示,其中 X 坐标值表示点到侧立投影面的距离,Y 坐标值表示点到正立投影面的距离,Z 坐标值表示点到水平投影面的距离,如图 2.21 所示。

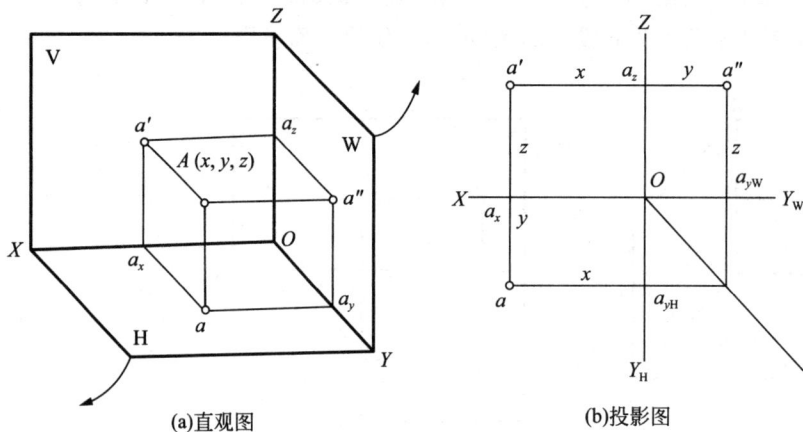

(a)直观图   (b)投影图

图 2.21　点的坐标

2. 两点的相对位置

空间两点间有左右、前后和上下的位置关系,这种位置关系可在其三面投影图中反映出来。如图 2.22 所示,从水平投影可知,点 A 在点 B 的左前方,从正面投影可知,点 A 在点 B 的左下方,因此点 A 在点 B 的左前下方。

同样也可以用坐标值判断两点的相对位置,在三个维度上,坐标值较大的点在左、前、上方,坐标值较小的点在右、后、下方。如图 2.22 中,$x_A > x_B$,点 A 在点 B 的左方;$y_A > y_B$,点 A 在点 B 的前方;$z_A < z_B$,点 A 在点 B 的下方。

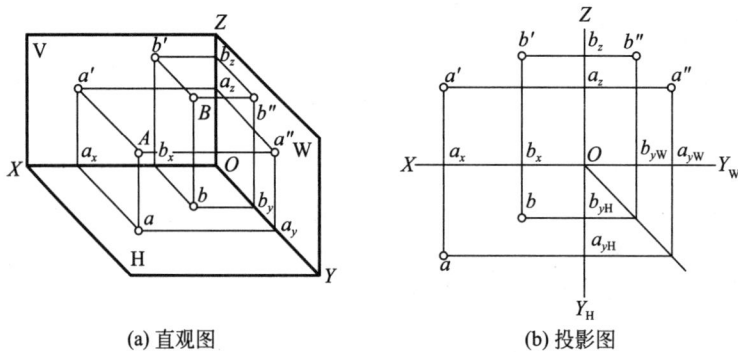

(a) 直观图   (b) 投影图

图 2.22　两点的相对位置

当空间两点处于某一投影面的同一投影线上,则它们在该投影面上的投影必然重合,这两个点称为重影点,其中位于左、前、上方的点为可见点,位于右、后、下方的点被遮挡,为不可见点,如图 2.23 所示,A 和 B、C 和 D、E 和 F 分别位于同一投影线,为三对重影点。两点投影重合时,可见点注写在前,不可见点注写在后,并加括号。

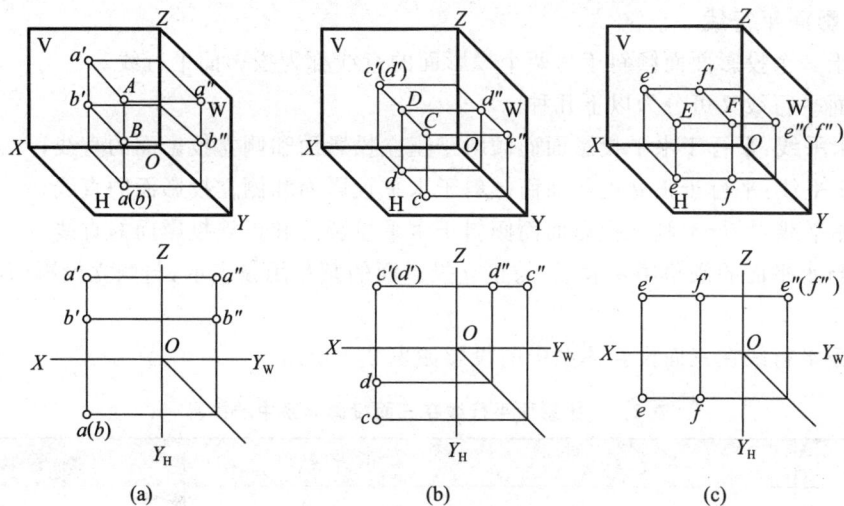

图 2.23 重影点的投影

2.2.2 直线的投影

在画法几何中,直线通常用线段表示,在不强调线段的长度时,常把线段称为直线。直线由直线上任意两个不同位置的点确定,因此,直线的投影也可以由直线上两点的投影确定。求直线的投影,只要作出直线上两个点的投影,再将同一投影面上两点的投影连起来,即是直线的投影。

直线按其与投影面的相对位置不同,可以分为特殊位置的直线和一般位置的直线,特殊位置的直线又分为投影面平行线和投影面垂直线。

1. 一般位置直线

相对于三个投影面都倾斜的直线称为一般位置的直线。一般位置直线的投影如图 2.24 所示。

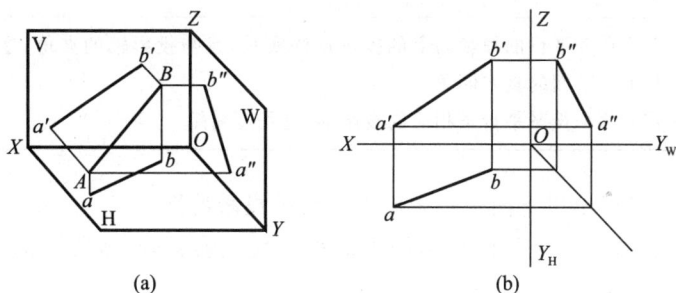

图 2.24 一般位置直线的投影

从图 2.24 中可以得出一般位置直线的投影特点如下。

(1) 一般位置直线的三个投影均倾斜于投影轴,但与投影轴的夹角不反映直线与投影面的倾角。

(2) 一般位置直线的三个投影均不反映实长。

2. 投影面平行线

平行于一个投影面而倾斜于另两个投影面的直线称为投影面平行线。

投影面平行线又可分为以下几种。

(1) 水平线:平行于水平投影面而倾斜于正立投影面和侧立投影面的直线;

(2) 正平线:平行于正立投影面而倾斜于水平投影面和侧立投影面的直线;

(3) 侧平线:平行于侧立投影面而倾斜于水平投影面和正立投影面的直线。

直线与水平面的倾角用 α 表示,与正立投影面的倾角用 β 表示,与侧立投影面的倾角用 γ 表示。

投影面平行线在三面投影体系中的投影如表 2.1 所示。

表 2.1   投影面平行线在三面投影体系中的投影

名称	水 平 线	正 平 线	侧 平 线
直观图			
投影图			
投影特性	① 直线在其平行的投影面上的投影反映实长,且与投影轴的夹角,分别反映直线对另两个投影面的真实倾角; ② 其余两个投影平行于相应的投影轴,且长度缩短		

分析表 2.1,可以得出以下两个投影面平行线的投影特性。

(1) 投影面平行线在其平行的投影面上的投影反映实长,与投影轴的夹角反映直线与另外两个投影面的倾角。

(2) 另外两个投影分别平行于相应的投影轴,但不反映实长。

3. 投影面垂直线

垂直于一个投影面而平行于另外两个投影面的直线称为投影面垂直线。

投影面垂直线也可分为以下几种。

(1) 铅垂线:垂直于水平投影面而平行于正立投影面和侧立投影面的直线;

(2) 正垂线:垂直于正立投影面而平行于水平投影面和侧立投影面的直线;

（3）侧垂线：垂直于侧立投影面而平行于水平投影面和正立投影面的直线。

投影面垂直线在三面投影体系中的投影如表 2.2 所示。

表 2.2　投影面垂直线在三面投影体系中的投影

名称	铅垂线	正垂线	侧垂线
直观图			
投影图			
投影特性	① 直线在所垂直的投影面上的投影积聚为一点，这种特性称为积聚性；② 其余两个投影的长度反映实长，且平行于相应的投影轴		

分析表 2.2，可以得出以下两个投影面垂直线的投影特性。

（1）投影面垂直线在其垂直的投影面上的投影积聚为一个点。

（2）在另外两个投影面上的投影分别垂直于相应的投影轴，并反映实长。

分析这三种位置的直线可以看出，一般位置的直线，三面投影都倾斜于投影轴，而投影面平行线只有一个投影倾斜于投影轴，投影面垂直线没有倾斜于投影轴的投影。

【例 2.2】 已知正垂线 AB 长 20mm，点 A 的坐标是(15,0,20)，求作直线 AB 的三面投影。

分析：直线 AB 是正垂线，由投影面垂直线的投影规律可知，AB 的 V 面投影积聚成一点，而 H 面投影和 W 面投影应分别垂直于 OX 轴和 OZ 轴，且反映实长，即 $ab = a''b'' = 20mm$，ab 垂直于 X 轴，$a''b''$ 垂直于 Z 轴。因已知点 A 的坐标，可以作出点 A 的三面投影，再根据上面的分析，即可作出 AB 线的三面投影，作图步骤如图 2.25 所示。

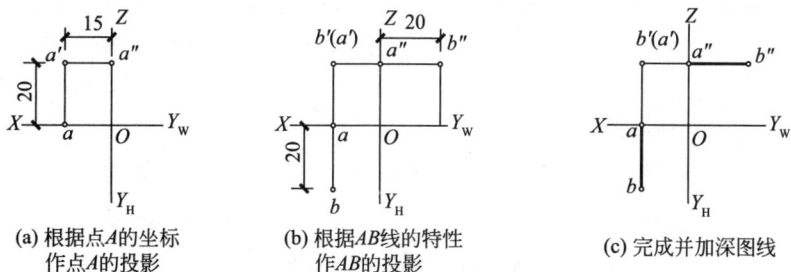

(a) 根据点 A 的坐标作点 A 的投影　　(b) 根据 AB 线的特性作 AB 的投影　　(c) 完成并加深图线

图 2.25　作正垂线的三面投影

2.2.3　平面的投影

1. 平面的表示法

平面一般由下面几种几何元素表示：

(1) 不在同一直线上的三个点，如图 2.26(a)中的 A、B、C；

(2) 直线和直线外一点，如图 2.26(b)中点 B 和直线 AC；

(3) 两条相交的直线，如图 2.26(c)中 AB 和 AC；

(4) 两条平行的直线，如图 2.26(d)中 AC 和 BD；

(5) 平面图形，如图 2.26(e)中△ABC。

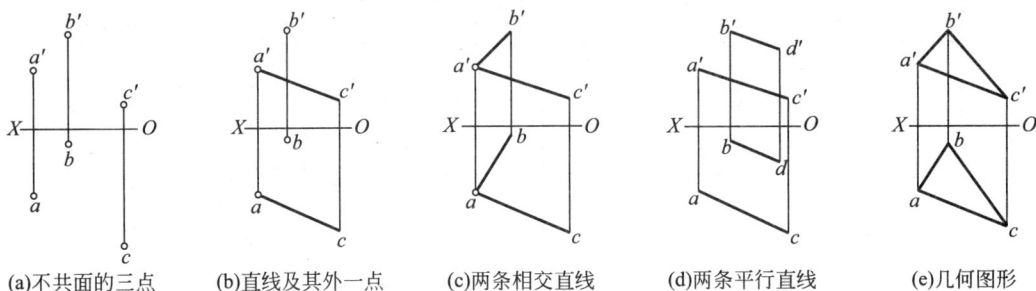

| (a)不共面的三点 | (b)直线及其外一点 | (c)两条相交直线 | (d)两条平行直线 | (e)几何图形 |

图 2.26　几何元素表示平面

2. 各种位置平面的投影

平面按其与投影面的相对位置不同，分为特殊位置平面和一般位置平面，特殊位置平面又分为投影面平行面和投影面垂直面。平面与投影面的倾角分别用 α、β、γ 表示，α 表示平面与水平投影面的倾角，β 表示平面与正立投影面的倾角，γ 表示平面与侧立投影面的倾角。

1) 一般位置平面

相对于三个投影面都倾斜的平面称为一般位置的平面。一般位置的平面在三个投影面上的投影都不反映实形，也不积聚成直线，均是平面的类似形，如图 2.27 所示。

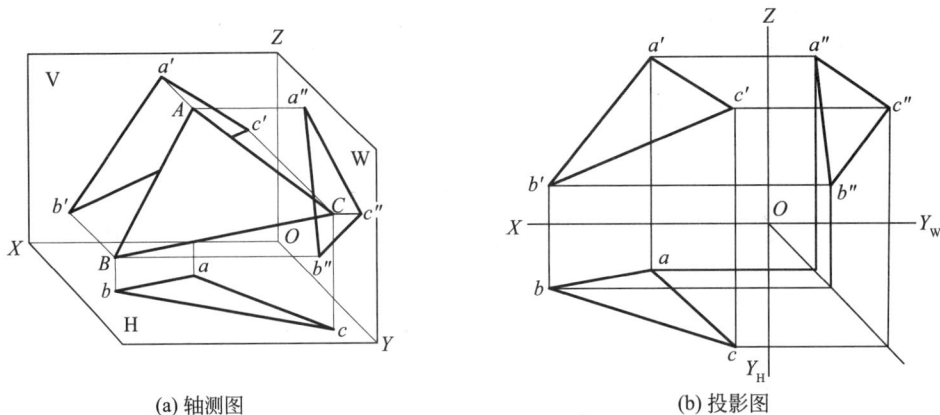

(a) 轴测图　　　　　(b) 投影图

图 2.27　一般位置的平面

2)投影面平行面

平行于一个投影面而垂直于另外两个投影面的平面,称为投影面平行面。投影面平行面又可分为以下三种。

(1)水平面:平行于水平投影面而垂直于正立投影面和侧立投影面的平面。

(2)正平面:平行于正立投影面而垂直于水平投影面和侧立投影面的平面。

(3)侧平面:平行于侧立投影面而垂直于水平投影面和正立投影面的平面。

投影面平行面在三面投影体系中的投影如表2.3所示。

表 2.3　投影面平行面在三面投影体系中的投影

名称	水 平 面	正 平 面	侧 平 面
轴测图			
投影图			
投影特性	① 投影面平行面在其平行的投影面上的投影反映实形; ② 在另外两个投影面上的投影积聚成直线,且分别平行于相应的投影轴		

分析表2.3,可以得出投影面平行面的投影特性如下。

(1)投影面平行面在其平行的投影面上的投影反映实形。

(2)在另外两个投影面上的投影积聚成直线,且分别平行于相应的投影轴。

3)投影面垂直面

垂直于一个投影面而倾斜于另两个投影面的平面,称为投影面垂直面。投影面垂直面又分为以下几种。

(1)铅垂面:垂直于水平投影面而倾斜于正立投影面和侧立投影面的平面。

(2)正垂面:垂直于正立投影面而倾斜于水平投影面和侧立投影面的平面。

(3)侧垂面:垂直于侧立投影面而倾斜于水平投影面和正立投影面的平面。

投影面垂直面在三面投影体系中的投影如表2.4所示。

表 2.4　投影面垂直面在三面投影体系中的投影

名称	铅垂面	正垂面	侧垂面
轴测图			
投影图			
投影特性	① 投影面垂直面在与其垂直的投影面上的投影积聚成一条倾斜于投影轴的直线,该直线与投影轴的夹角反映该平面与另外两个投影面的倾角; ② 在另外两个投影面上的投影是平面的类似形		

分析表 2.4,可以得出以下两个投影面垂直面的投影特性。

(1) 投影面垂直面在与其垂直的投影面上的投影积聚成一条倾斜于投影轴的直线,该直线与投影轴的夹角反映该平面与另外两个投影面的倾角;

(2) 在另外两个投影面上的投影是平面的类似形。

从上面可以看出:一般位置的平面,三个投影都是平面的类似形;投影面平行面的三个投影,只有一个投影是几何图形(反映实形),另两个投影都是直线,且分别平行于相应的投影轴;投影面垂直面的投影,有两个投影是几何图形,一个投影是倾斜于投影轴的直线。

【例 2.3】　试判别图 2.28 中立体表面Ⅰ、Ⅱ、Ⅲ的空间位置。

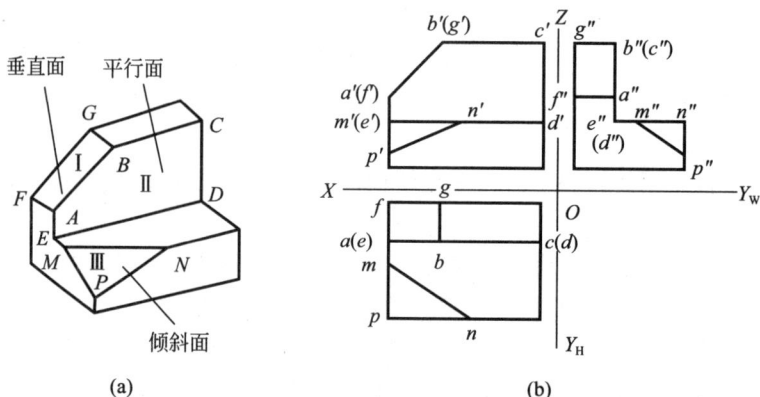

图 2.28　立体表面上平面的空间位置

从 2.28(b)图中可以看出，Ⅰ平面正面投影积聚成一条与投影轴倾斜的直线($a'b'$或$g'f'$)而另两个投影都是几何图形，因此，平面Ⅰ为正垂面；Ⅱ平面的水平投影和侧面投影都积聚成平行于投影轴的线，而正面投影为几何图形，说明平面Ⅱ为正平面；平面Ⅲ的三面投影都是几何图形，因此，平面Ⅲ是一般位置平面。

小　结

投影分为中心投影和平行投影，平行投影又分为正投影和斜投影。正投影是投影线与投影面垂直的平行投影。正投影能具体反映形体的形状和大小，而且作图简单、度量方便，被工程制图广泛采用。

正投影具有显实性、积聚性和类似性的特点。

形体的三面投影体系由水平投影面、正立投影面和侧立投影面组成。水平投影、正面投影和侧面投影，分别反映形体的长度和宽度、长度和高度、宽度和高度。形体在三面投影体系中的投影规律是：长对正、高平齐、宽相等。

学习单元 2 习题

3.1 基本体的投影

如图 3.1 所示,纪念碑由棱柱、棱锥和棱台组成,水塔由圆台、圆柱、圆锥和球体组成,通常把这些组成建筑形体的最简单且又规则的几何体,叫作基本体。基本体可分为平面体和曲面体两种。

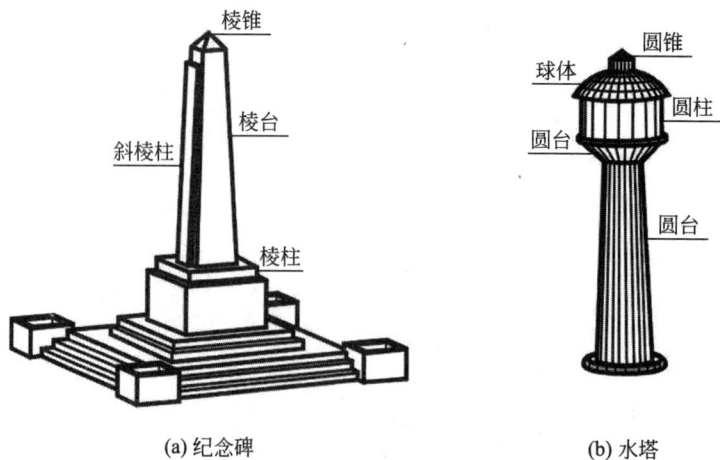

(a) 纪念碑　　　　　(b) 水塔

图 3.1　建筑形体的组成

平面体：立体表面全部由平面所围成的立体，如棱柱和棱锥等。

曲面体：立体表面全部或部分由曲面围成的立体，如圆柱、圆锥、圆台和球等。

3.1.1 平面立体的投影

1. 棱柱的投影

如图3.2所示，正棱柱具有以下特点：

(1) 上、下两个底面为互相平行且全等的多边形；

(2) 所有的侧面都是矩形；

(3) 侧棱为相邻侧面的公共边，它们互相平行。

作棱柱的投影时，首先应确定棱柱的摆放位置。如图3.3(a)所示，三棱柱水平放置，如同双坡屋面建筑的坡屋顶。根据其摆放位置，其中一个侧面 BB_1C_1C 平行于水平投影面，在水平投影面上反映实形，在正立投影面和侧立投影面上都积聚成平行于 OX 轴和 OY 轴的线段。另两个侧面 ABB_1A_1 和 ACC_1A_1 垂直于侧立投影面，在侧立面上的投影积聚成倾斜于投影轴的线段，在水平投影面和正立投影面上的投影都是矩形，但不反映原平面的实际大小。底面 ABC 和 $A_1B_1C_1$ 平行于侧立投影面，在侧立投影面上反映实形，在其余两个投影面上积聚成平行于 OY 轴和 OZ 轴的线段。由于投影轴是假想的，因此可在投影图中去掉投影轴，如图3.3(b)所示。

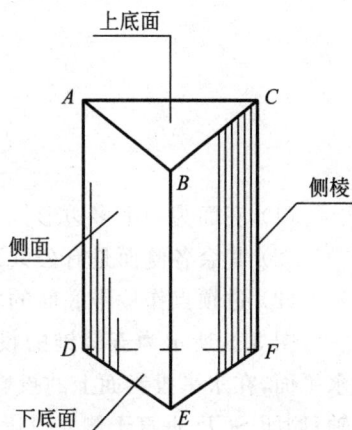

图3.2 三棱柱

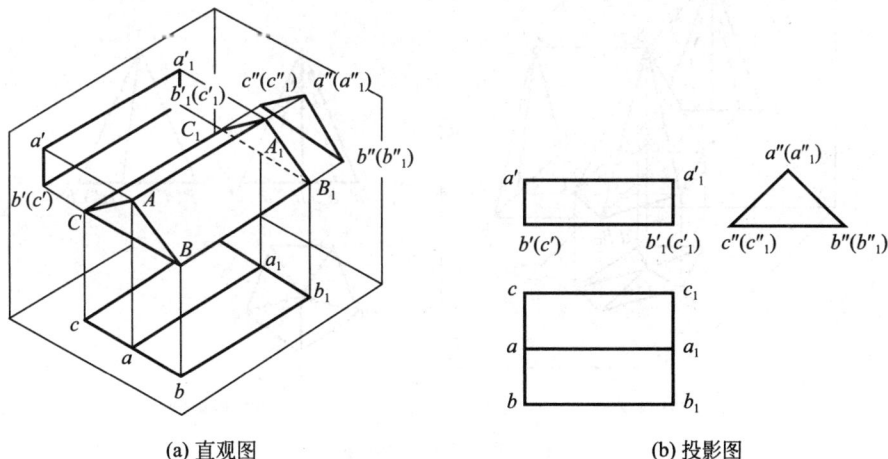

(a) 直观图　　　　　　　　(b) 投影图

图3.3 正三棱柱的投影

由图3.3可以得出正棱柱体的投影特点：一个投影为多边形，其余两个投影为一个或若干个矩形。根据棱柱体的投影特点，就可以识读棱柱体的投影图了。

2. 棱锥的投影

如图3.4所示，正棱锥具有以下特点：

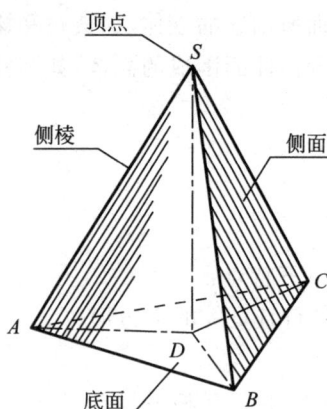

图 3.4　正三棱锥

（1）底面为一个多边形；

（2）其余各侧面是有公共顶点的三角形；

（3）过顶点作棱锥底面的垂线是棱锥的高，垂足在底面的中心上。

图 3.5 所示为五棱锥的投影，该五棱锥顶点向上，正常放置。其底面 $ABCDE$ 平行于水平面，在水平投影面上的投影反映实形，另外两个投影积聚成线段，平行于 OX 轴和 OY 轴；侧面 SCD 垂直于侧立投影面，在侧立投影面上的投影积聚成倾斜于投影轴的线段，在水平投影面和正立投影面上的投影是其类似形；其余侧面都倾斜于投影面，它们的投影都不反映实形，都是原平面的类似形。

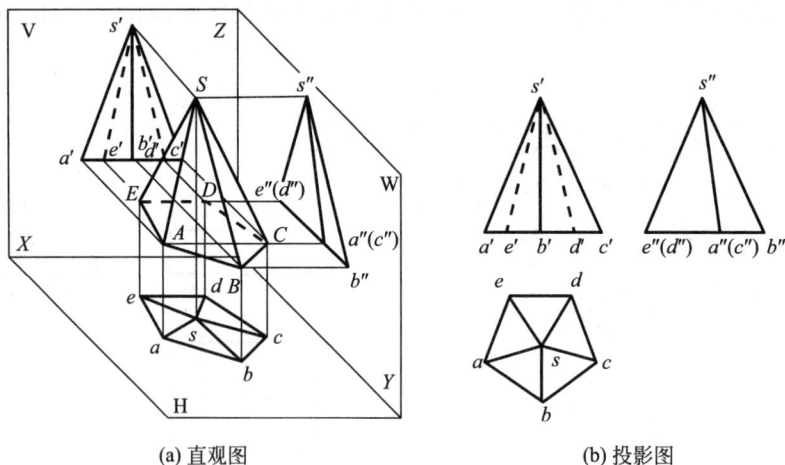

(a) 直观图　　　　　　　　　(b) 投影图

图 3.5　五棱锥的投影

由图 3.5 可以得出棱锥体的投影特点：一个投影为多边形，另两个投影都是有公共顶点的若干个三角形。根据棱锥体的投影特点，就可以识读棱锥体的投影图了。

3. 棱台的投影

如图 3.6(a)所示，将棱锥体用平行于底面的平面切割掉上部，余下的部分称为棱台，如图 3.6(b)所示，将其置于三面投影体系中，投影如图 3.6(c)所示。

由图 3.6 可以得出棱台的投影特点：一个投影中有两个相似的多边形，另两个投影都为若干个梯形。根据棱台的投影特点,就可以识读棱台的投影图了。

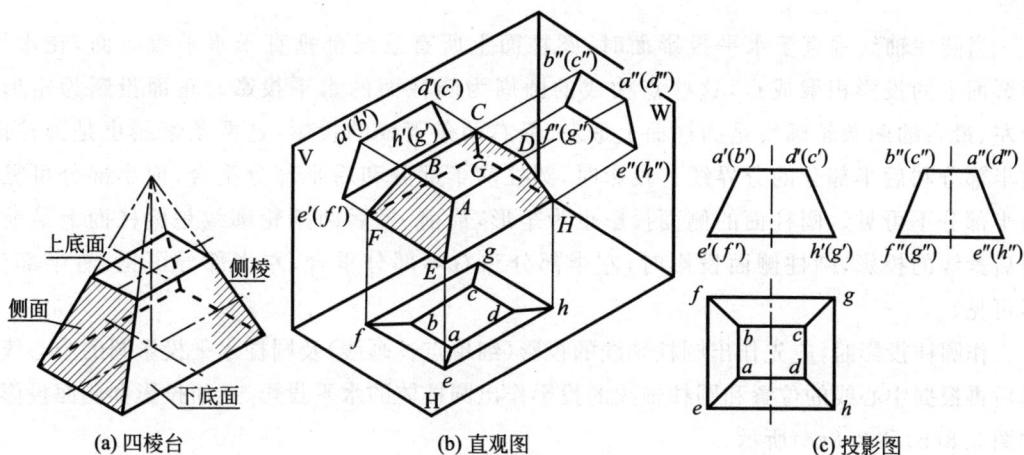

图 3.6　棱台的投影

4. 平面体的尺寸标注

图 3.7 是常见的平面体的尺寸标注,在标注平面体时,应标注平面体的长度、宽度和高度。

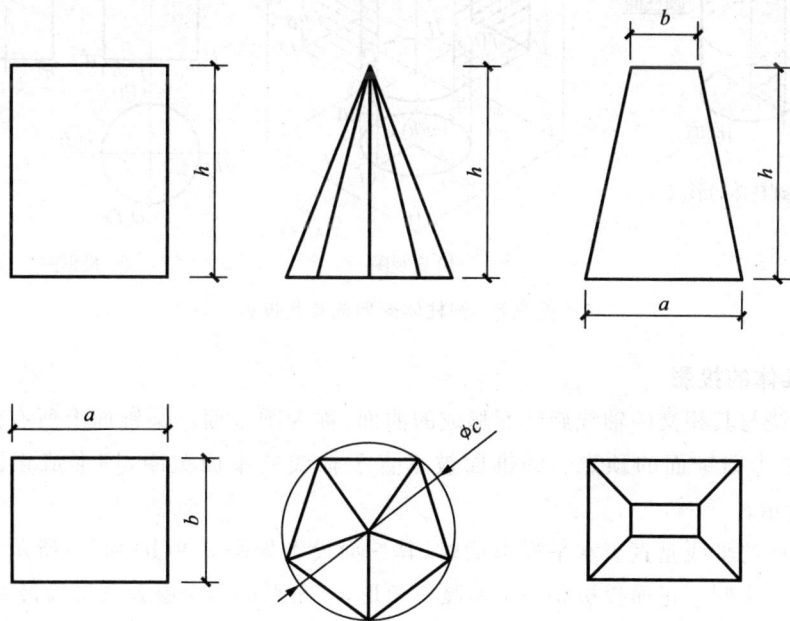

图 3.7　平面体的尺寸标注

3.1.2　曲面体的投影

1. 圆柱体的投影

一直线绕与其平行的轴线旋转形成的曲面,称为圆柱面。旋转的直线称为母线,母线在任一位置留下的轨迹线称为素线,圆柱面的所有素线都与轴线平行而且距离相等。当圆柱面被两个相互平行且垂直于轴线的平面截断,则形成正圆柱体,如图 3.8(a)所示。

　　当圆柱轴线垂直于水平投影面时,圆柱面上所有素线都垂直于水平投影面,在水平投影面上的投影积聚成点,这些点构成的圆周为圆柱面的水平投影。正面投影为矩形,最左、最右的两条轮廓线是圆柱面上最左、最右两条素线的投影,这两条素线也是圆柱面前半部分和后半部分的分界线。投影时,圆柱前半部分和后半部分重合,前半部分可见,后半部分不可见。圆柱面的侧面投影也为矩形,最前、最后两条轮廓线是圆柱面上最前、最后素线的投影,圆柱侧面投影时,左半部分和右半部分重合,左半部分可见,右半部分不可见。

　　作圆柱投影时,应先作出圆柱轴线的投影(细单点长画线)及圆柱水平投影圆的中心线,然后再根据中心线的位置和圆柱轴线的投影作出圆柱体的水平投影、正面投影和侧面投影,如图 3.8(b)和 3.8(c)所示。

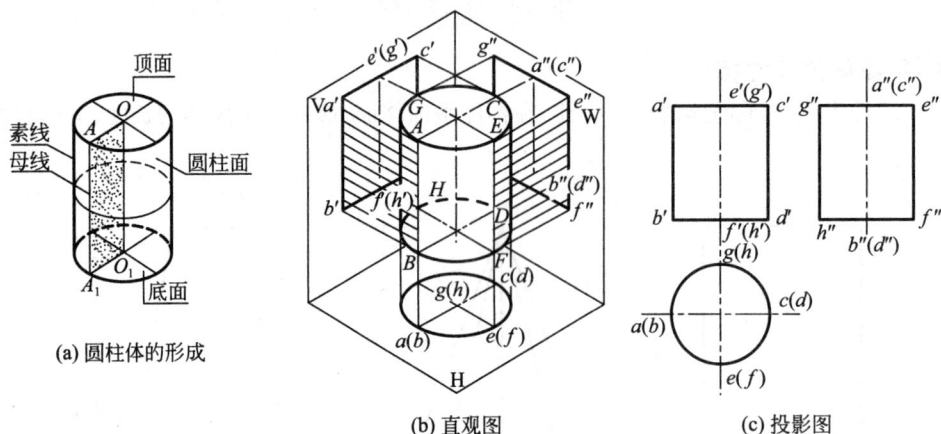

图 3.8　圆柱体的形成及其投影

2. 圆锥体的投影

　　直母线绕与其相交的轴线旋转而形成的曲面,称为圆锥面。圆锥面上所有的素线交于一点,该点称为圆锥面的顶点。圆锥面被垂直于轴线的平面截断,则形成正圆锥体。如图 3.9(a)所示。

　　当圆锥面的轴线垂直于水平投影面时,其三面投影如图 3.9(b)和(c)所示。圆锥面的水平投影为一个圆。正面投影是一个等腰三角形,三角形的两个腰是圆锥面最左、最右素线的投影,最左、最右素线也是圆锥面前、后两部分的分界线。作圆锥面的正面投影时,圆锥面的前半部分与后半部分重合,前半部分可见,后半部分不可见。圆锥面的侧面投影也为等腰三角形,三角形的两个腰是圆锥面上最前、最后素线的投影,作圆锥面侧面投影时,圆锥面左半部分和右半部分重合,左半部分可见,右半部分不可见。

　　作圆锥体投影与圆柱体的投影相同,都应先作出底面中心线和圆锥轴线的投影,再作其三面投影。

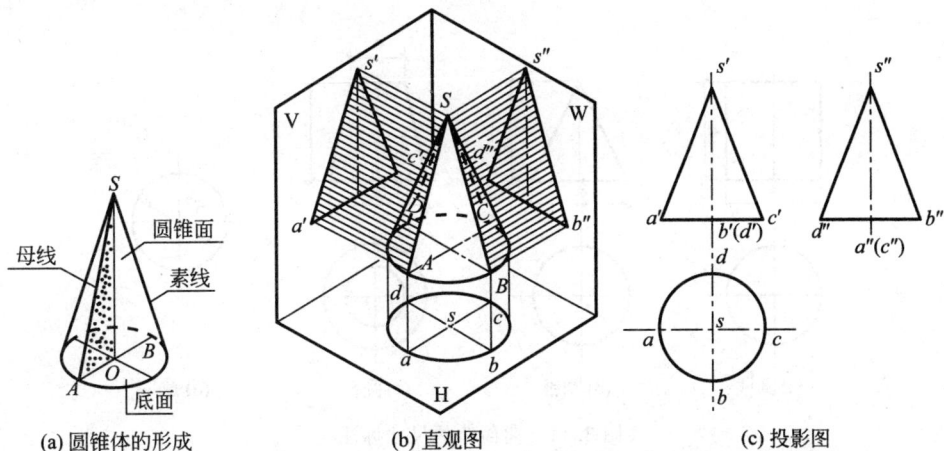

图 3.9 圆锥体的形成及其投影

3. 球体的投影

由曲母线(圆)绕圆内一直径旋转形成的曲面称为球面,如图 3.10(a)所示。

球面在三面投影体系中的投影为三个直径相等的圆,如图 3.10(b)所示。各投影的轮廓线是平行于投影面的最大圆周的投影,水平投影是平行于水平投影面的赤道圆的投影,该圆在其他两个投影面上的投影是球面在另外两个投影面上投影的中心线,球面水平投影时,以赤道圆为分界,球面的上半部分和下半部分重合;球面的正面投影是平行于正立投影面的赤道圆的投影,该赤道圆在水平投影面和侧立投影面上的投影也是球面在这两个投影面上投影的中心线,球体正面投影时,前半部分和后半部分重合;同理,球体的侧面投影是平行于侧立投影面的赤道圆的投影,该赤道圆的另外两个投影为球体在另外两个投影面投影的中心线,投影时,左半部分与右半部分重合。

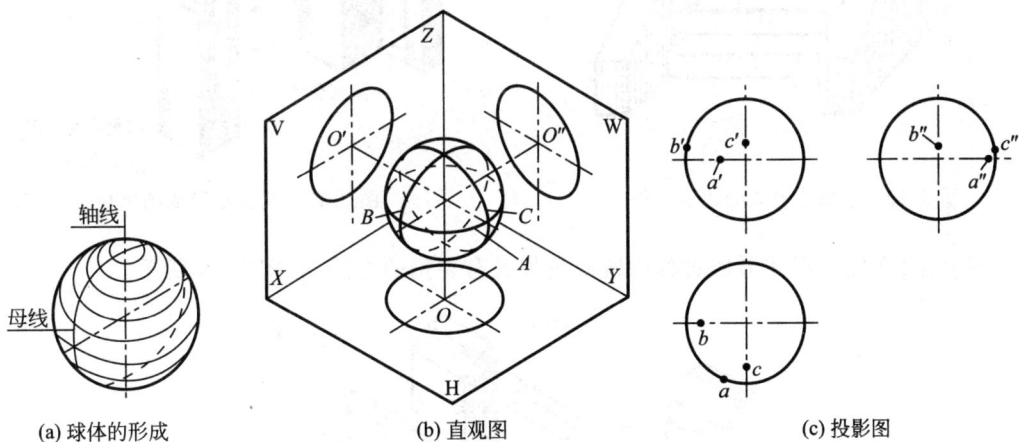

图 3.10 球体的形成与投影

4. 曲面体的尺寸标注

在标注曲面体时,应标注曲面体上圆的半径(或直径)以及曲面体的高度,在标注球体的半径和直径时,应在半径和直径前加注字母"S",如"Sφ""SR"等,如图 3.11 所示。

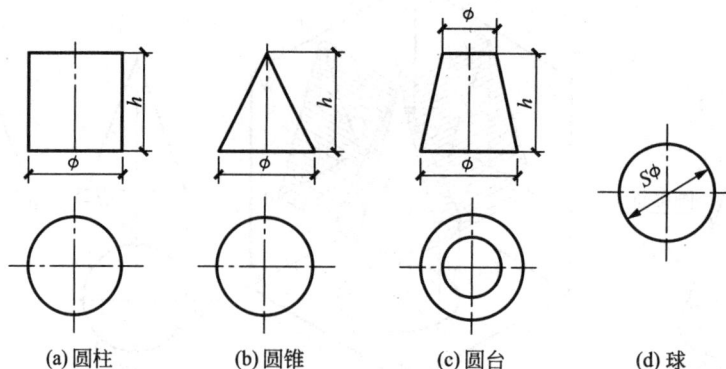

　　(a)圆柱　　　　　(b)圆锥　　　　　(c)圆台　　　　　(d)球

图 3.11　曲面体的尺寸标注

3.2　建筑构件的投影

　　我们日常见到的建筑物及其构件,都是由简单的基本形体所组成,组成方法有叠加法、切割法和混合法三种。

　　叠加法:由若干个基本体叠加形成建筑或其构件的方法,如图 3.12 所示。

　　切割法:由基本体切去一部分或几部分后形成建筑或其构件的方法,如图 3.13 所示。

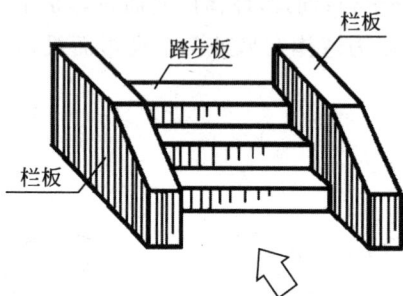

图 3.12　叠加法形成的建筑构件

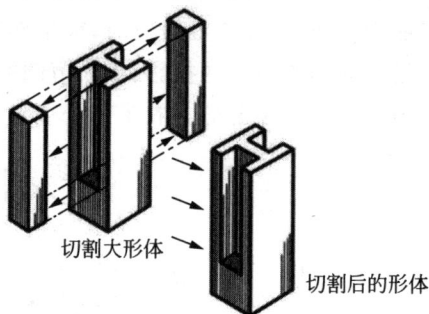

图 3.13　切割法形成的钢柱

　　混合法:在建筑形体形成过程中既有叠加又有切割的方法,如图 3.14 所示。

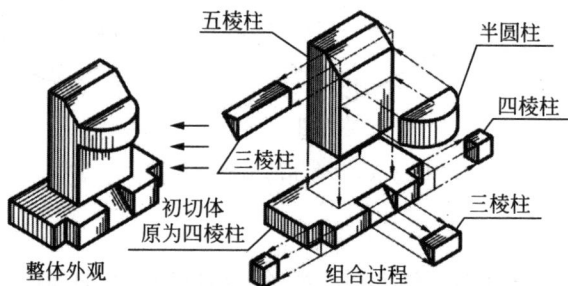

图 3.14　混合法形成的构件

3.2.1 建筑形体投影图的画图步骤

1. 形体分析

在画建筑形体投影图时,应对建筑形体进行形体分析。形体分析是指对建筑形体中基本形体的组合方式、表面连接关系及相互位置等进行分析,弄清各部分的形状特征,这种分析过程称为形体分析。如图 3.15 中的建筑形体,将其分解后可知,该形体由 5 部分组成,底座是四棱柱,立板为挖去一个圆柱的四棱柱,两块侧板均为梯形四棱柱。

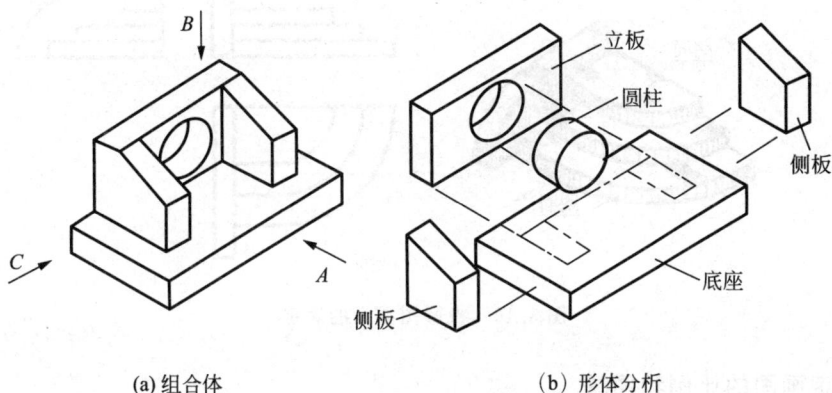

(a) 组合体   (b) 形体分析

图 3.15   建筑形体的形体分析

2. 确定建筑形体在投影体系中的安放位置

作投影图时,建筑形体的安放位置不同,投影图表达的效果就不同,而作投影图的目的是为了方便施工人员施工读图,因此,作出的投影图应尽量易读,这就要求在作建筑形体或构件投影图时,首先应确定形体的摆放位置及投影方向。确定形体的摆放位置时应注意以下几点:

(1) 将反映建筑物外貌特征的表面平行于正立投影面;

(2) 建筑形体应按工作状态放置,如梁应水平放置,柱子应竖直放置,台阶应正对识图人员,这样识图人员较易识图;

(3) 尽量减少虚线(不可见轮廓),过多的虚线不利于识图。

3. 确定投影图的数量

用几个投影图才能完整地表达建筑形体的形状,需根据建筑形体的复杂程度来确定。图 3.16(a)的晒衣架用一个投影图和一些必要的说明即可清楚表达晒衣架的形状和大小;图 3.16(b)中门轴铁脚则需要用水平投影和正面投影表达;而室外台阶由于踏步和挡墙都是弧形的,如图 3.16(c)所示,所以必须用三个投影图才能表达清楚。总之,确定形体投影图数量的原则是在完整、准确表达形体形状的基础上,尽量减少投影图的数量,也就是减少作图的工作量。

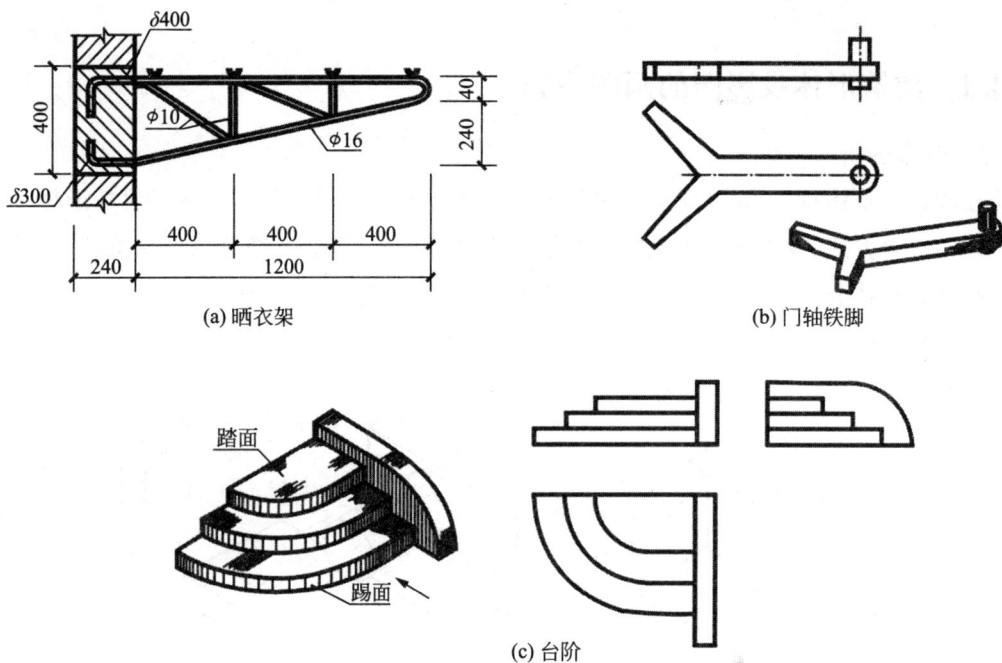

(a) 晒衣架　　　　　　　　　　　　　　　(b) 门轴铁脚

(c) 台阶

图 3.16　投影图数量的确定

4. 确定画图的比例和图幅

在作图前还应确定画图的比例和图幅,画图的比例应根据图样的复杂程度确定,所选用的比例使画出的图样符合《房屋建筑制图统一标准》(GB/T 50001—2017)即可。图样的比例确定后,图样的大小就确定了,根据图样的大小选用图纸的幅面,如所画图样的大小为495mm×325mm,可选用 A2(594mm×420mm)幅面的图纸。

5. 画投影图

画建筑形体投影图时,应按下面步骤进行。

(1) 布置图面,先画出图框和标题栏外框,明确图纸上可以画图的范围,然后,根据投影图的大小、数量和主次关系,确定各投影图的位置和相互距离。

(2) 画投影图底图,如图 3.17 所示。按形体分析的结果,依次画出四棱柱底板的三面投影、立板的三面投影和侧板的三面投影,并在立板上切去圆柱。

(3) 加深图线,经检查无误后,按要求加深图线。

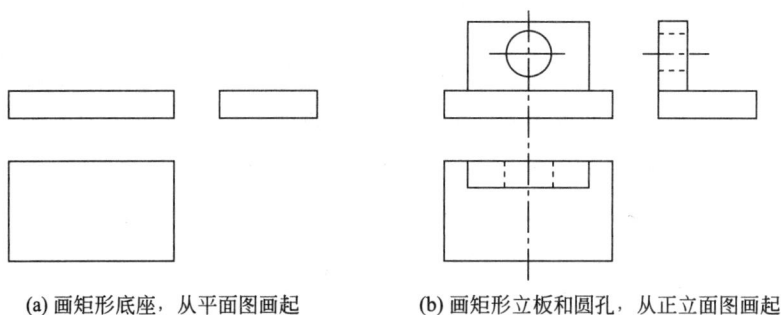

(a) 画矩形底座,从平面图画起　　　　　(b) 画矩形立板和圆孔,从正立面图画起

图 3.17　建筑形体投影图的画法

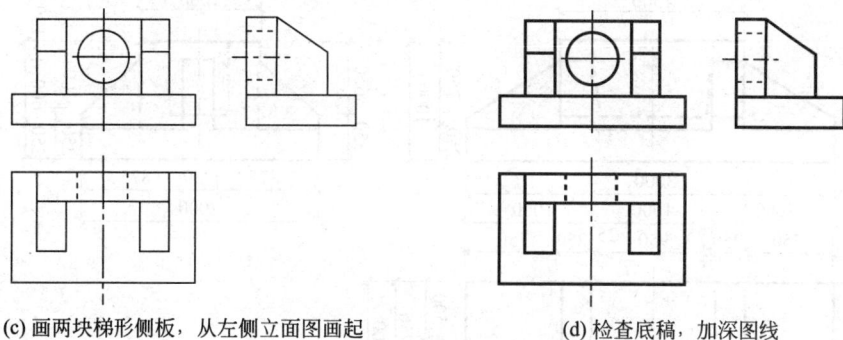

(c) 画两块梯形侧板,从左侧立面图画起　　　(d) 检查底稿,加深图线

图　3.17(续)

3.2.2　建筑形体及其构件投影图的尺寸标注

建筑形体的投影图,虽然已经清楚地表达了形体的形状和各部分的相互关系,但还需要标注出详细的尺寸,才能明确形体的实际大小和各部分的相对位置。

1. 投影图的尺寸种类

在建筑形体的投影图中,应标注定形尺寸、定位尺寸和总尺寸。

下面通过肋式杯形基础的尺寸标注来介绍建筑形体尺寸标注的方法,如图 3.18 所示。

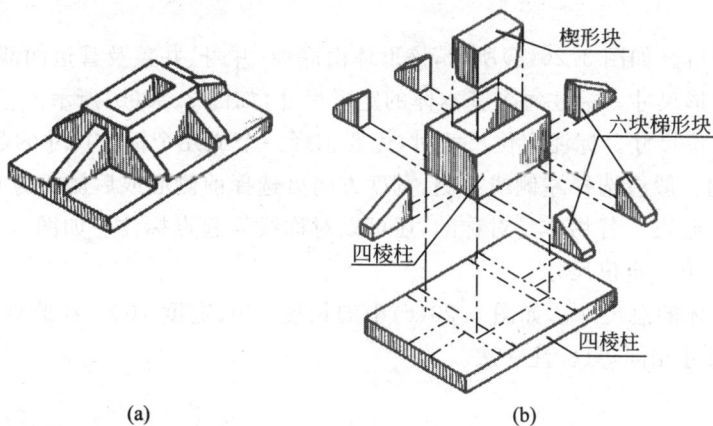

图 3.18　肋式杯形基础

定形尺寸用来确定建筑形体上各基本体的形状大小。如图 3.19 所示,肋式杯形基础的尺寸标注中,杯身长度 1500、宽度 1000 和高度 750,底板长度 3000、宽度 2000 和高度 250,肋块长度 750、宽度 250 和高度 600 等。

定位尺寸用来确定建筑形体上各基本体之间的相对位置。如图 3.19 中确定左右肋块位置的尺寸为 750,确定底板中心位置的尺寸为 1500、1500 和 1000、1000,这一组尺寸既表达了形体中心的位置,还表达了形体是对称的,是施工时非常重要的定位尺寸。

总尺寸用来确定建筑形体的总长、总宽和总高,反映形体的体量。如图 3.19 中的 3000、2000 和 1000。

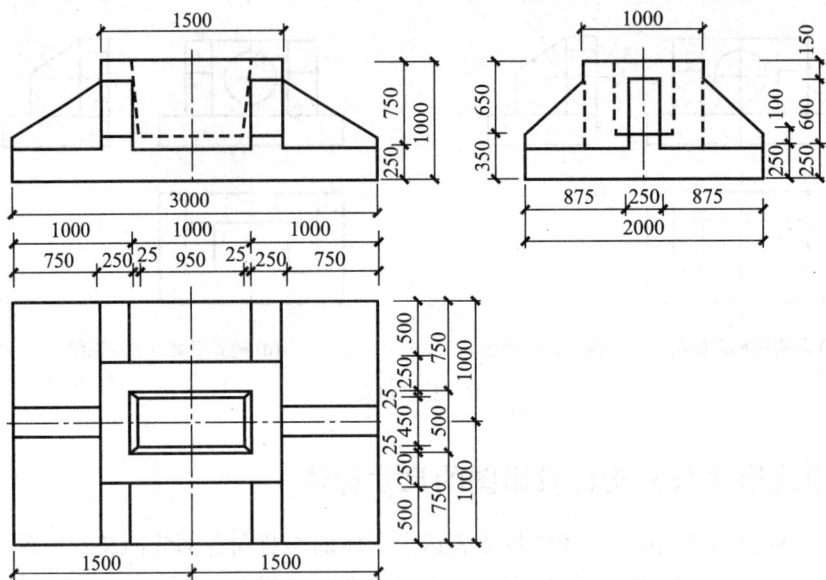

图 3.19　肋式杯形基础的尺寸标注

2. 标注尺寸的步骤

标注建筑形体及其构件投影图的尺寸时,首先应进行形体分析,以图 3.20 为例说明标注尺寸的方法。

(1) 形体分析。如图 3.20(a)所示,该形体由底板、井身、井盖及管道四部分组成。

(2) 标注定形尺寸。标注每个基本体的定形尺寸,如图 3.20(b)所示。

(3) 标注定位尺寸。标注定位尺寸时,先要选择一个或几个标注尺寸的起点,称为尺寸基准。长度方向一般应选择左侧或右侧,宽度方向可选择前侧面或后侧面为起点,高度方向一般以下底面为起点。若物体是对称的,还可以对称线为起点标注。如图 3.20(c)中,底板的中线标注就是施工定位尺寸。

(4) 标注形体的总尺寸。如图 3.20(c)中的长度 100、宽度 100。在此处底板的定形尺寸与形体的总尺寸相同,只标注一次。

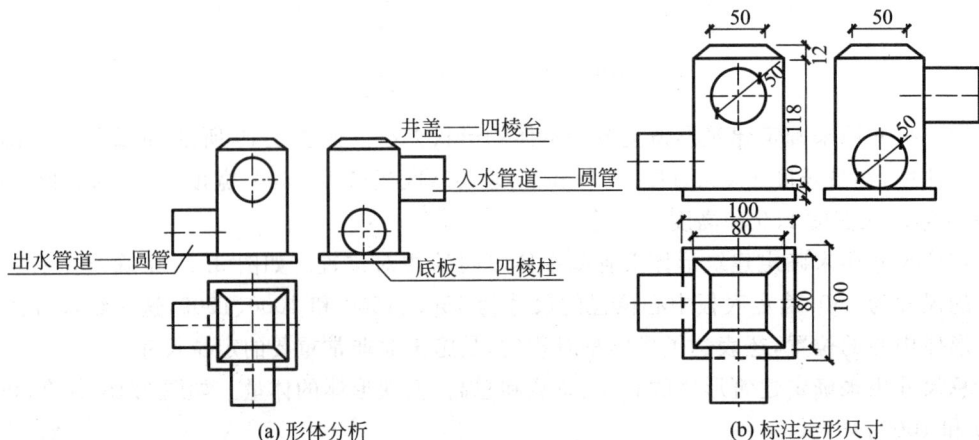

(a) 形体分析　　　　　　　　　　　　　　　(b) 标注定形尺寸

图 3.20　形体的尺寸标注

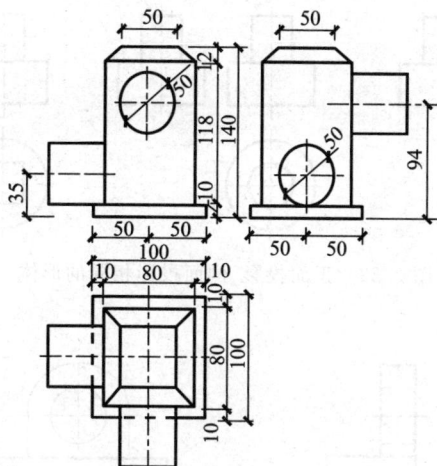

(c) 标注定位尺寸及总尺寸

图　3.20(续)

最后检查全图,看是否符合标注尺寸的基本要求,配置是否合理。

3.3　建筑形体及其构件投影图的识读

建筑形体的形状千变万化,由形体的投影图识读其空间形状往往比较困难,所以,掌握其投影图的识读方法,对于培养空间想象能力,提高识读施工图的能力都有重要的作用。建筑形体投影图的识读包括形体形状的识读和尺寸标注的识读两部分。

3.3.1　形体形状的识读

识读形体投影图时,根据基本体投影图的特点,将建筑形体投影图分解成若干基本体的投影图,分析各基本体的形状,根据三面投影规律了解各基本体的相对位置,最后联合起来得出形体的整体形状。

在读图时必须将三个投影图联系起来进行分析。如图 3.21 所示,水平投影、正面投影相同而侧面投影不同,形体的形状不同;在图 3.22 中,正面投影和侧面投影相同,而水平投影不同,形体的形状也不同。

下面以图 3.23 为例具体分析形体投影图。

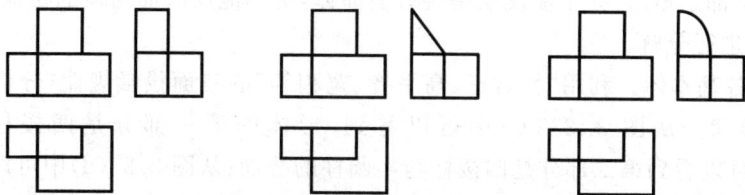

图 3.21　水平投影、正面投影相同的形体

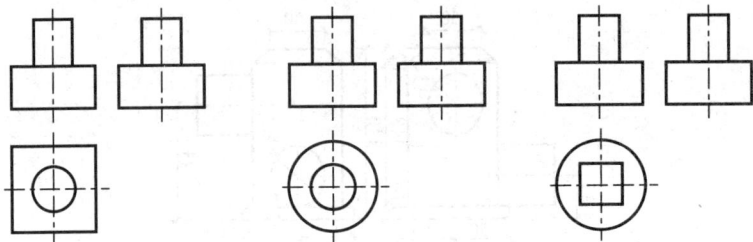

图 3.22　正面投影、侧面投影相同的形体

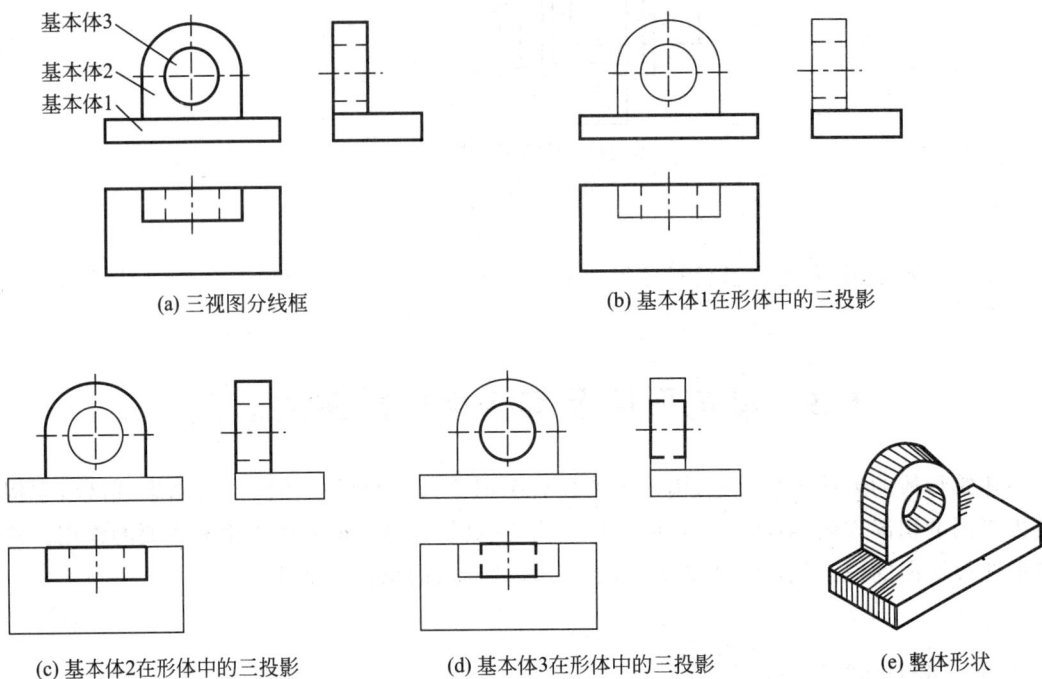

(a) 三视图分线框

基本体3
基本体2
基本体1

(b) 基本体1在形体中的三投影

(c) 基本体2在形体中的三投影

(d) 基本体3在形体中的三投影

(e) 整体形状

图 3.23　用形体分析法分析形体投影图

（1）了解形体的大致形状。从正面投影图中可以了解到该形体是一个曲面体和平面体的组合形体，且上面为曲面体，下面为平面体，从侧面投影图可以了解到该形体后半部分高于前半部分。

（2）分解投影图。根据基本体投影图的基本特点，首先对三面投影图中的一个投影图进行分解，最先分解的投影图，应使分解后的每一部分都能具体反映出基本体形状。在图 3.23(a)中，正面投影图能将形体的平面体和曲面体进行分解，而另两个投影图却只能分解成两部分，且都是矩形，并不能反映是否有曲面体，更不能反映曲面体的特征。因此，应选择正面投影图进行分解。

（3）分析各基本体。利用"长对正、高平齐、宽相等"的三面投影规律，分析分解后各投影图的具体形状。从图 3.23(b)中可以看到，形体的第一部分是四棱柱的投影；从图 3.23(c)中可以看到第二部分是四棱柱与半圆柱的叠加；从图 3.23(d)中可以看到第三部分是第二部分中切去的一个圆柱。

（4）想整体。根据三面投影图中的上下、左右、前后关系，分析各基本体的相对位置。从图 3.23(a)中的正面投影图可以看出，基本体 1——四棱柱位于整个形体的最下面，为底座。由正面投影图和水平投影图可知基本体 2——四棱柱和半圆柱叠加在基本体 1 的上方，后中部，并且从水平投影图的虚线可以知道基本体 3——圆柱是从基本体 2 中去掉的一个圆柱。这样，在分析清楚各基本体相对位置后，基本体的整体形状就建立起来了，如图 3.23(e)所示。

3.3.2　建筑形体尺寸标注的识读

在识读建筑形体投影图时，仅知道建筑形体的具体形状还无法施工，还必须了解形体的大小，才能进行施工。

识读建筑形体的尺寸标注，应结合形体投影图的分析进行。如图 3.24(a)的水池施工图，其识图应按以下步骤进行。

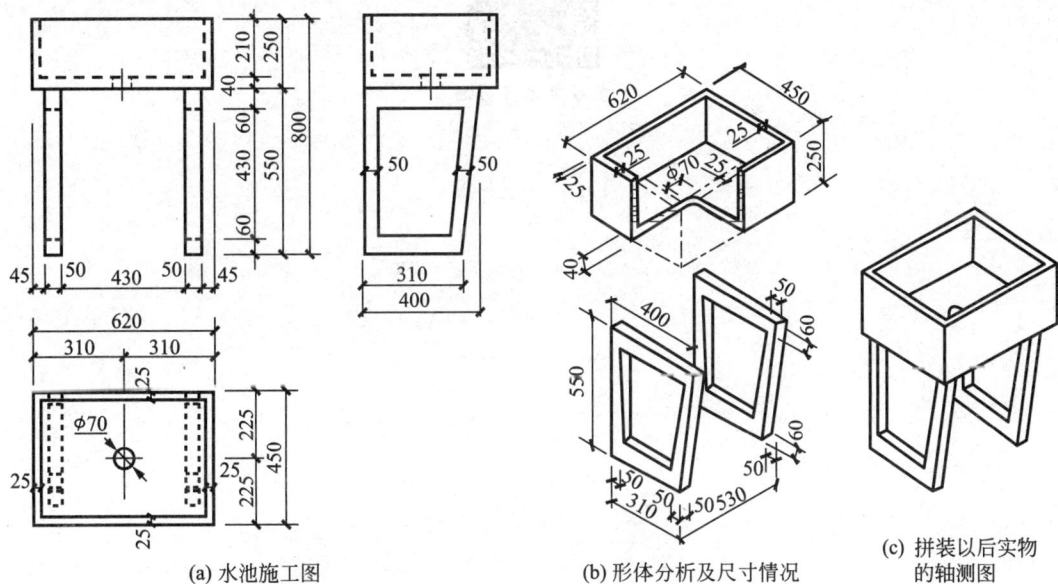

(a) 水池施工图　　(b) 形体分析及尺寸情况　　(c) 拼装以后实物的轴测图

图 3.24　水池施工图的识读

（1）对水池投影图进行形体分析。从投影图中可知，该水池由水池体和支撑板组成，水池体由四棱柱中挖去一个四棱柱形成，且在池底作一个圆孔，为排水孔。支撑板由两个梯形四棱柱组成，每个支撑板中部挖掉一个相应的梯形四棱柱。

（2）分析每一部分的大小。先分析水池体，四棱柱水池体的长度为 620，宽度为 450，壁厚 25，底板厚 40，排水孔是直径 70 的圆孔。梯形支撑板上底长 400，下底长 310，高 550，去掉中部梯形块后，前、后壁厚 50，上、下壁厚 60。

（3）分析相对位置。各形体的相对位置主要由定位尺寸确定，该图中主要表现支撑板的位置，从正面投影图下面左右两侧的尺寸 45 可知，支撑板在水池体下方的左右位置，两支撑板间隔为 430。而从侧面投影中可知，支撑板的后面和水池体的后面平齐。从水平投影图的定位尺寸 310、310 和 225、225 可知，排水孔的位置在池体底板上居中。

（4）了解整个形体的体量，如图 3.24(b)所示。

小　结

建筑由不同的基本体组成，基本体分为平面基本体和曲面基本体。

建筑及其构件的组合方式有三种：叠加法、切割法和混合法。在绘制建筑及其构件投影图时，首先分析形体的组合方式，按照其组合方式采用相应的绘图方法；然后在投影图上标注定型尺寸、定位尺寸和总尺寸。识读建筑形体投影图的方法有两种，即形体分析法和线面分析法，识读时根据投影图的具体形状采用相应的识读方法。

学习单元 3 习题

学习单元 4　建筑形体的表达方法

学习导引

工程师如何运用投影原理表达复杂的建筑物？对于一幢建筑而言，其水平投影，除屋顶的边线和部分屋顶的构件外，建筑内部的构件全部不可见，如何表达这些不可见的构件？尺寸如何标注？如何表达建筑物中给水、排水及电路这些管网的空间位置、相互关系和连接呢？

知识目标

掌握剖面图和断面图的概念、分类及其绘制要求。

技能目标

（1）掌握剖面图、断面图的基本知识，准确区分和识读剖面图、断面图（"1＋X"建筑工程识图职业技能等级要求（初级）1.1.2）。

（2）能够识读常见轴测图的投影、正等测图、斜二测图（"1＋X"建筑工程识图职业技能等级要求（初级）1.1.3）。

思政要求

剖开现象看本质，在学习中提高个人素质：勇于担当；诚实守信；尊重他人；拥有感恩之心；克己让人；重视学习；成为言行规范的社会栋梁和民族脊梁。

4.1　剖　面　图

4.1.1　剖面图的形成

作形体投影图时，可见部分轮廓线用实线表示，不可见部分轮廓线用虚线表示，这对于形状比较简单的形体，能够清楚地反映其形状。但是，对于较复杂的形体，如一幢建筑，作其水平投影，除了屋顶是可见轮廓，建筑内部的房间、门窗、楼梯、梁、柱等都是不可见的部分，都应该用虚线表示。这样在该建筑的平面图中，必然造成虚线与虚线、虚线与实线交错等混淆不清的现象，既不利于标注尺寸，也不容易读图。为了解决这个问题，可以假想用一个平面将形体切开，让其内部构造暴露出来，使形体中不可见的部分变成可见部分，从而使虚线变成实线，这样既利于尺寸标注，又方便识图，如图4.1所示。

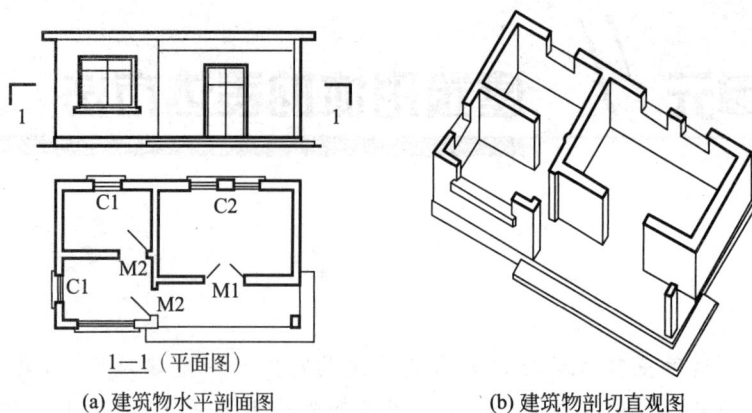

(a) 建筑物水平剖面图　　　　　(b) 建筑物剖切直观图

图 4.1　建筑物的剖面图形成

如图 4.2 所示,形体的正面投影和侧面投影中出现了许多虚线,这些虚线与实线交叉重叠、混杂不清,给识图和尺寸标注带来了困难。

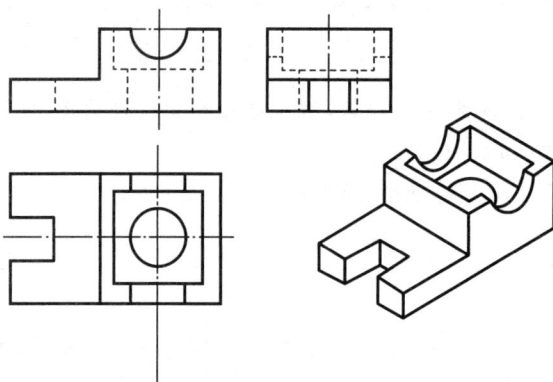

图 4.2　形体的三面投影图

如果用一个平面通过形体的前后对称面,将其剖切开,则原来的不可见的部分全部暴露出来,从而使虚线变成实线,读图和尺寸标注都会变得简单,如图 4.3 所示。

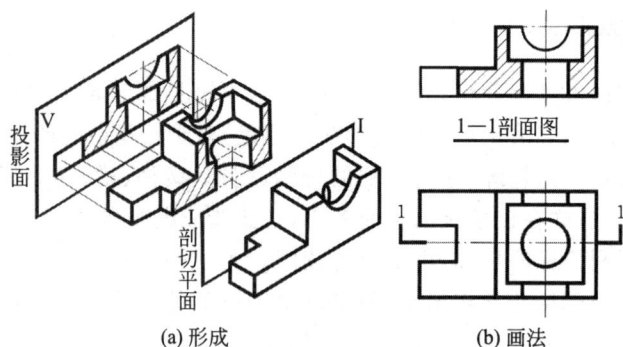

(a) 形成　　　　　　　　(b) 画法

图 4.3　剖面图的形成

用一个假想的剖切平面将形体剖切开,移去位于观察者和剖切平面之间的部分,作出剩余部分的正投影图叫作剖面图。

4.1.2　剖面图的画法

为了将形体中被剖切平面切到的部分和未切到部分区分开,《房屋建筑制图统一标准》(GB/T 50001—2017)规定:剖面图除应画出剖切面切到部分的图形外,还应画出沿投射方向看到的部分,被剖切面切到部分的轮廓线用粗实线绘制,剖切面没有切到、但沿投射方向可以看到的部分,用中实线绘制,如图 4.4 中的 1—1 和 2—2 剖面图。

形体被剖切后,断面可以反映出构件所采用的材料,在剖面图中,相应的断面上需画出相应的材料符号。表 4.1是《房屋建筑制图统一标准》(GB/T 50001—2017)中规定的部分常用建筑材料的图例符号,画图时应按照规定执行。

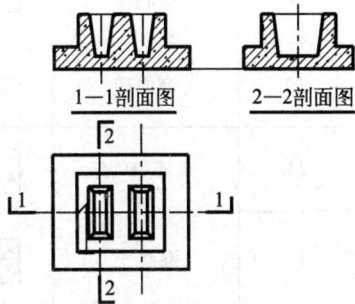

图 4.4　剖切符号的画法

在作业中如未注明材料,应在相应的位置画出同向、同间距并与水平线成 45°角的细实线,称作剖面线。

由于剖面图本身不能清楚反映剖切平面的位置,而剖切平面的位置不同,剖面图的形状可能不同,因此,必须在其他投影图上标出剖切平面的位置及剖切形式。《房屋建筑制图统一标准》(GB/T 50001—2017)中规定剖切符号由剖切位置线和剖视方向线组成,剖切位置线是长度为 6~10mm 的粗实线,剖视方向线是长度为 4~6mm 的粗实线,剖切位置线与剖视方向线垂直相交,并应在剖视方向线旁边加注编号。如图 4.4 所示,在剖面图的下方应写上带有编号的图名,如"×—×剖面图"。

表 4.1　常用建筑材料图例

序号	名　称	图　例	备　注
1	自然土壤		包括各种自然土壤
2	夯实土壤		
3	砂、灰土		靠近轮廓线绘较密的点
4	砂砾石、碎砖三合土		
5	石材		
6	毛石		
7	普通砖		包括实心砖、多孔砖、砌块等砌体,断面较窄不易绘出图例线时,可涂红

序号	名　称	图　例	备　　注
8	耐火砖	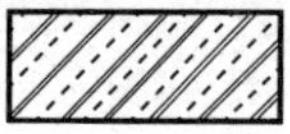	包括耐酸砖等砌体
9	空心砖	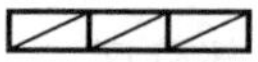	指非承重砖砌体
10	饰面砖	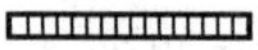	包括铺地砖、马赛克、陶瓷锦砖、人造大理石等
11	焦渣、矿渣	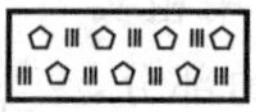	包括与水泥、石灰等混合而成的材料
12	混凝土		① 本图例指能承重的混凝土及钢筋混凝土 ② 包括各种强度等级、骨料、添加剂的混凝土
13	钢筋混凝土	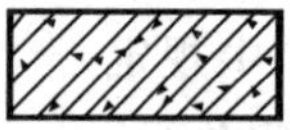	③ 在剖面图上画出钢筋时,不画图例线 ④ 断面图形小,不易画出图例线时,可涂黑
14	多孔材料	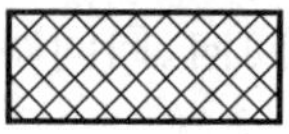	包括水泥珍珠岩、沥青、珍珠岩、泡沫混凝土、非承重加气混凝土、软木、蛭石制品等
15	纤维材料	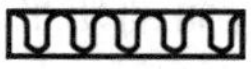	包括矿棉、岩棉、玻璃棉、麻丝、木丝板、纤维板等
16	泡沫塑料材料	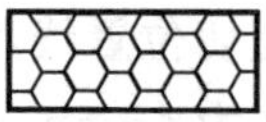	包括聚苯乙烯、聚乙烯、聚氨酯等多孔聚合物类材料
17	木材		① 上面三个图为横断面,上左图可以是垫木、木砖或木龙骨 ② 最下面的图为纵断面
18	胶合板	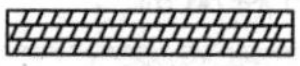	应注明为×层胶合板
19	石膏板	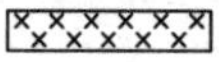	包括圆孔石膏板、方孔石膏板、防水石膏板等
20	金属	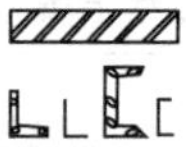	① 包括各种金属 ② 图形较小时,可涂黑

4.1.3　剖面图的种类和应用

在建筑工程图中,常见的剖面图有全剖面图、半剖面图、阶梯剖面图、展开剖面图和局部剖面图与分层剖面图等。

1. 全剖面图

用一个剖切平面将形体完整地剖切开,得到的剖面图叫作全剖面图。全剖面图一般应用于不对称的建筑形体,或对称但较简单的建筑构件中。如图4.5所示,该形体虽然对称,但比较简单,用正平面、侧平面和水平面剖切,可分别得到1—1剖面图、2—2剖面图和3—3剖面图。

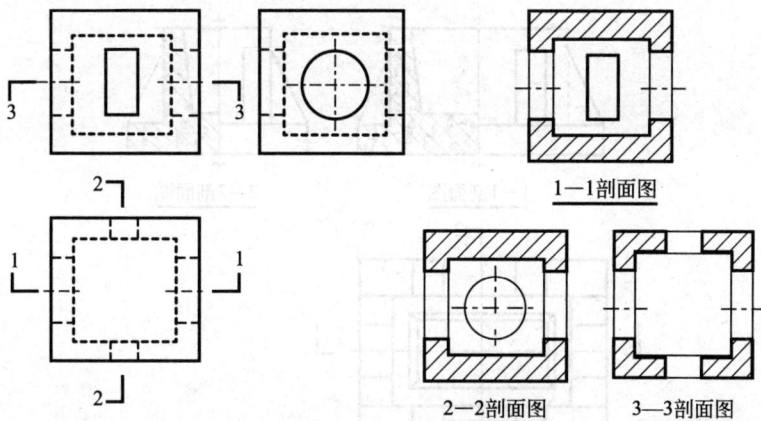

图 4.5　形体的全剖面图

2. 半剖面图

如果形体对称，画图时常把投影图一半画成剖面图，另一半画成外观图，这样组合而成的投影图叫作半剖面图。这种作图方法可以从一个投影图中同时了解形体的外形和内部构造，从而节省投影图的数量。

图 4.6 所示为与图 4.3 相同的形体，因形体的前后对称，用一组相互垂直的正平面和侧平面将形体的左前方剖切开，使侧面投影的一半为外视图，一半为剖面图。

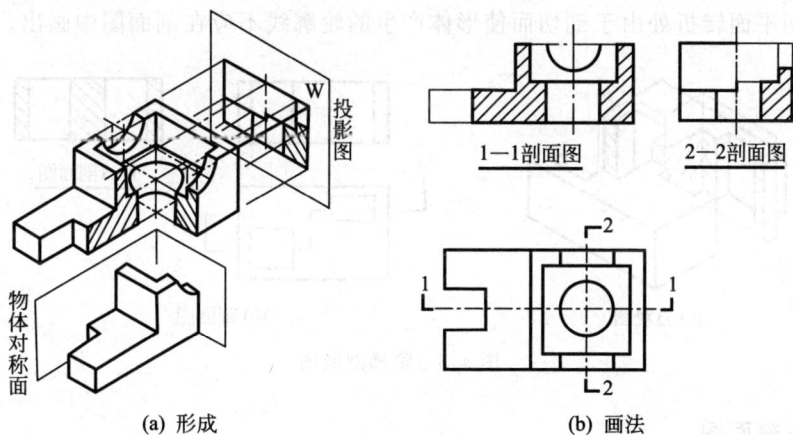

(a) 形成　　　　　　　(b) 画法

图 4.6　形体的半剖面图

画半剖面图时注意以下几点。

(1) 半剖面图和半外形图以对称面或对称线为界，对称面或对称线用细单点画线表示。

(2) 半剖面图一般画在水平对称轴线的下侧或竖直对称轴线的右侧。

(3) 半剖面图可以不画剖切符号。

图 4.7 为一独立基础的施工图，该图中平面图是普通正投影图，正面投影和侧面投影都采用半剖面图，将形体外表面和内部构造全部反映出来。

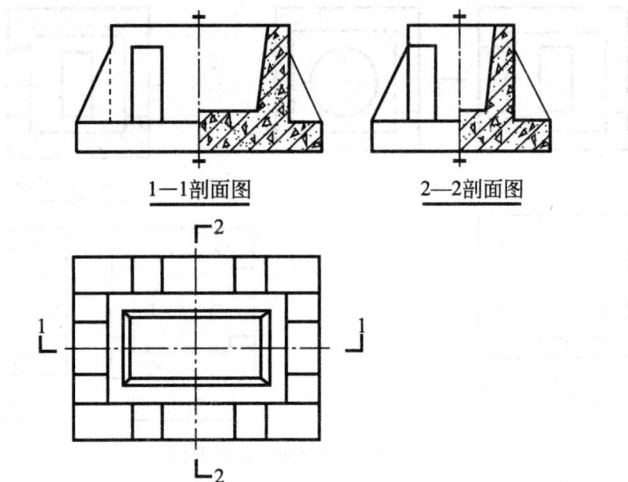

图 4.7 独立基础的半剖面图

3. 阶梯剖面图

如图 4.8 所示,形体上有两个不在同一轴线上的孔洞,一个全剖面图并不能同时剖切两个孔洞,因此,用两个相互平行的剖切平面对该形体的两个孔洞进行剖切,从而在同一个剖面图上将两个不在同一轴线上的孔洞同时表达出来。这种用两个或两个以上的、互相平行的剖切平面将形体剖切开,得到的剖面图称为阶梯剖面图。在这里要注意,由于剖切是假想的,所以剖切平面转折处由于剖切而使形体产生的轮廓线不应在剖面图中画出。

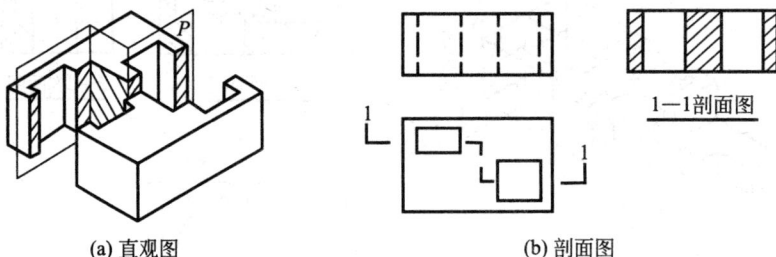

(a) 直观图   (b) 剖面图

图 4.8 阶梯剖面图

4. 展开剖面图

用两个或两个以上相交剖切平面剖切形体,所得到的剖面图称作展开剖面图。

如图 4.9(a)所示的楼梯,由于楼梯的两个梯段在水平投影图上成一定夹角,用一个或两个互相平行的剖切平面都无法将楼梯清楚地反映出来。因此,用两个相交的剖切平面进行剖切,移去剖切平面前面的部分,将剩余楼梯的右半部分旋转至与正立投影面平行后,便可得到展开剖面图。展开剖面图的图名后应加注"展开"字样,剖切符号的画法如图 4.9(b)所示。

在剖切平面剖切形体后,需要将形体进行旋转,因此,展开剖面图也称为旋转剖面图。如图 4.9 所示,楼梯被剖切平面剖切后,为了使楼梯右半部分在剖面图中也能反映实形,将楼梯的右半部分向后转动特定角度(即两剖切平面的夹角),使右半部分楼梯也平行于正立投影面,这样,整部楼梯的投影图就可以反映出实形。

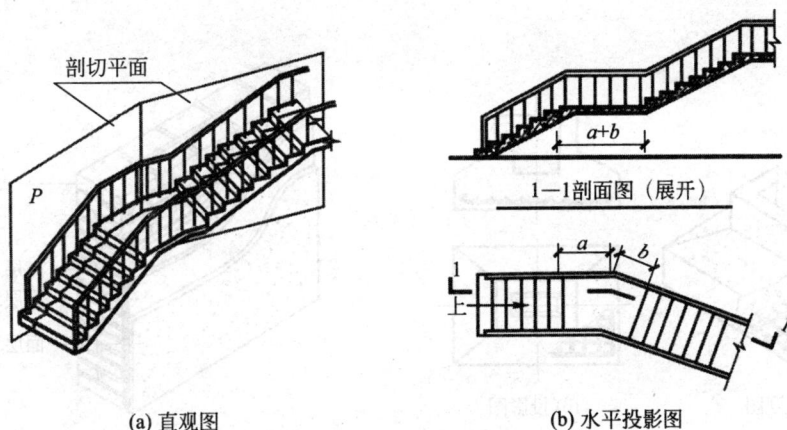

图 4.9　楼梯的展开剖面图

　　图 4.10 是一筒仓建筑物的施工图,1-1 剖面图采用全剖面图,剖视方向向下,2-2 剖面图采用展开剖面图,同时剖切到两个管道,这样的图样在建筑工程施工图中有很多,阅读时首先根据剖切符号分析剖面图的类型,再根据剖切位置和剖视方向阅读剖面图。

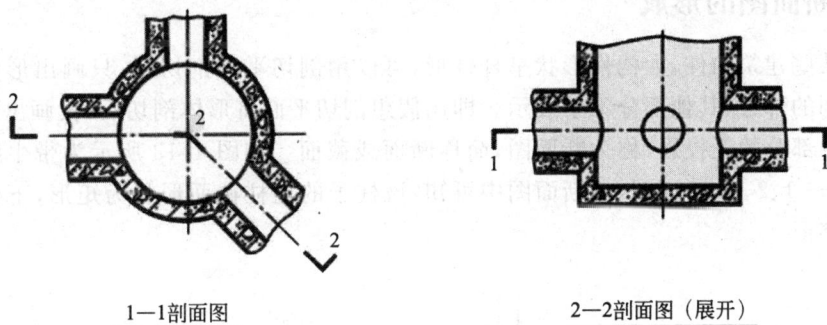

图 4.10　筒仓建筑物的施工图

5. 局部剖面图与分层剖面图

　　当仅仅需要表达形体局部的内部构造时,可以只将该局部剖切开,该部分的剖面图称为局部剖面图。

　　如图 4.11 所示为基础局部剖面图,从图 4.11(b) 中不仅可以了解该基础的形状、大小,而且从水平投影图上的局部剖面图,可以了解该基础的配筋情况。局部剖面图在投影图上用波浪线作为剖切部分与未剖切部分的分界线,分界线相当于断裂面的投影,因此,波浪线不得超过图形轮廓线,也不能画成图形的延长线。

　　注意:在图 4.11 中,正面投影图是一个全剖面图,在这个投影图中主要是表达钢筋的配置情况,所以图中的剖面未画出混凝土的图例。

　　对一些具有不同层次构造的建筑构件,按实际需要,用分层剖切的方法获得的剖面图称为分层剖面图。

　　图 4.12 所示是用分层剖面图表达的墙体装修构造图,图中以波浪线为界,分别把墙体

四层构造表达清楚。在画分层剖面图时,应按层次以波浪线将各层分开,波浪线不应与任何图线重合。

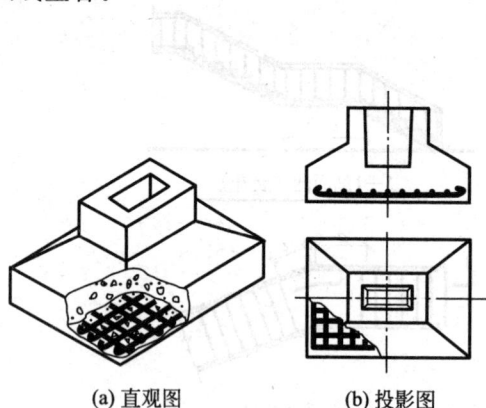

(a) 直观图　　　　　(b) 投影图

图 4.11　基础的局部剖面图

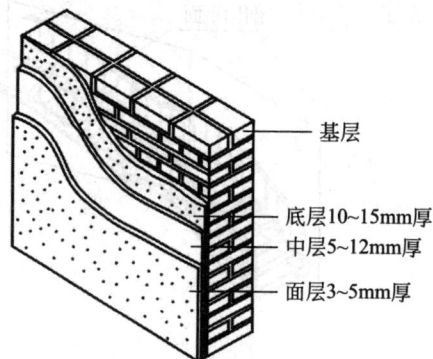

基层
底层10~15mm厚
中层5~12mm厚
面层3~5mm厚

图 4.12　墙体装修构造图

4.2　断　面　图

4.2.1　断面图的形成

对于某些建筑构件,如构件形状呈杆件形,可以用剖切平面剖切后,只画出形体与剖切平面剖切到的部分,其他部分不予表示。即用假想剖切平面将形体剖切后,仅画出剖切平面与形体接触部分的正投影,称为断面图,简称断面或截面。如图 4.13 所示为带牛腿的工字形柱子的 1—1、2—2 断面图,从断面图中可知,该柱子的上柱截面形状为矩形,下柱的截面形状为工字形。

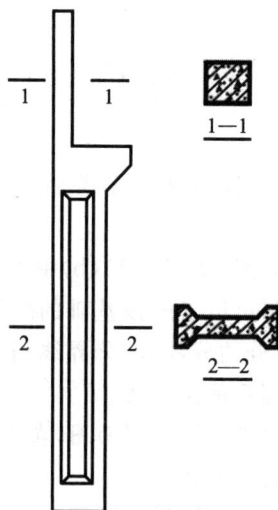

1　　1

1—1

2　　2

2—2

图 4.13　断面图

4.2.2 断面图与剖面图的区别

断面图与剖面图的区别有以下三点。

（1）概念不同。断面图只画出形体与剖切平面接触的部分，而剖面图需画出形体被剖切后，剩余部分的全部投影，即剖面图不仅画出剖切平面与形体接触的部分，还要画出剖切平面后面没有被剖切平面切到的可见部分。如图 4.14 中台阶的剖面图与断面图。

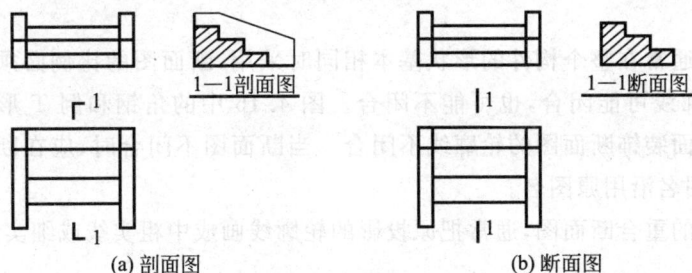

图 4.14 台阶的剖面图与断面图的区别

（2）剖切符号不同。断面图的剖切符号是一条长度为 6~10mm 的粗实线，没有剖视方向线，剖切符号旁编号所在的一侧是剖视方向。

（3）剖面图中包含断面图。

4.2.3 断面图的种类

由于构件的形状不同，断面图的剖切位置和范围也不同，一般断面图有三种形式。

1. 移出断面

将形体某一部分剖切后所形成的断面移到原投影图旁边的断面图称为移出断面。如图 4.15 所示。断面图的轮廓线应用粗实线，轮廓线内应画出相应的图例符号。断面图应尽可能地放在投影图的附近，以便识图。断面图也可以适当地放大比例，以便标注尺寸和清晰地反映内部构造。在实际施工图中，很多构件都是用移出断面图表达其形状和内部构造的。

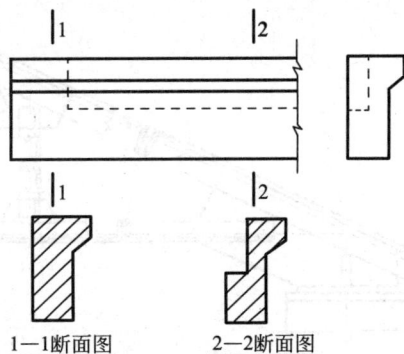

图 4.15 梁移出断面图的画法

2. 重合断面图

将断面图直接画在投影图中,使断面图与投影图重合在一起,称为重合断面图。如图 4.16 所示为角钢和倒 T 形钢的重合断面图。

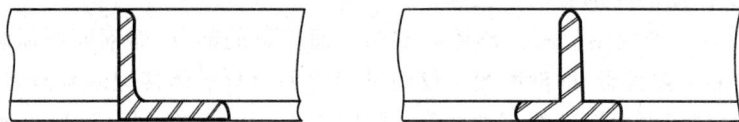

图 4.16　重合断面图的画法

重合断面图通常在整个构件的形状基本相同时采用,断面图的比例必须和原投影图的比例一致,其轮廓线可能闭合,也可能不闭合。图 4.16 中的角钢和倒 T 形钢的轮廓线闭合,而图 4.17 墙面装饰断面图的轮廓线不闭合。当断面图不闭合时,应在断面图轮廓线的内侧加画图例,图名沿用原图名。

在施工图中的重合断面图,通常把原投影的轮廓线画成中粗实线或细实线,而断面图画成粗实线。

3. 中断断面

对于单一的长杆件,也可以在杆件投影图的某一处用折断线断开,然后将断面图画在其中,不画剖切符号,如图 4.18 所示的木材断面图。图 4.19 是钢屋架大样图,该图通常采用中断断面图的形式表达各弦杆的形状和规格。中断断面图的轮廓线也为粗实线,图名沿用原图名。

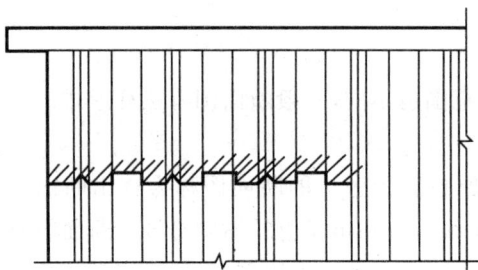

图 4.17　墙面装饰断面图

图 4.18　中断断面的画法

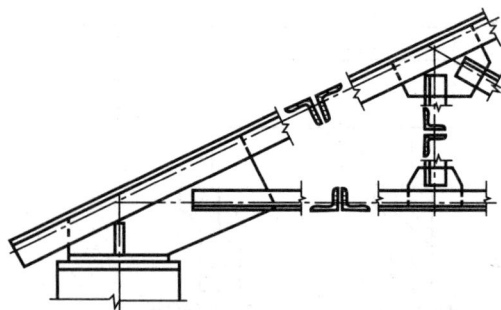

图 4.19　中断断面在钢屋架施工图中的应用

4.3　建筑形体的简化画法

《建筑制图标准》(GB/T 50104—2010)规定在工程图样中有些特殊形体可以用一些更简单的方法绘制。

1. 对称形体的省略画法

当形体对称时,可以只画该视图的一半,如图 4.20(a)所示。对称符号用细单点长画线表示,两端各画两条平行的细实线,长度为 6～10mm,间距 2～3mm。当形体不仅左右对称,前后也对称时,可以只画该视图的 1/4,如图 4.20(b)所示。

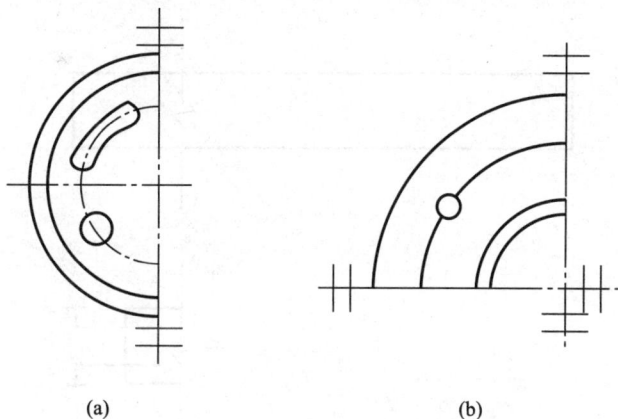

(a)　　　　　　　　　　　　　　(b)

图 4.20　对称省略画法

2. 相同构造的省略画法

形体上有多个完全相同且连续排列的构造要素,可仅在两端或适当位置画出其完整形状,其余部分以中心线或中心线交点表示,如图 4.21(a)所示,在一块钢板上有 7 个形状相同的孔洞。在图 4.21(b)中,预应力空心楼板上有 6 个直径为 80mm 的孔洞。

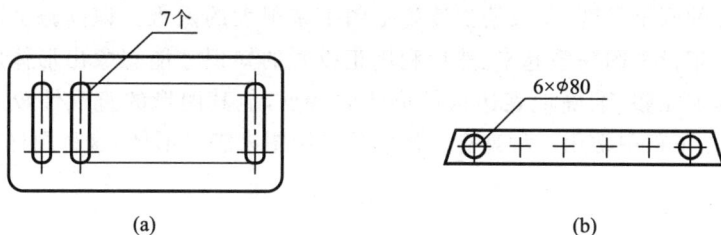

7个

6×φ80

(a)　　　　　　　　　　　　　　(b)

图 4.21　相同构造省略画法

3. 用折断线省略画法

当形体很长,断面形状相同或变化规律相同时,可以假想将形体断开,省略其中间的部分,而将两端靠拢画出,然后在断开处画折断符号,如图 4.22 所示。在标注尺寸时应注出构件的全长。

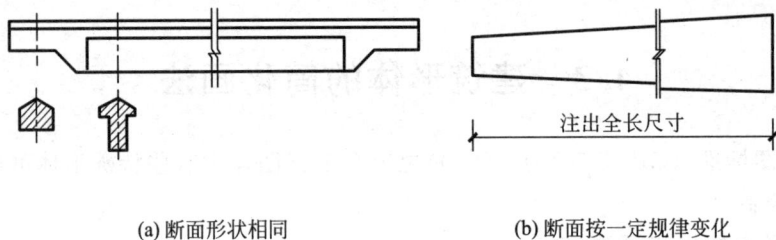

(a) 断面形状相同　　　　　　　　　(b) 断面按一定规律变化

图 4.22　折断省略画法

如果一个构件与另一个构件仅部分不同,该构件可只画出不相同的部分,但应在两个构件的相同部分与不同部分的分界线处,分别绘制连接符号,如图 4.23 所示。

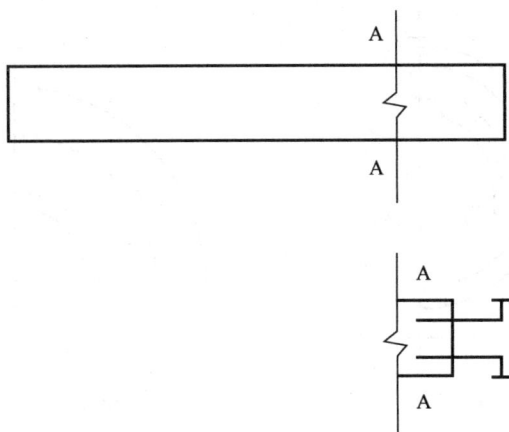

图 4.23　连接省略画法

4.4　轴测投影

施工图中通常用两个或两个以上的正投影图表达形体的构件和大小,由于每个正投影图只能反映构件的两个尺度,所以给识读施工图带来很大的困难。识读施工图时必须将两个或两个以上的正投影图联系起来,然后利用正投影的知识才能想象出形体的形状。虽然正投影图具有能够完整、准确地表达构件形状的特点,但其图形的直观性较差,识读较难。为了便于读图,在工程中常用一种富有立体感的投影图来表示形体,这种图样称为轴测投影图,简称轴测图。

4.4.1　轴测投影图的基本知识

1. 轴测投影图的形成

将物体连同其直角坐标系沿不平行于任何坐标面的方向,用平行投影法将其投射在单一投影面 P(即轴测投影面)上所得到的图形称为轴测图。如图 4.24 所示,投射线与轴测投影面垂直时,得到正轴测图;投射线与轴测投影面倾斜时,得到斜轴测图。

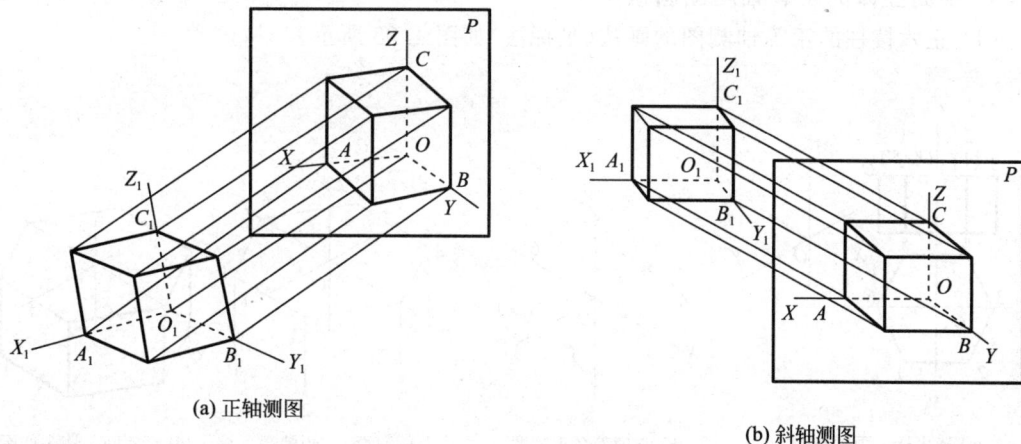

(a) 正轴测图

(b) 斜轴测图

图 4.24 轴测图的形成

2. 轴测投影的特点

由于轴测投影属于平行投影,因此轴测投影具有平行投影的特点。以下为轴测投影图常见的两个特点。

(1) 平行性:形体上原来互相平行的线段,轴测投影后仍然平行;

(2) 定比性:形体上原来互相平行的线段长度之比,等于相应的轴测投影之比。

3. 轴测投影的分类

按照投影方向与轴测投影面的相对位置,轴测投影可分为以下两大类。

(1) 正轴测:轴测投影方向垂直于轴测投影面,得到的轴测图称为正轴测图。最常用的正轴测图是正等测图,其三个轴向伸缩系数都相等,轴间角为120°。

(2) 斜轴测:轴测投影方向倾斜于轴测投影面的轴测投影,得到的轴测图称为斜轴测图。建筑工程图的水暖电系统图常用正面斜等测图,即轴测投影面平行于正立投影面,投射方向倾斜于轴测投影面,正面斜等测图的三个轴向伸缩系数都相等。

4.4.2 正等轴测图的画法

由于轴测图画法基本相同,本节只介绍正等轴测图的画法。

轴测投影图一般采用坐标法、切割法和叠加法绘制。

坐标法是绘制轴测图的基本方法,根据立体表面上各顶点的坐标,分别画出它们的轴测投影,然后依次连接成立体表面的轮廓线。

切割法适用于带切面的平面立体,它以坐标法为基础,先用坐标法画出完整平面立体的轴测图,然后用挖切法逐步画出各个切口的部分。

叠加法适用于叠加而形成的建筑形体,它依然以坐标法为基础,根据各基本体所在的坐标,分别画出各立体的轴测图。

正等轴测图的轴间角相等 $\angle X_1 O_1 Y_1 = \angle Y_1 O_1 Z_1 = \angle Z_1 O_1 X_1 = 120°$。通常 $O_1 Z_1$ 轴总是竖直放置,而 $O_1 X_1$、$O_1 Y_1$ 轴的方向可以互换。轴向伸缩系数 $p_1 = q_1 = r_1 = 0.82$。为了简化作图,制图标准规定轴向伸缩系数 $p = q = r = 1$。

1. 平面立体的正等轴测图画法

（1）正六棱柱的正等轴测图的画法（坐标法）如图 4.25 所示。

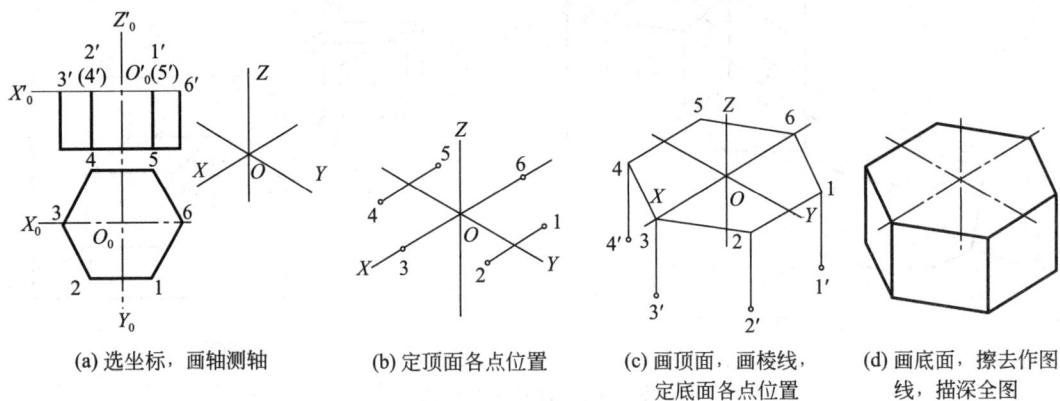

(a) 选坐标，画轴测轴   (b) 定顶面各点位置   (c) 画顶面，画棱线，定底面各点位置   (d) 画底面，擦去作图线，描深全图

图 4.25 正六棱柱的正等轴测图

（2）建筑形体的正等轴测图的画法（叠加法）如图 4.26 所示。

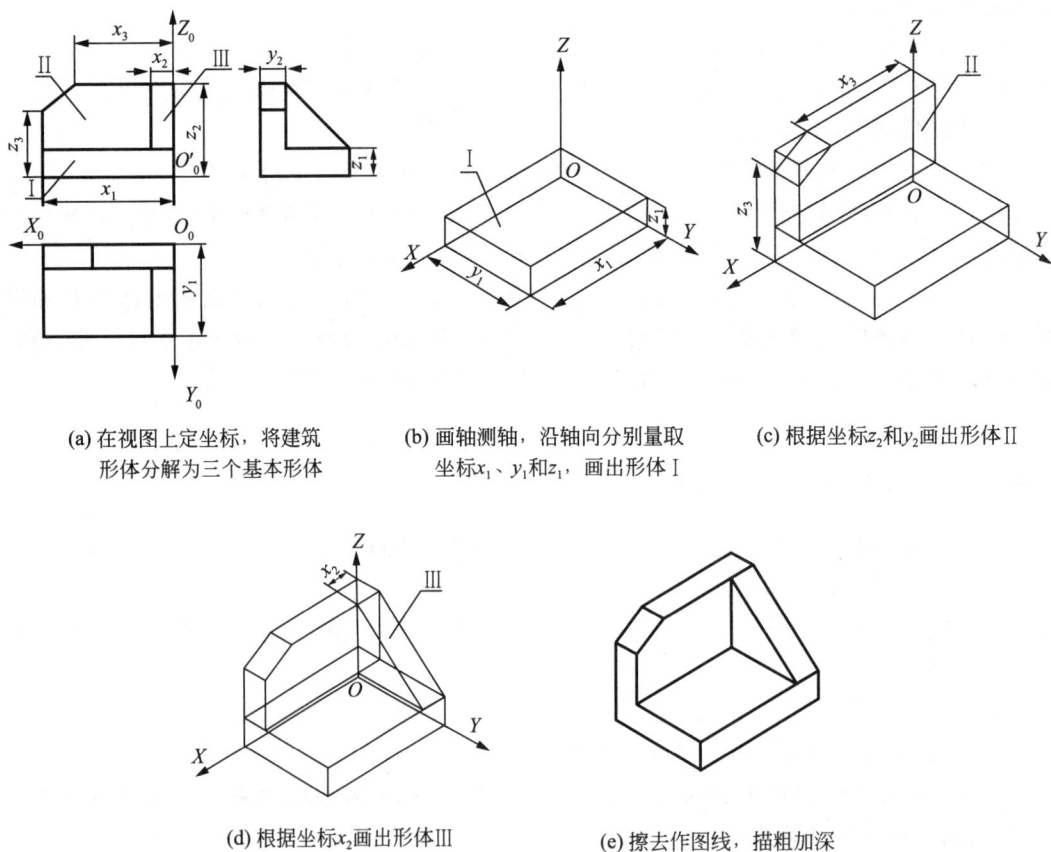

(a) 在视图上定坐标，将建筑形体分解为三个基本形体   (b) 画轴测轴，沿轴向分别量取坐标 x_1、y_1 和 z_1，画出形体 I   (c) 根据坐标 z_2 和 y_2 画出形体 II

(d) 根据坐标 x_2 画出形体 III   (e) 擦去作图线，描粗加深

图 4.26 用叠加法作出建筑形体的轴测图

2. 曲面立体正等测图画法

直径相同且平行于坐标面的圆,其正等轴测投影为形状和大小完全相同的椭圆,如图 4.27 所示。

绘图时,为了简化作图,通常采用四段圆弧连接成近似椭圆的作图方法。如图 4.28 所示,以 XOY 坐标面上的圆为例,说明了这种近似画法的作图步骤。画其他坐标面上的圆时,应注意长短轴的方向。

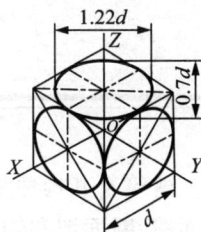

图 4.27 平行于坐标面的
圆的正等轴测图

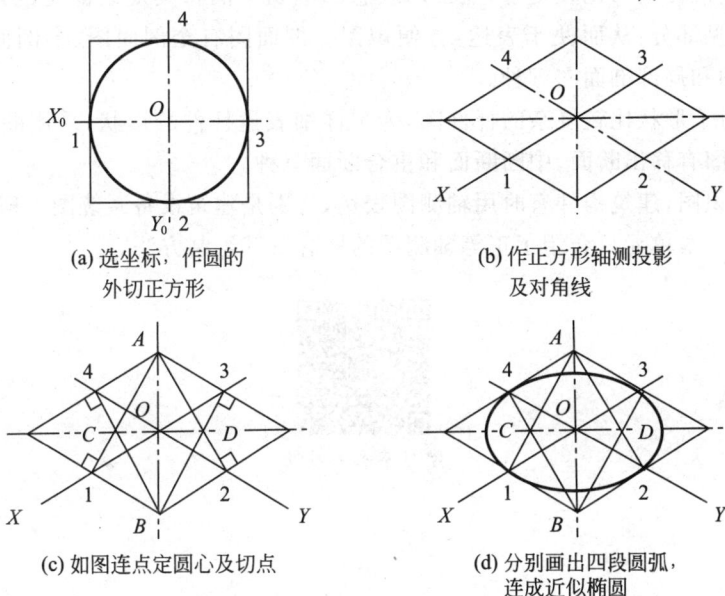

(a) 选坐标,作圆的
外切正方形

(b) 作正方形轴测投影
及对角线

(c) 如图连点定圆心及切点

(d) 分别画出四段圆弧,
连成近似椭圆

图 4.28 平行于坐标面的圆的正等轴测图——椭圆的近似画法

【例 4.1】 圆柱体的正等轴测图的绘图方法如图 4.29 所示。

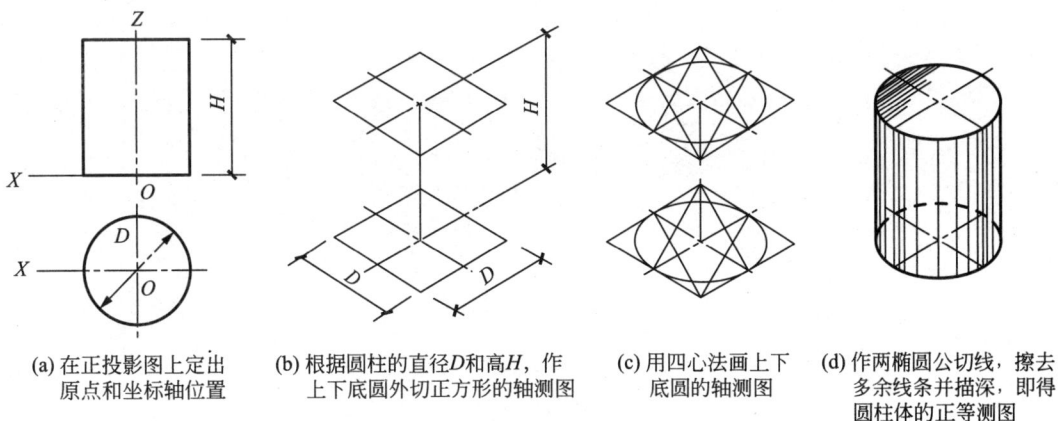

(a) 在正投影图上定出
原点和坐标轴位置

(b) 根据圆柱的直径 D 和高 H,作
上下底圆外切正方形的轴测图

(c) 用四心法画上下
底圆的轴测图

(d) 作两椭圆公切线,擦去
多余线条并描深,即得
圆柱体的正等测图

图 4.29 圆柱体的正等轴测图

小　结

　　建筑及其构件常用的表达方法除前面所述的正投影法,还会根据形体的具体情况采用剖面图、断面图和轴测图表达。

　　剖面图:当形体内部比较复杂,通常用假想的剖切平面将其复杂部位剖切开,使其不可见部分变为可见部分,从而便于表达,方便识图。剖面图有全剖面图、半剖面图、阶梯剖面图、展开剖面图和局部剖面图五种。

　　断面图,对于形状比较复杂的杆件图,为了详细表达杆件的形状,采用断面图的形式简单易读。断面图有移出断面、中断断面和重合断面三种。

　　为了便于识图,建筑构件有时用轴测图表达,特别是建筑设备系统图一般都是用轴测图的方式绘制的。本单元只介绍了正等轴测图的概念及其绘制方法。

学习单元 4 习题

第二篇

房屋建筑施工图的识读

本篇包含的内容如下：

学习单元 5 建筑施工图

学习导引

　　建筑施工图是建筑行业的通用语言，设计人员通过建筑施工图表达对建筑的美好设想，工程管理人员协助施工人员识读施工图，将美好设想变为具体实物。

　　本单元以实际的建筑施工图为载体（扫描右侧二维码），向读者介绍相关知识。

教材附图

知识目标

　　(1) 熟悉《总图制图标准》(GB/T 50103—2010)的基本规定。

　　(2) 熟悉《建筑制图标准》(GB/T 50104—2010)的基本规定。

技能目标

　　(1) 培养快速识读建筑设计说明的相关技能。

　　(2) 掌握建筑平面图、立面图、剖面图图样的识读技能。

　　(3) 掌握建筑详图图样的识读技能。

　　(4) 满足"1+X"建筑工程识图职业技能中级要求。

思政要求

　　(1) 培养求真务实的科学态度。

　　(2) 培养执着专注、精益求精、一丝不苟、追求卓越的大国工匠精神。

　　(3) 培养社会主义责任感和改革创新的使命感。

5.1　概　　述

5.1.1　房屋的组成与作用

　　房屋也称为建筑物。建筑最初是人类为了避风雨和防备野兽袭击的需要而建造的栖身之所。随着人类的发展和科技的不断进步，建筑已经逐步发展成为集建筑功能、建筑技术、建筑经济、建筑艺术、建筑环境等诸多学科为一体的，与人们的生产、生活具有密切联系的现代化工业产品。建筑的种类繁多，在本书中我们所说的建筑主要指房屋建筑。虽然各类建筑的使用要求、空间造型、结构形式、外形处理以及规模的大小各不相同，但是构成房屋的主要部分大致是相同的，一般都是由基础、墙或柱、楼地层、楼梯、屋顶和门窗等六大基本部分组成，如图 5.1 所示。

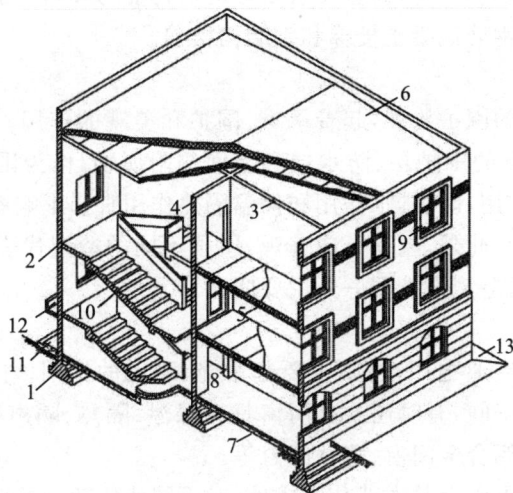

图 5.1　建筑的组成

1—基础；2—外墙；3—屋面板；4—内墙；5—楼板；6—屋面层；7—地层；

8—门；9—窗；10—楼梯；11—台阶；12—雨篷；13—散水

1. 基础

基础位于建筑的最下面，是建筑墙或柱的扩大部分，承受着建筑上部的所有荷载并将其传给地基，因此，基础应具有足够的强度和耐久性，并能承受地下各种因素的影响。由于建筑的结构形式不同，基础的构造也不相同，常用的基础形式有条形基础、独立基础、筏板基础、箱形基础和桩基础等。基础使用的材料有砖、石、混凝土、钢筋混凝土等。

2. 墙或柱

墙在建筑中起着承重、围护和分隔的作用。如果作为承重墙，应能承受其上部所有荷载的作用，并将其传给基础；如果作为围护墙体，墙体应能抵御自然界各种因素对建筑内部的侵袭作用，特别是应能够起到保温、隔热作用；如果作为起分隔作用的墙体，墙体应轻且薄，防潮、防水、隔声。因此要求墙体根据功能的不同分别具有足够的强度、稳定性、保温、隔热、隔声、防水、防潮等能力，并具有一定的经济性和耐久性。

柱子在建筑中的主要作用是承受其上梁、板的荷载，以及附加在其上的其他荷载。要求柱子应具有足够的强度、稳定性和耐久性。

3. 楼地层

楼地层包括楼板层和地坪层。

楼板层是楼房建筑水平方向的承重构件，按房间层高将整幢建筑沿垂直方向分为若干部分，充分利用了建筑的空间，大大增加了建筑的使用面积。楼板层承受着家具、设备、人体以及自身的荷载，并将其传给墙或柱。因此楼板层应具有足够的强度、刚度和隔声能力，并具有防潮、防水的能力。常用的楼板层为钢筋混凝土楼板层。

地坪层是底层房间与土层相接的部分，它承受底层房间的荷载。地坪应具有耐磨、防潮、防水和保温等不同的能力。

4. 楼梯

楼梯是二层及二层以上建筑的垂直交通设施，供人们上下楼层和紧急情况下疏散之用。

楼梯不仅要有足够的强度和刚度,而且要有足够的通行能力和防火能力,楼梯表面应具有防滑能力。常用的楼梯有钢筋混凝土楼梯和钢结构楼梯。

5. 屋顶

屋顶是建筑最上面的围护构件,起着承重、围护和美观的作用。作为承重构件,屋顶应有足够的强度,支撑其上的围护层、防水层和上面的附属物;作为围护构件,屋顶应具有防水、排水、保温、隔热的作用,防、排水作用和保温隔热作用直接影响着顶层房间的正常使用,是屋顶设计的主要任务。此外,屋顶还应美观,屋顶不同的造型代表着不同的建筑风格,反映着不同的文化,是建筑造型设计的一个主要问题。

6. 门窗

门主要供人们内外交通之用,窗则主要起采光、通风的作用。门窗都有分隔和围护作用。对某些特殊功能的房间,有时还要求门窗具有保温、隔热、隔声等功能。目前常使用的门窗有木门窗、钢门窗、铝合金门窗、塑钢门窗等。

民用建筑除了由以上六大基本部分组成外,对不同使用功能的建筑,还有很多其他的构件和配件,如阳台、雨篷、烟囱、通风道、挑檐、女儿墙、雨水管、遮阳板、室外台阶、散水等,这些组成部分在房屋中起着不同的作用。

5.1.2　房屋建筑施工图的种类

1. 房屋建筑施工图的设计程序

建造一幢房屋需要经历设计和施工两个阶段。建设项目的设计过程一般也分为两个阶段,即初步设计阶段和施工图设计阶段。对于大型的、技术复杂的工程,建筑设计需要在这两个设计阶段之间增加技术设计阶段,用来深入解决高难度技术问题,协调解决各工种之间的技术矛盾。

1)初步设计阶段

设计人员接受任务后,首先根据设计任务书、有关的政策文件、地质条件、环境、气候、文化背景等,明确设计意图,提出设计方案。在设计方案中应表明房屋的平面布置、立面处理、结构形式等内容。初步设计应包括房屋的总平面图、平面图、立面图、剖面图、效果图、建筑经济技术指标,必要时还要提供建筑模型。经过多个方案的比较,最后确定综合方案,即为初步设计。初步设计是建设单位报规划、消防、卫生、交通、人防和施工许可证的依据。

2)技术设计阶段

在已批准的初步设计基础上,组织各有关工种的技术人员,进一步解决各种技术问题,协调工种之间的矛盾,使设计在技术上合理可行,并进行深入比较,使设计在技术和经济方面都合理可行。

3)施工图设计阶段

设计人员根据最后确定的设计方案,进行施工图设计。施工图设计是各工种的设计人员根据初步设计方案和技术设计方案绘制出来用于指导施工的图样。其中,建筑设计人员设计建筑施工图,结构设计人员设计结构施工图,给排水设计人员设计给排水施工图,暖通设计人员设计采暖和通风施工图,建筑电气设计人员设计电气施工图。在设计施工图时,各工种的设计人员应不断协调,以防止出图后出现工种之间的矛盾。

房屋建筑施工图是为施工服务的,要求准确、完整、简明、清晰。为了减少设计人员的工作量,国家、省、地、市编制了相应的标准图集,供设计人员选用。

2. 房屋建筑施工图的组成与分类

房屋建筑施工图是指导建筑工程施工全过程的图样。按照专业工种不同可分为以下几类。

(1)建筑施工图,简称建施。主要表达新建房屋的规划位置、平面形状、内部布置、外部造型、构造做法、装修做法的图样。一般包括施工图首页、总平面图、平面图、立面图、剖面图和详图。

(2)结构施工图,简称结施。主要表达建筑承重结构的结构类型,结构构件的布置、连接、形状、大小及详细做法的图样。一般包括结构设计说明、结构平面布置图和结构构件详图等内容。

(3)设备施工图,简称设施。设备施工图又分为给水排水施工图,采暖通风施工图和电气施工图。一般包括设计说明、平面布置图,空间系统图和详图。

(4)装饰施工图,简称装施。装饰施工图是反映建筑室内外装修做法的图样。一般包括装饰设计说明、装饰平面图、装饰立面图和装饰详图。

一套完整的房屋建筑工程图在装订时要按专业顺序排列,一般为图纸目录、建筑设计总说明、总平面图、建筑施工图、结构施工图、给水排水施工图、采暖通风施工图和电气施工图。在土建工程施工图中一般没有装饰施工图,装饰施工图另外装订。

3. 房屋建筑施工图的特点

(1)房屋建筑施工图除效果图、设备施工图中的管道线路系统图外,其余采用正投影的原理绘制,因此所绘图样符合正投影的特性。

(2)建筑物形体很大,绘图时都要按比例缩小。为了反映建筑物的细部构造及具体做法,常配有较大比例的详图图样,并且用文字和符号详细说明。

(3)许多构配件无法如实画出,需要采用国标中规定的图例符号画出,国标中没有的,需要自己设计,并加以说明。

5.2 施工图首页与总平面图

5.2.1 施工图首页

施工图首页一般包括:图纸目录、建筑设计说明、工程做法表、门窗表、建筑节能设计计算书等。

1. 图纸目录

图纸目录是查阅图纸的主要依据,包括图纸的类别、编号、图名以及备注等栏目。图纸目录一般包括整套图纸的目录,具体有:建筑施工图目录、结构施工图目录、给水排水施工图目录、采暖通风施工图目录和建筑电气施工图目录。表5.1所示为某学校实验楼施工图图纸部分目录。从该目录可以了解到本套建筑施工图共计19张图纸,结构施工图共计16张图纸。每张图纸的内容从表中都可查阅。

表 5.1 某实验楼建筑工程施工图目录(部分)

图别与图号	图 名	图幅
建施-00	图纸目录	1号
建施-01	建筑设计说明(一)	1号
建施-02	建筑设计说明(二)	1号
建施-03	公共节能设计专篇	1号
建施-04	门窗统计表	1号
建施-05	建筑工程做法表	1号
建施-06	一层平面图	1号
建施-07	二层平面图	1号
建施-08	三层平面图	1号
建施-09	闷层平面图	1号
建施-10	屋顶平面图	1号
建施-11	①—⑩立面图 ⑩—①立面图	1号
建施-12	Ⓐ—Ⓓ立面图 Ⓓ—Ⓐ立面图	1号
建施-13	1—1剖面图 2—2剖面图 3—3剖面图	2号
建施-14	教室布置图	2号
建施-15	生物教室布置图 卫生间详图	2号
建施-16	楼梯详图	
建施-17	墙身大样(一) 墙身大样(二)	
建施-18	墙身大样(三)	
建施-19	特殊构件详图	
结施-01	结构设计说明(一)	1号
结施-02	结构设计说明(二)	1号
结施-03	基础平面布置图	1号
结施-04	基础顶~标高4.070柱配筋图	1号
结施-05	4.070~7.970标高柱配筋图	1号
结施-06	7.970~屋面柱配筋图	1号
结施-07	—0.130标高梁配筋图	1号
结施-08	4.070标高梁配筋图	1号
结施-09	7.970标高梁配筋图	1号
结施-10	12.000标高梁配筋图	1号

续表

图别与图号	图 名	图幅
结施-11	屋顶层梁配筋图	
结施-12	4.070 标高平面布置图	
结施-13	7.970 标高平面布置图	
结施-14	12.000 标高平面布置图	
结施-15	屋顶层平面布置图	
结施-16	楼梯详图	

2. 建筑设计说明

建筑设计说明是施工图样的必要补充,主要是对图样中未能清楚表达的内容加以详细的说明,通常包括工程概况、建筑设计的依据、构造要求、对施工单位的要求等。

3. 工程做法表

工程做法表主要是对建筑各部位构造做法用表格的形式加以详细说明。在表中对各施工部位的名称、做法等详细表达,如采用标准图集中的做法,应注明所采用标准图集的代号、做法编号,如有改变,在备注中加以说明。

4. 门窗表

门窗表是对建筑施工图基本图样的补充。在建筑设计说明中,对建筑物所有不同类型的门窗统计后列成表格,以备施工、预算需要。表 5.2 所示为某实验楼门窗表,在门窗表中应反映门窗的类型、大小、所选用的标准图集及其类型编号,如有特殊要求,应在备注中加以说明。

表 5.2 某实验楼门窗表

类型	设计编号	洞口尺寸（mm×mm）	数量	图集名称	页次	选用型号	备 注
普通门	M1521	1500×2100	2	12J4-1	4	PM-1821	全玻门
	M4830	4800×3000	1	12J4-1	4	PM-3027	全玻门
	M1027	1000×2700	6				实验室、准备室门、教室门均带观察窗;其中音乐教室、语言教室采用隔声门,隔声性能6级
	M1127	1100×2700	13	12J4-1	3	PM-1227	
	M1221	1200×2100	2	12J4-1	78	PM-0921	用于卫生间门,预留30mm扫地缝
	M0921	900×2100	2	12J4-1	78	PM-0921	
	M0927	900×2700	4	12J4-1	78	PM-0921	
丙级防火门	FM 丙 0721	7000×2100	3	12J4-2	3	GFM01-0820	

续表

类型	设计编号	洞口尺寸（mm×mm）	数量	图集名称	页次	选用型号	备　注
普通窗	C2124	2100×2400	12	12J4-1	15	PC2-2124	面积大于1.5m²的玻璃必须采用安全玻璃且应有防撞措施。辐射率≤0.15Low-E的中空玻璃、（离线）反射颜色淡蓝色面积大于1.5m²的玻璃必须采用安全玻璃，且有防撞措施。其中卫生间窗户在窗玻璃上粘贴透光玻璃膜，以遮挡视线
	C2124′	2100×2400	2	12J4-1	15	PC3-2121	
	C1624	1600×2400	2	12J4-1	14	PC1-1521	
	C1624′	1600×2400	2	12J4-1	14	PC1-1521	
	C2127	2100×2700	4	12J4-1	15	PC2-2124	
	C1224	1200×2400	4	12J4-1	14	PC3-1821	
	C1221′	1200×2100	4	12J4-1	14	PC3-1821	
	C2121	2100×2100	28	12J4-1	15	PC5-2121	
	C2121′	2100×2100	8	12J4-1	15	PC3-2121	
	C1321	1300×2100	10	12J4-1	14	PC1-1521	
	C2108	2100×800	6	12J4-1	12	PC-2109	
高窗	GC2113	2100×1300	2	12J4-1	12	PC-2112	
	GC2110	2100×1000	8	12J4-1	12	PC-2112	
异性窗	YC-1	1300×2400	4	12J4-1	22	YC1-1218	见详图
	YC-2	1300×2900	2	12J4-1	22	YC1-1218	见详图
	YC-3	$R=400$	2	12J4-1	22	YC4-1212	见详图
洞口	D1227	1200×2700	3				

5. 节能设计

建筑围护结构节能设计达到国家和地方节能设计标准，是保证建筑节能的关键，在绿色建筑中应该严格执行。在建筑设计时，针对该建筑物的外围护构件进行热工分析，选择合理的外围护节能材料。

不同建筑类型，如公共建筑和住宅建筑，在节能特点上是有差别的，因此在建筑节能设计过程中，应结合建筑所在区域的温度与气候条件，通过对建筑体型系数、窗墙面积比、外围护结构热工性能、外窗气密性、屋顶透明部分面积比等方面的计算，使设计符合相应建筑类型的要求。

施工图首页中，最重要的图样是建筑设计说明。在学习过程中一定要重视识读建筑设计说明及其所包含其他文件的能力，以满足职业技能等级的认定要求（**建筑工程识图职业技能等级标准，初级 1.4，中级 1.1**）。

建筑节能
相关概念

5.2.2　总平面图

1. 总平面图的形成和用途

将新建工程四周一定范围内的新建、拟建、原有和拆除的建筑物、构筑物连同其周围的地形、地物状况用水平投影方法和相应的图例所画出的图样，即为总平面图。总平面图主要表示新建房屋的位置、朝向、与原有建筑物的关系，以及周围道路、绿化和给水、排水、供电条件等方面的情况。总平面图是作为新建房屋施工定位、土方施工、设备管网平面布置,在施工时安排进场材料和构配件堆放场地、构件预制场地以及运输道路的重要依据。

2. 总平面图的图例符号

　　总平面图是用正投影的原理绘制的,图形主要是以图例的形式表示,总平面图的图例采用《总图制图标准》(GB/T 50103—2010)规定的图例,表 5.3 列出了部分常用的总平面图图例符号,画图时应严格执行该图例符号。如图中采用的图例不是标准中的图例,应在总平面图下面进行说明。图线的宽度 b 应根据图样的复杂程度和比例,按《房屋建筑制图统一标准》(GB/T 50001—2017)中图线的有关规定执行。总平面图的坐标、标高、距离以米为单位。坐标以小数点后三位标注,不足的以"0"补齐;标高、距离以小数点后两位数标注,不足的以"0"补齐。

表 5.3　总平面图常用图例(部分)

序号	名称	图例	备注
1	新建建筑物	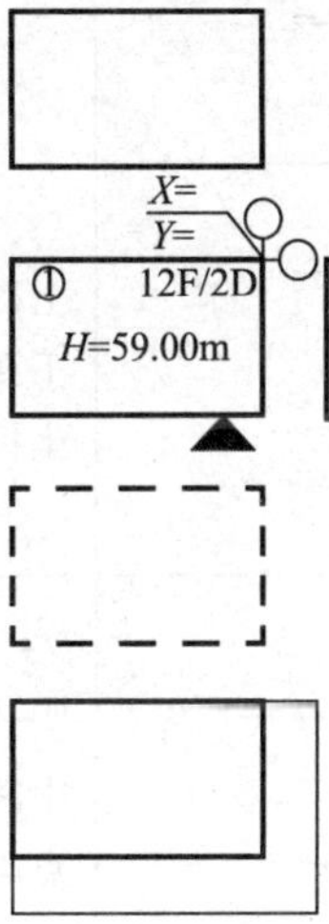	新建建筑物以粗实线表示与室外地坪相接处±0.00 外墙轮廓线;建筑物一般以±0.00 高度处的外墙定位轴线交叉点坐标定位。轴线用细实线表示,并标明轴线号;根据不同设计阶段标注建筑编号,地上、地下层数,建筑高度,建筑出入口位置(两种表示方法均可,但同一图纸采用一种表示方法);地下建筑物以粗虚线表示其轮廓;建筑上部(±0.00 以上)外挑建筑用细实线表示;建筑物上部连廊用细虚线表示并标注位置
2	原有建筑物	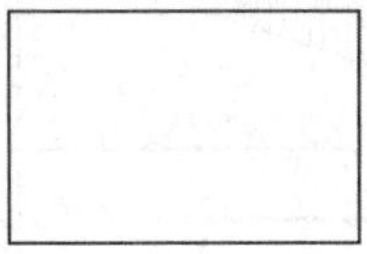	用细实线表示
3	计划扩建的预留地或建筑物		用中粗虚线表示
4	拆除的建筑物	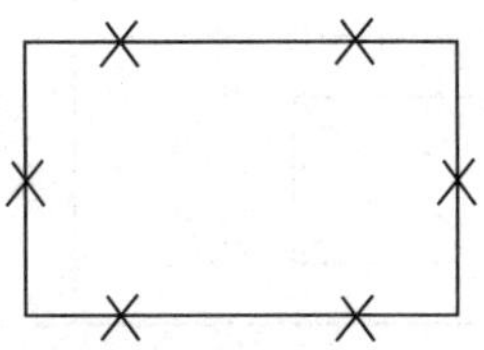	用细实线表示

续表

序号	名称	图　例	备　注
5	建筑物下面的通道	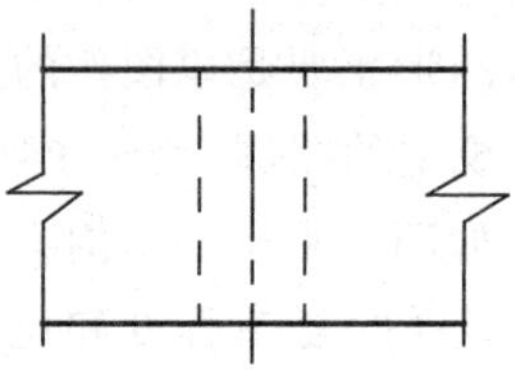	—
6	围墙及大门	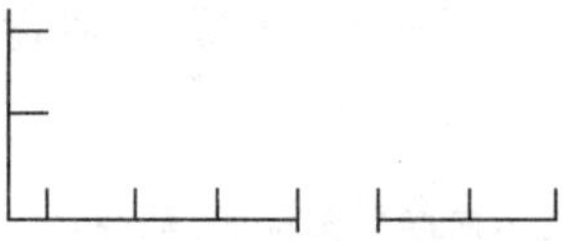	—
7	挡土墙	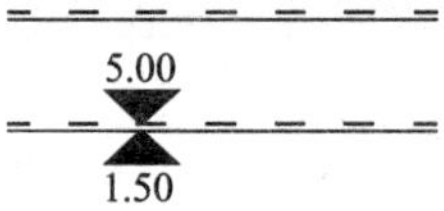 5.00 1.50	挡土墙根据不同设计阶段的需要标注,方式为:$\frac{\text{墙顶标高}}{\text{墙底标高}}$
8	坐标	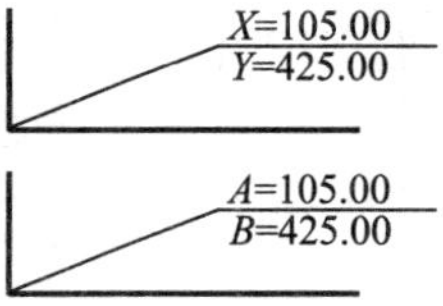 $X=105.00$ $Y=425.00$ $A=105.00$ $B=425.00$	上图表示地形测量坐标系;下图表示自设坐标系;坐标数字平行于建筑标注
9	填方区、挖方区、未整平区及零线	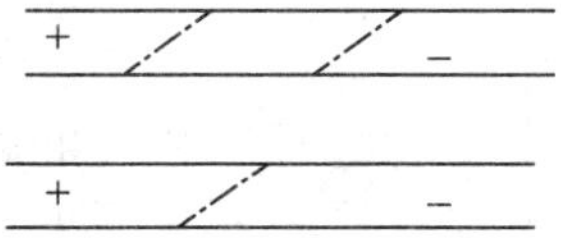 + − + −	"+"表示填方区;"−"表示挖方区;中间为未整平区;点画线为零点线
10	填挖边坡	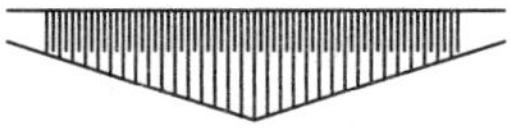	
11	室内地坪标高	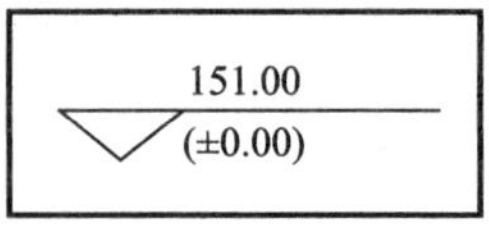 151.00 (±0.00)	数字平行于建筑物书写
12	室外地坪标高	 143.00	室外标高也可采用等高线
13	露天机械停车场	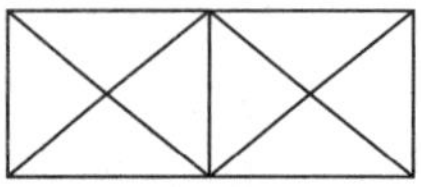	露天机械停车场

续表

序号	名称	图　例	备　注
14	新建道路	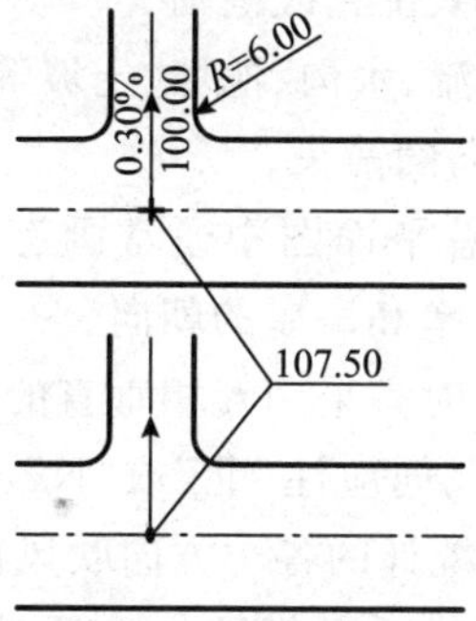	"$R=6.00$"表示道路转弯半径;"107.50"为道路中心线交叉点设计标高,两种方式均可,但同一图纸需采用一种方式表示;"100.00"为变坡点之间距离,"0.30%"表示道路坡度,箭头线表示坡向
15	原有道路	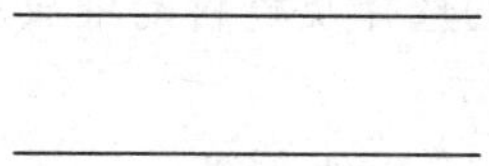	—
16	计划扩建的道路		—
17	拆除的道路	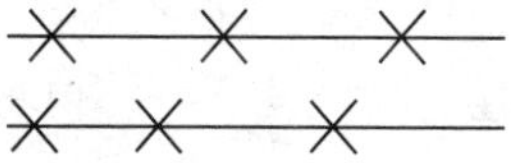	—
18	人行道	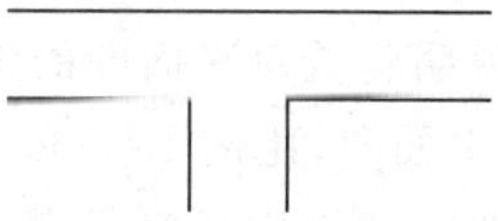	—
19	桥梁	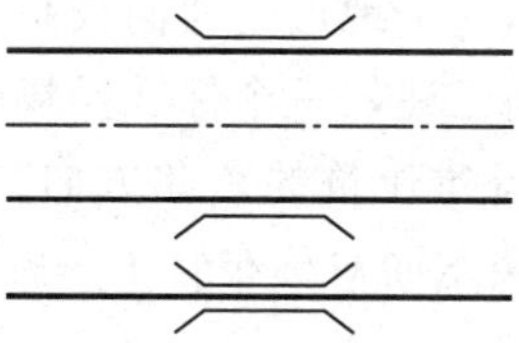	用于旱桥时应注明;上图为公路桥,下图为铁路桥

3. 建筑总平面图的图示内容

在建筑总平面图中应有以下图示内容。

(1)图名和比例。因总平面图所反映的范围较大,比例通常为 1∶500、1∶1000 或 1∶2000。

(2)新建建筑所处的地形。若地形变化较大,应画出相应的等高线。

(3)在总平面图中应详细表达出新建建筑的定位方式和具体位置。在总平面图中新建建筑的定位方式有三种:①利用新建建筑物和原有建筑物之间的距离定位;②利用施工坐标确定新建建筑物的位置;③利用新建建筑物与周围道路之间的距离确定其位置。

（4）注明新建建筑底层室内地面和室外整平地面的绝对标高。室外整平地面的标高用涂黑的等腰直角三角形（底边上的高3cm）表示，如图5.2所示。

（5）相邻有关建筑和拆除建筑的大小、位置或范围。

（6）附近的地形、地物等，如道路、河流、水沟、池塘、土坡等。应注明道路的起点、变坡、转折点、终点以及道路中心线的标高、坡向的箭头。

（7）指北针或风向频率玫瑰图。在总平面图中通常画有带指北针的风向频率玫瑰图（风玫瑰），用来表示该地区常年的风向频率和房屋的朝向。

如图5.3所示，指北针与风玫瑰结合时宜采用互相垂直的线段，线段两端应超出风玫瑰轮廓线2～3mm，垂点宜为风玫瑰中心，北向应注"北"或"N"字，组成风玫瑰的所有线宽宜为0.5b。风玫瑰图是根据当地多年平均统计的各个方向吹风次数的百分数，按一定比例绘制的，风的吹向是指从外吹向中心。实线表示全年风向频率，虚线表示按6、7、8三个月统计的风向频率。明确风向有助于建筑构造的选择及材料的堆放场所，如有粉尘污染的材料应堆放在下风位，如熬沥青或淋石灰。

（8）绿化规划，给水排水、采暖管道以及电线布置。

图5.2　总平面图室外地坪的标高方法

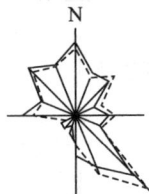

图5.3　风向频率玫瑰图

4. 总平面图的识读

下面以某学校实验楼总平面图为例说明建筑总平面图的识读方法。

（1）了解图名、比例。该施工图为总平面图，比例1：500。

（2）了解工程性质、用地范围、地形地貌和周围环境情况。从图5.4中可知，新建建筑所处的地形以网格状标高线的形式表示，整个地形是西面较高，东面较低，南面较高，北面较低。新建实验楼位于校区内西南角，西面已建好一个标准操场，紧邻的北面是一幢2层的阶梯教室，东面是学校升国旗用的操场。新建建筑的东北方向，正对学校大门已经建有一幢5层主教学楼，国旗杆为中轴线，在实验楼东面对称布置了一幢3层的综合楼和一幢2层的阶梯教室。

（3）了解建筑的朝向和风向。指北针在本图右侧，表示该建筑的朝向。从图5.4中可知，新建实验楼的方向是坐西朝东。

（4）了解新建建筑的平面形状和准确位置。本次新建建筑的平面形状为矩形，如图5.4所示，长度为47.33m，宽度为10.75m，3层。本实验楼室内标高为±0.000，相当于绝对标高949.800。在总平面图中，实验楼东侧道路中心线标高为949.293。新建建筑采用施工坐标定位，新建建筑右下角的坐标为A：1646、B：654.20，左上角坐标为A：1659.70、B：610.50。定位时可用这两组坐标与左面道路的坐标A：1630、B：600计算其准确位置。

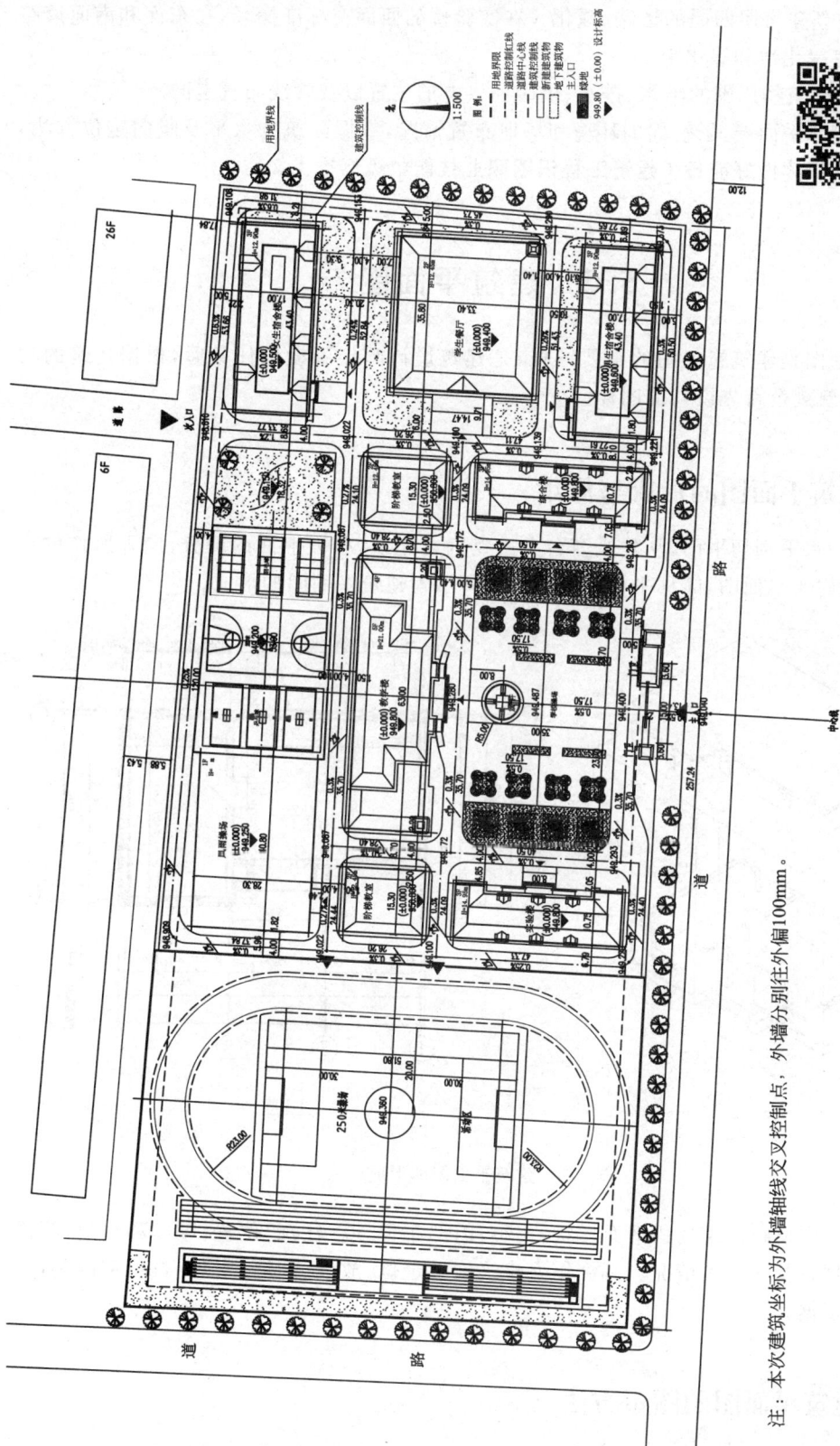

图5.4 某学校实验楼总平面图

注：本次建筑坐标为外墙轴线交叉控制点，外墙分别往外偏100mm。

（5）了解新建房屋四周的道路、绿化。在实验楼的西面有标准操场，在东面和南面道路旁边都布置有绿化地和绿化带。

（6）了解建筑物周围的给水、排水、供暖和供电的位置以及管线布置走向。

识读建筑总平面图，了解周围环境和场地布置情况，掌握建筑物水平及竖向定位方法，为后面图样的识读做好准备（**建筑工程识图职业技能中级标准 1.2**）。

5.3　建筑平面图

建筑平面图是建筑施工图的重要图样，是建筑设计师接到设计任务后，根据建筑的功能、地形和建筑规范首先设计的图样。

5.3.1　建筑平面图的形成与作用

假想用一水平剖切平面，从建筑窗台上一点剖切建筑，移去上面的部分，向下所作的正投影图，称为建筑平面图，简称平面图。图 5.5 所示为建筑平面图的形成。

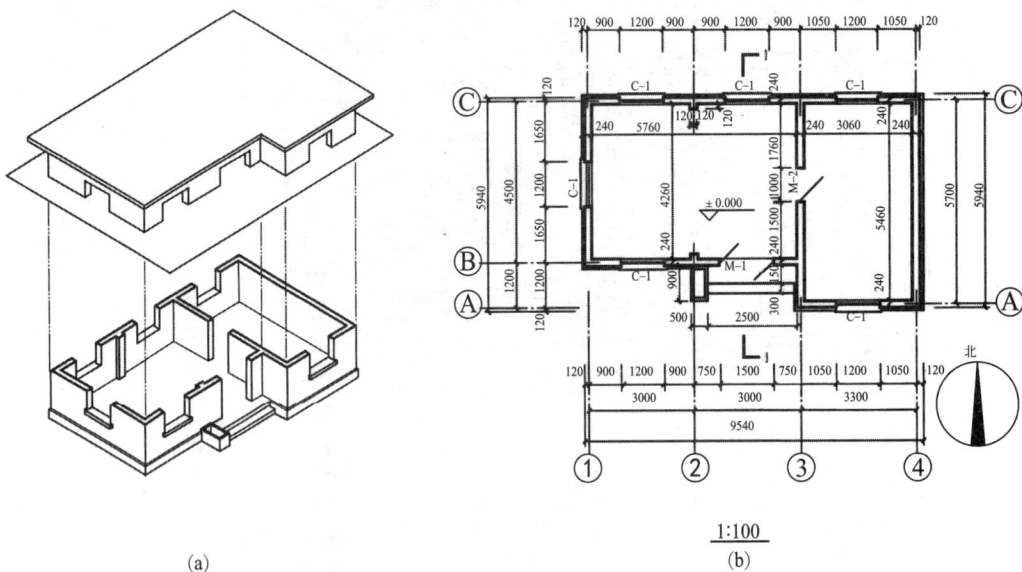

(a)　　　　　　　(b)

图 5.5　建筑平面图的形成

建筑平面图反映建筑物的平面形状、大小，内部布置，墙（柱）的位置、厚度和材料，门窗的位置和类型以及交通等情况。其可作为建筑施工定位、放线、砌墙、安装门窗、室内装修、编制预算的依据。

5.3.2　建筑平面图的图示方法

一般房屋有几层，就应有几个平面图。沿房屋底层门窗洞口剖切得到的平面图称为底层平面图,沿二层门窗洞口剖切得到的平面图称为二层平面图,用同样的方法可得到三层、四层等平面图,若中间各层平面图完全相同,可只画一个标准层平面图。最高一层的平面图称为顶层平面图。一般情况下,房屋有底层平面图、标准层平面图和顶层平面图即可。在平面图下方应注明相应的图名及其采用的比例。当平面图左右对称时,也可将两层平面图合绘在一张图上,左侧绘出一层的一半,右侧绘出另一层的一半,中间用细点画线分开,点画线的上下方画出对称符号,并在图的下方,左右两侧分别注明图名。

　　平面图是一种剖面图,因此应按剖面图的图示方法绘制,即被剖切平面剖切到的墙、柱等轮廓用粗实线表示,未被剖切到的部分如室外台阶、散水、楼梯以及尺寸线等用细实线表示,门的开启线用中粗实线表示。在图中,如需表示高窗、洞口、通气孔、槽、地沟和起重机等不可见部分,则应以虚线表示。

　　建筑平面图常用的比例是 1∶50、1∶100、1∶150、1∶200 或 1∶300,其中 1∶100 使用最多。在建筑施工图中,比例小于 1∶50 的平面图、剖面图,可不画出抹灰层,但剖面图宜画出楼地面、屋面的面层线;比例大于 1∶50 的平面图、剖面图,应画出抹灰层、保温隔热层以及楼地面、屋面的面层线,并宜画出材料图例;比例等于 1∶50 的平面图、剖面图,宜画出楼地面、屋面的面层线,宜绘出保温隔热层,抹灰层的面层线应根据需要而定;比例为 1∶100～1∶200 的平面图、剖面图可画简化的材料图例(如砌体墙涂红、钢筋混凝土涂黑等),但剖面图宜画出楼地面、屋面的面层线;比例小于 1∶200 的平面图、剖面图,可不画材料图例,剖面图的楼地面、屋面的面层线可不画出。

　　建筑平面图的方向宜与总平面图的方向一致,平面图的长边宜与横式幅面图纸的长边一致。在同一张图纸上绘制多于一层的平面图时,各层平面图宜按由低向高的楼层顺序从左至右或从下至上布置。

5.3.3　建筑平面图中的图例符号

　　建筑平面图由各种图线和图例符号表示,国标中规定了常用的图例符号,如表 5.4 所示。

表 5.4　建筑施工图常用图例(部分)

序号	名称	图　例	备　注
1	墙体	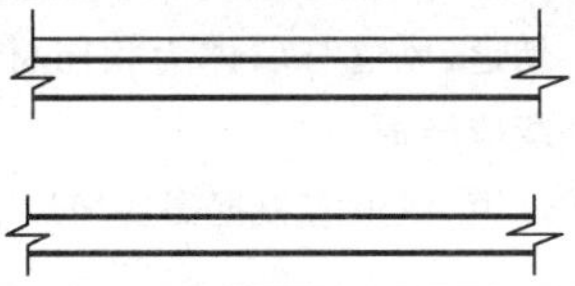	① 上图为外墙,下图为内墙; ② 外墙细线表示有保温层或有幕墙; ③ 应加注文字、涂色或图案填充表示各种材料的墙体; ④ 在各层平面图中防火墙宜以特殊图案填充表示
2	楼梯	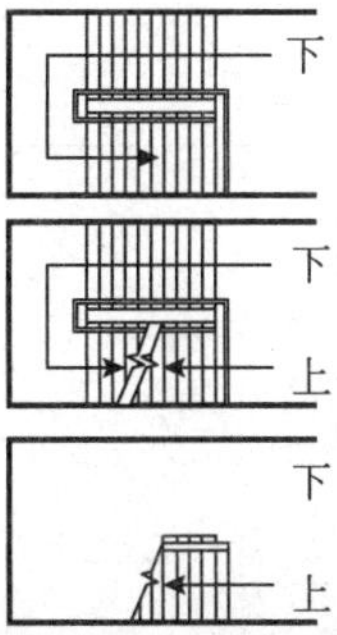	① 上图为顶层楼梯平面,中图为中间层楼梯平面,下图为底层楼梯平面; ② 当需要设置靠墙扶手或中间扶手时,应在图中表示

续表

序号	名称	图　例	备　注
3	坡道	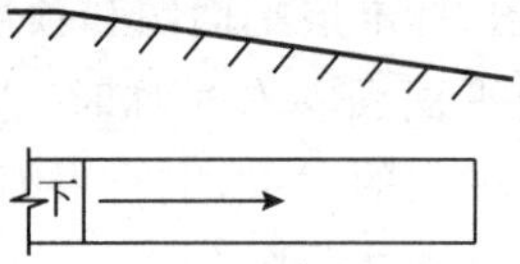	长坡道
		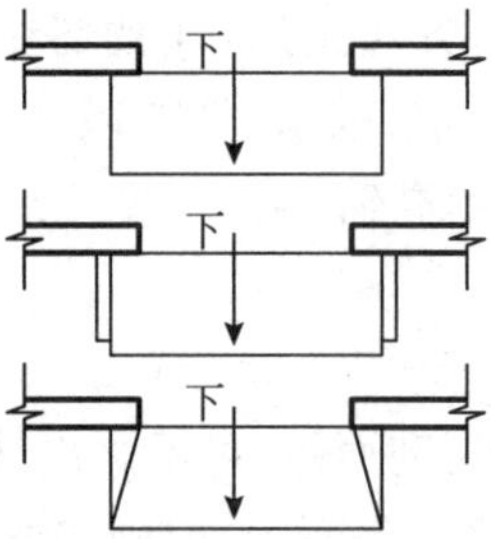	上图为两侧垂直的门口坡道,中图为有挡墙的门口坡道,下图为两侧找坡的门口坡道
4	台阶	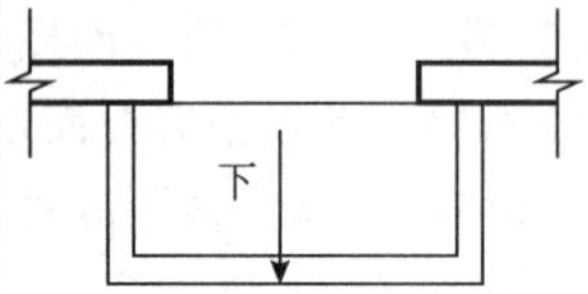	——
5	平面高差	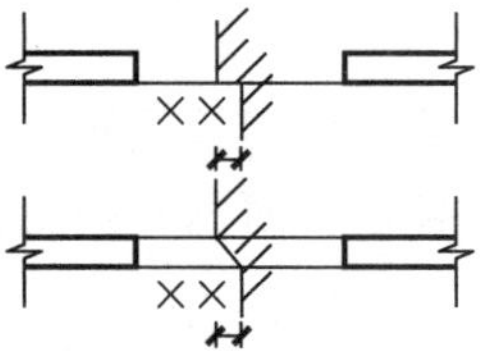	用于高差小的地面或楼面交接处,并应与门的开启方向协调
6	检查口	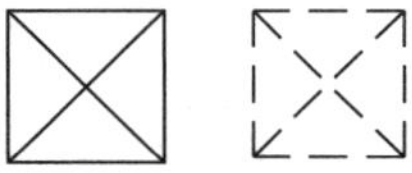	左图为可见检查口,右图为不可见检查口
7	风道	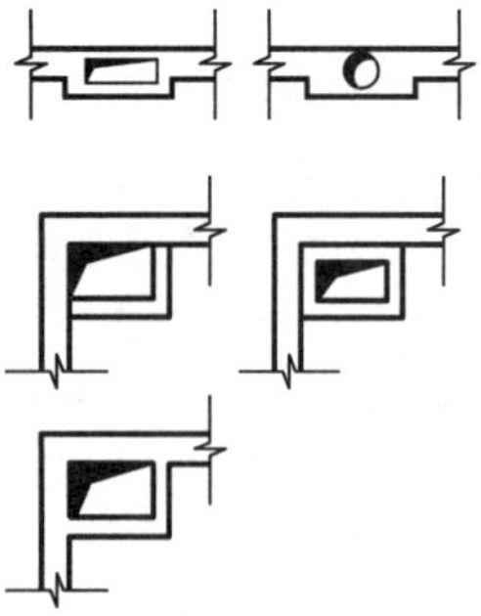	① 阴影部分亦可用填充灰度或涂色代替; ② 烟道、风道与墙体为相同材料,其相接处的墙身线应连通; ③ 烟道、风道应根据需要增加不同材料的内衬
8	空门洞	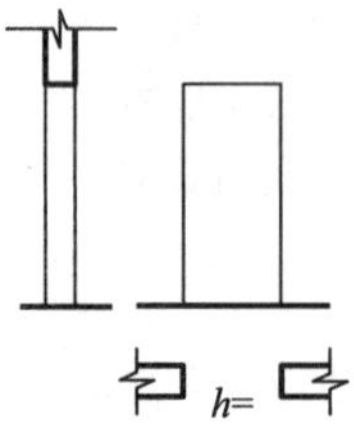	h 为门洞高

续表

序号	名称	图 例	备 注
9	单面开启单扇门（包括平开门或单面弹簧门）	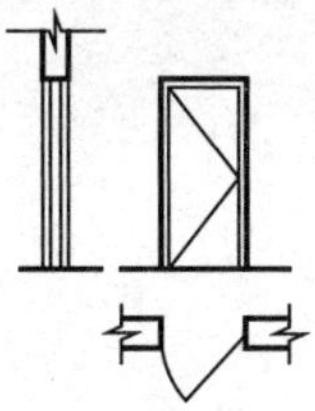	
	双面开启单扇门（包括双面平开门或双面弹簧门）	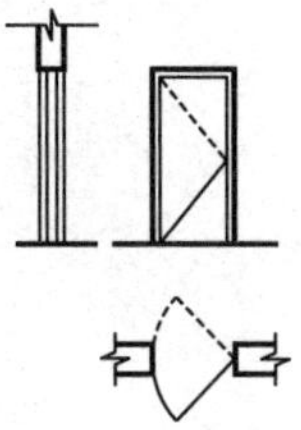	
10	单面开启双扇门（包括平开门或单面弹簧门）	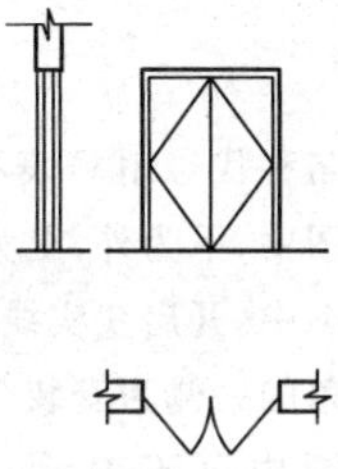	① 门的名称代号用 M 表示； ② 平面图中,下为外,上为内,门开启线为 90°、60°或 45°,开启弧线宜绘出； ③ 立面图中,开启线实线为外开,虚线为内开,开启线交角的一侧为安装合页的一侧,开启线在建筑立面图中可不表示,在立面大样图中可根据需要绘出； ④ 剖面图中,左为外,右为内； ⑤ 附加纱窗应以文字说明,在平、立、剖面图中均不表示； ⑥ 立面形式应按实际情况绘制
	双面开启双扇门（包括双面平开门或双面弹簧门）	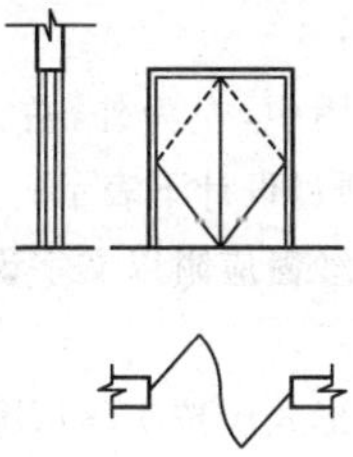	
	双层双扇平开门	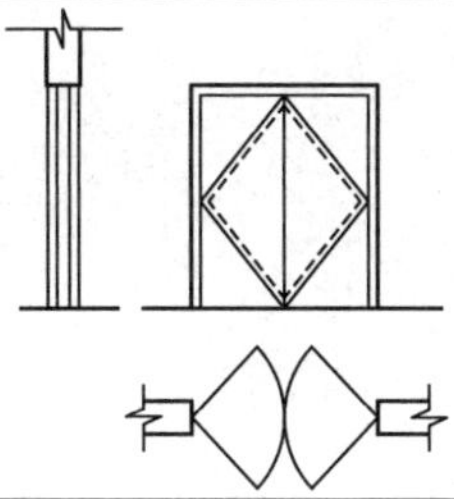	
11	门连窗	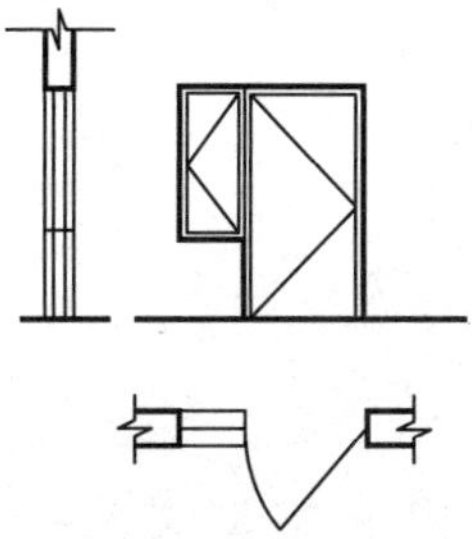	

序号	名称	图 例	备 注
12	固定窗	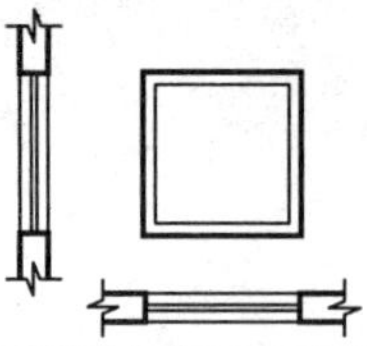	
13	中悬窗	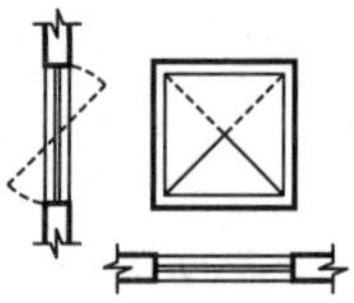	
14	立转窗	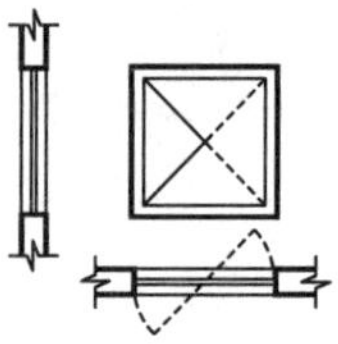	
15	单层外开平开窗	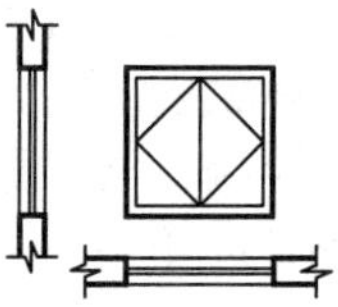	① 窗的名称代号用 C 表示; ② 平面图中,下为外,上为内; ③ 立面图中,开启线实线为外开,虚线为内开,开启线交角的一侧为安装合页的一侧,开启线在建筑立面图中可不表示,在门窗立面大样图中需绘出; ④ 剖面图中,左为外,右为内。虚线仅表示开启方向,项目设计不表示; ⑤ 附加纱窗应附以文字说明,在平、立、剖面图中均不表示; ⑥ 立面形式应按实际情况绘制
16	单层内开平开窗	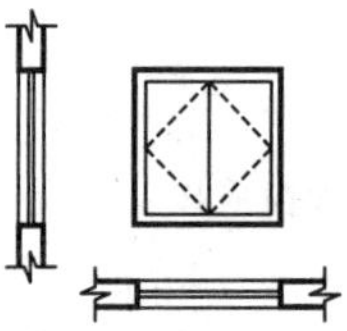	
17	双层内外开平开窗	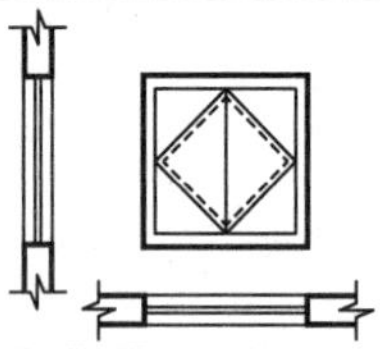	
18	单层推拉窗	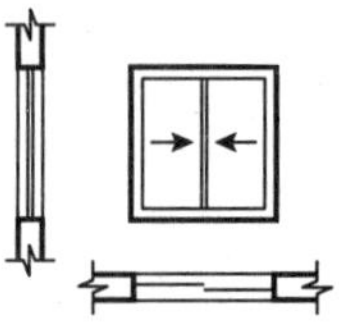	
19	高窗	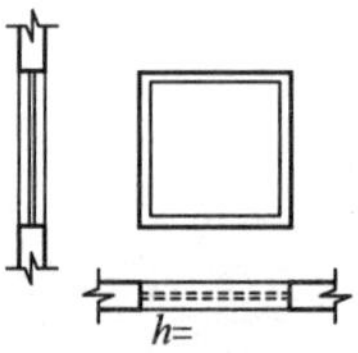	

5.3.4 建筑平面图的图示内容

（1）表示出所有定位轴线及其编号以及墙、柱、墩的位置和尺寸。在施工图中，确定承重构件相互位置的基准线，称为定位轴线。

定位轴线的编写方法如图 5.6 所示。根据《房屋建筑制图统一标准》（GB/T 50001—2017）的规定，定位轴线应用细单点长画线绘制。定位轴线应编号。编号注写在定位轴线端部的圆内。圆应用细实线绘制，直径为 8～10mm，圆内注明编号，定位轴线圆的圆心应在定位轴线的延长线上或延长线的折线上。在建筑平面图中，定位轴线的编号应标注在图样的下方与左侧，或在图样的四面标注。横向编号应用阿拉伯数字按从左向右的顺序编写，竖向编号应用大写拉丁字母按从下向上的顺序编写，其中 I、O、Z 三个字母不得用作定位轴线的编号，以免与数字混淆。

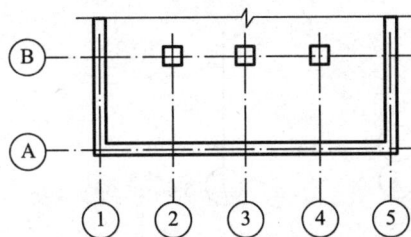

图 5.6 定位轴线的编号与顺序

在组合较复杂的平面图中，定位轴线也可采用分区编号，如图 5.7 所示，编号的注写形式应为"分区号—该分区定位轴线编号"。分区号采用阿拉伯数字或大写拉丁字母表示。

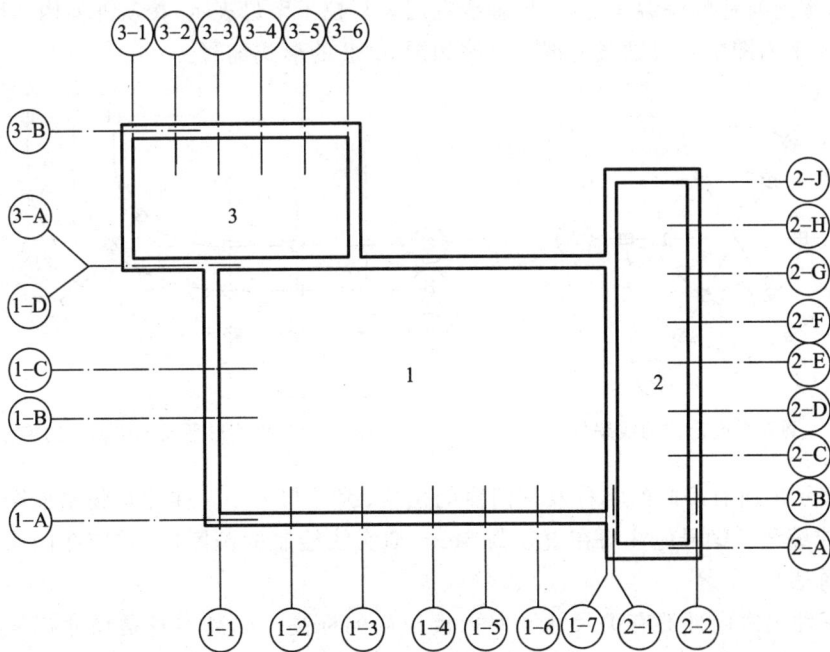

图 5.7 定位轴线的分区编号

在施工图中,两道承重墙中如有隔墙,隔墙的定位轴线应为附加轴线,附加轴线的编号方法采用类似于分数的形式,如图5.8所示,分母表示前一根定位轴线的编号,分子表示附加轴线的编号。

如果在1轴线或A轴线前有附加轴线,则在分母中应在1或A前加注0,如图5.9所示。

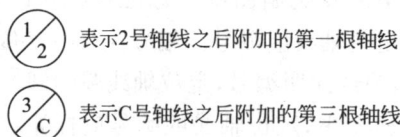

 表示2号轴线之后附加的第一根轴线

 表示1号轴线之前附加的第一根轴线

 表示C号轴线之后附加的第三根轴线

 表示A号轴线之前附加的第三根轴线

图5.8 附加轴线的标注   图5.9 起始轴线前附加轴线的标注

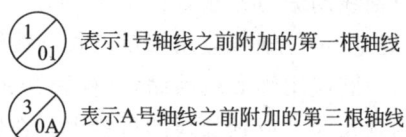

当一个详图适用于几根轴线时,应同时注明各有关轴线的编号,如图5.10所示。

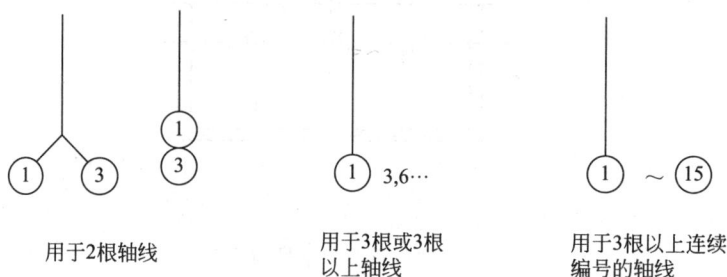

用于2根轴线   用于3根或3根   用于3根以上连续
                      以上轴线   编号的轴线

图5.10 详图的轴线编号

如图5.11所示,圆形剖面图中定位轴线的编号,其径向轴线宜用阿拉伯数字表示,从左下角开始,按逆时针顺序编写;其圆周轴线宜用大写拉丁字母表示,按从外向内的顺序编写。

折线形平面图中定位轴线的编号可按如图5.12的形式编写。

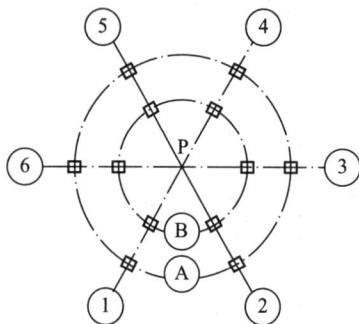

图5.11 圆形平面定位轴线编号

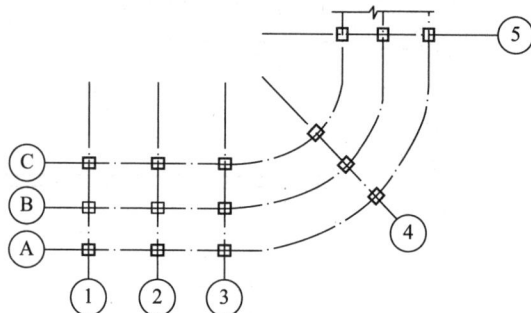

图5.12 折线形平面定位轴线的编号

(2) 表示出所有房间的名称及其门窗的位置、编号与大小。在建筑物平面图中注写房间的名称或编号。编号应注写在直径为6mm细实线绘制的圆圈内,并应在同张图纸上列出房间名称表。

(3) 标注出室内外的有关尺寸及室内楼地面的标高。标高本身是尺寸标注内容的一种,是标注建筑物各部位或地势高度的符号。标高的分类如下。

① 按照参照基准面不同,标高可以分为绝对标高和相对标高。

绝对标高:以我国青岛附近黄海的平均海平面为基准的标高。在施工图中,一般标注在总平面图中。

相对标高:以建筑物首层室内地面的主要区域为基准的标高。

② 按照所标注高度的位置,标高又可以分为以下几种。

建筑标高:建筑装修完成后各部位表面的标高,例如,在一层建筑平面图地面上标注的±0.000,二层建筑平面图上标注的 4.200 等都是建筑标高。

结构标高:建筑结构构件表面的标高。建筑施工图中,屋顶平面图常常会标注结构标高,除此之外,一般结构标高标注在结构施工图中。

标高的表示方法应遵循特定的规则。标高符号是高度为 3mm 的等腰直角三角形,如图 5.13 所示,施工图中,标高以“米”为单位,保留到小数点后三位(总平面图中保留两位小数)。标注时,基准点的标高注写为±0.000,比基准点高的标高前不写“+”号,比基准点低的标高前应加“-”号,如-0.450,表示该处比基准点低了 0.45m。总平面图室外地坪标高符号宜用涂黑的三角形表示,具体见图 5.4 实验楼总平面图。

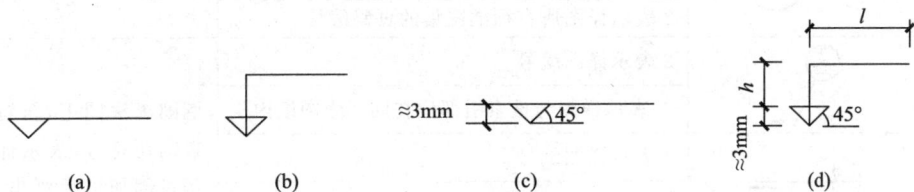

图 5.13　标高符号

(4) 表示出电梯、楼梯的位置及楼梯上下行方向及主要尺寸。

(5) 表示出阳台、雨篷、台阶、斜坡、烟道、通风道、管井、消防梯、雨水管、散水、排水沟、花池等位置及尺寸。

(6) 画出室内设备,如卫生器具、水池、工作台、隔断及重要设备的位置、形状。

(7) 表示出地下室、地坑、地沟、墙上预留洞、高窗等位置尺寸。

(8) 在底层平面图上还应该画出剖面图的剖切符号及编号,在左下方或右下方画出指北针。

剖切符号在学习单元 4 中已经介绍过了,在建筑施工图的首层平面图中,一般会绘出建筑剖面图的剖切符号,需要注意的是剖切的位置和投影的方向应方便后期能够读懂建筑剖面图。

如图 5.14 所示,指北针一般绘制在首层平面图中,用来表示建筑的朝向。绘制时,指北针用直径为 24mm 的细实线圆绘制,指北针头部应注写“北”或“N”。当所绘图样较大时,可绘制放大的指北针,放大后的指北针尾部宽度为 1/8 圆的直径。

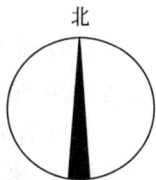

图 5.14　指北针

(9) 标注有关部位的详图索引符号。在图样中,如果某一局部另绘有详图,应以索引符号索引。在建筑平面图中,墙身大样、无障碍坡道、台阶等常常需要用详图画出,这时,就会用到索引符号,表示局部构造另有详图表示。

如图 5.15 所示,索引符号应由直径为 8~10mm 的圆和水平直径线组成,圆及水平直径线宽宜为 0.25b。

被索引后画出的图样叫作详图。详图的位置和编号应用详图符号表示。如图 5.16 所示,详图符号的圆直径应为 14mm,线宽为 b(粗实线)。索引符号与详图符号的具体画法与标注方式应符合表 5.5 中的规定。

图 5.15　索引符号　　　　　　　　图 5.16　详图符号

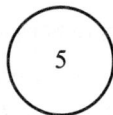

表 5.5　索引符号与详图符号

名称	索引符号	说　明	备　注
索引符号	⊘ 5/—	5 表示详图编号	圆圈直径为 10mm,线宽为 0.25d
		—表示详图与被索引部位在同一张图纸内	
	⊘ 5/2	5 表示详图编号	
		2 为详图所在的图纸编号	
	J103 ⊘ 5/2	J103 表示标准图集的编号	
		5 表示详图编号	
		2 表示详图所在标准图集的页码编号	
剖面索引符号	2/—	2 表示详图编号	圆圈画法同上,粗短线代表剖切符号,表示详图是经过剖切以后画出来的。引出线指向剖切位置。剖切符号旁边引出线所在的一侧为剖视方向
		—表示详图与被索引部位在同一张图纸内	
	3/4	3 表示详图编号	
		4 表示详图所在图纸编号	
	J103 4/5	J103 表示标准图集的编号	
		4 表示详图编号	
		5 表示详图所在标准图集的页码编号	
详图符号	5	5 表示详图编号（详图与被索引图纸在同一张图纸内）	圆圈直径为 14mm,线宽为 d
	5/3	5 表示详图编号	
		3 表示详图被索引的部位所在的图纸编号	

　　(10) 综合反映其他工种,如水、暖、电、煤气等对土建工程的要求。各工种要求的水池、地沟、配电箱、消火栓、预埋件、墙或楼板上的预留洞等在平面图中需表明其位置和尺寸。

　　(11) 屋顶平面图上一般应表示出索引符号、女儿墙、檐沟、屋面坡度、分水线与雨水口、变形缝、楼梯间、水箱间、天窗、上人孔、消防梯及其他构筑物等。

5.3.5　建筑平面图的识读

1. 一层平面图的识读

　　下面以实验楼一层平面图为例说明建筑平面图的识读方法。如图 5.17 所示。

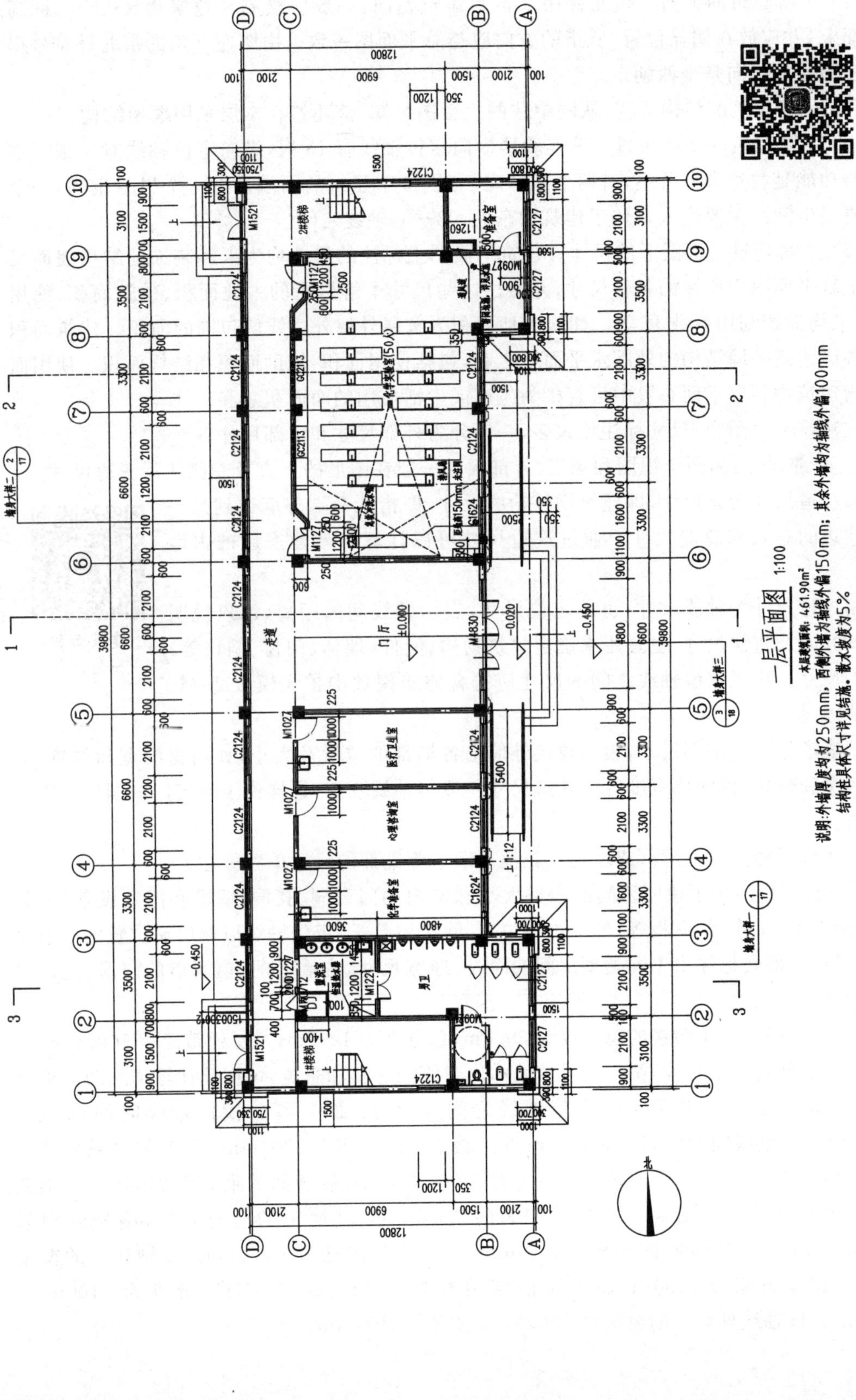

一层平面图 1:100
本层建筑面积：461.90m²
说明：外墙厚度均为250mm，西侧外墙为轴线外偏150mm；其余外墙均为轴线外偏100mm
结构柱具体尺寸详见结施。散水坡度为5%
走道
门厅
±0.000
-0.020
-0.450
化学实验室(50人)
2#楼梯
1#楼梯
医疗卫生室
心理咨询室
化学准备室
男卫
12800
39800
某实验楼
一层平面图

图5.17 某实验楼一层平面图

（1）了解平面图的图名、比例。从图中可知该图为一层平面图，比例为 1∶100。

（2）了解建筑的朝向。指北针用来指明建筑朝向，一般应绘制在建筑物±0.000 标高的平面上，并应放在明显位置，所指的方向应与总平面图一致。由图左下角的指北针符号得知该实验楼的朝向是坐西朝东。

（3）了解建筑的结构形式，从图中柱的投影图可知，该建筑在本层采用框架结构。

（4）了解建筑的平面布置。该实验楼横向定位轴线有 10 根，纵向定位轴线有 4 根。本层主要功能是教室和办公室，有两个楼梯间，分别位于建筑的两端。有一个男卫生间，一个无障碍卫生间。主要出入口位于建筑的东面，⑤—⑥轴线之间。

（5）了解建筑平面图上的尺寸。建筑平面图上标注的尺寸均为未经装饰的结构表面尺寸。了解平面图中所注的各种尺寸，并通过这些尺寸了解房屋的占地面积、建筑面积、使用面积、平均面积利用系数 K 等。建筑占地面积为首层外墙外边线所包围的面积。建筑面积是指各层建筑外墙结构的外围水平面积之和，包括使用面积、辅助面积和结构面积。使用面积是指建筑物各层平面布置中可直接为生产或生活使用的净面积总和。

在建筑平面图中，尺寸标注比较多，一般分为外部尺寸和内部尺寸。

① 外部尺寸：为便于识图和施工，外部尺寸一般在图形的下方及左侧注写三道尺寸。

第一道尺寸为总尺寸，即建筑物外轮廓尺寸，即指从一端外墙边到另一端外墙边的总长和总宽尺寸。通过这道尺寸可以计算出新建房屋的占地面积。

第二道尺寸为轴线尺寸，也称定位尺寸，表示轴线间的距离，用以说明房间的开间及进深尺寸，也是用来确定建筑物构、配件（墙体、门窗、洞口等）位置的尺寸。房屋定位轴线之间的尺寸应符合建筑模数中扩大模数 2nM、3nM 的要求。

建筑面积
如何计算

第三道尺寸为细部尺寸，表示建筑外墙上各细部的位置及大小，如门窗洞宽和位置、墙柱的大小和位置、窗间墙宽度等。这道尺寸一般与轴线联系，这样便于确定门窗洞口的大小和位置。

在底层平面图中，台阶（或坡道）、花池及散水等细部的尺寸单独标注。

② 内部尺寸：为了说明房间的净空大小和室内的门窗洞、孔洞、墙厚和固定设备（例如厕所、盥洗室、工作台、搁板等）的大小与位置，除房屋总长、定位轴线以及门窗位置的三道尺寸外，图形内部要标注出不同类型房间的净长、净宽尺寸，内墙上门、窗洞口的定形、定位尺寸及细部详尽尺寸。

从图中可知，该实验楼的总长度为 39.8m，总宽度为 12.8m；每层建筑面积 509.44m²。

在图形外有三道尺寸，第一道尺寸表示出建筑的总长和总宽，可据此计算建筑的占地面积，第二道尺寸表示出建筑的定位轴线之间的尺寸，如 1 和 2 横向轴线间的距离为3100mm，2、3 轴线间的距离为 3500mm，3、4 轴线间的距离为 3300mm 等，A 和 B 纵向轴线间的距离为 2100mm，B、C 轴线间的距离为 8400mm，C、D 轴线间的距离为 2100mm。第三道尺寸表示外墙上门窗洞口的尺寸和洞间墙的尺寸，外墙上的门有两种，编号分别是M4830 和 M1521，M4830 的洞宽是 4800mm，M1521 的洞宽为 1500mm。A 轴线上的窗编号为 C2127，洞宽为 2100；B 轴线上的窗编号为 C2124、C1624，洞宽分别为 2100mm、1600mm。D 轴线外墙上的窗编号为 C2124，洞宽为 2100mm。

在图形内主要尺寸有隔墙的位置、门垛的尺寸、门洞的位置及尺寸。根据图下方的说明中可知，外墙体的厚度尺寸为 250mm。卫生间的隔墙位置距离 B 轴线的尺寸为 4800mm。还有一些细部，如散水、台阶、无障碍坡道等，其相关尺寸也要注意识读。如本图中，散水宽度为 1500mm，主要出入口台阶平台宽度为 2500mm，台阶踏步宽度为 350mm。坡道水平投影长度为 5400mm，坡度为 1∶12。

（6）了解建筑中各组成部分的标高情况。在平面图中，对于建筑物各组成部分，宜标注室内外地坪、楼地面、地下层地面、阳台、平台、檐口、屋脊、女儿墙、雨篷、门、窗、台阶等处的标高。平面图及其详图应注写完成面标高，这些标高均采用相对标高（小数点后保留 3 位小数），当有坡度时，应注明坡度方向和坡度值，如图地面标高为 ±0.000、室外台阶标高为 −0.020，室外地面标高为 −0.450，表明建筑室内外地面的高度差值为 450mm。散水坡度在图形下面的小说明中提到，坡度为 5%。

（7）了解门窗的位置及编号。为了便于读图，在建筑平面图中门采用代号 M 表示、窗采用代号 C 表示，加注门窗尺寸的模数量以便区分，如图中的 C2124、M1521、M4830 等。在读图时应注意各类门窗的位置、形式、大小和编号，并与门窗表对应，了解门窗采用标准图集的代号、门窗型号和是否有备注。从本学习单元附图门窗表中可知该栋实验楼共有 8 种类型的门和 11 种类型的窗，2 种高窗和 3 种异型窗。

（8）了解建筑剖面图的剖切位置、索引标志。在底层平面图中适当的位置画有建筑剖面图的剖切位置和编号，以便明确剖面图的剖切位置、剖切方法和剖视方向。如⑤—⑥轴线之间的 1—1 剖切符号，表示建筑剖面图的剖切位置，剖面图类型为全剖面图，剖视方向向左。细部做法如另有详图或采用标准图集的做法，在平面图中标注索引符号，注明该部位所采用的标准图集的代号、页码和图号，以便施工人员查阅标准图集，方便施工。

（9）了解各专业设备的布置情况。建筑物内的设备，如卫生间的便池、洗面池位置等，读图时注意其位置、形式及相应尺寸。

2. 其他楼层平面图的识读

其他楼层平面图包括标准层平面图和顶层平面图，其形成方式与底层平面图相同，在楼层平面图上，为了简化作图，已在底层平面图上表示过的内容，不再表示。如楼层平面图上不再画散水、明沟、室外台阶等；顶层平面图上不再画楼层平面图上表示过的雨篷等。识读楼层平面图应重点与底层平面图对照异同，如结构形式、平面布置、墙体厚度、楼面标高和楼梯图例有无变化。本学习单元见附图实验楼标准层平面图和顶层平面图。从标准层平面图和顶层平面图可知，该实验楼二层有两个实验室，分别是生物实验室与物理实验室，三层也有两个教室，分别是语言教室和音乐教室。女卫生间在二楼，三楼没有卫生间，有两个准备间。

3. 屋顶平面图的识读

屋顶平面图主要反映屋面上天窗、水箱、铁爬梯、通风道、女儿墙、变形缝等的位置以及所采用的标准图集代号、屋面排水分区、排水方向、坡度、雨水口的位置、尺寸等内容。见本学习单元附图实验楼屋顶平面图。屋顶平面图是一种水平正投影图，投影图中外边线用中粗线，其余用细实线表示。各构件用定位轴线确定其位置。

由于在屋顶平面图中反映的内容较少，通常绘图的比例较小，为 1∶100 或 1∶200，因此在屋顶平面图上，各种构件只用图例画出，用索引符号表示出详图的做法，用尺寸表示构件在屋顶上的具体位置。见本学习单元附图实验楼屋顶平面图,从图中可知,该屋顶为坡屋顶,在坡屋顶上有天窗,前后各三个。⑨—⑩轴线之间,有出屋面的通风道。女儿墙雨水口的做法参见标准图集 12J5—1 第 E3 页第 2 个图样。檐口排水方式为有组织排水,中间屋面结构板排水坡度为 2%,檐沟排水坡度为 1%。

平屋顶等不易标明建筑标高的部位可标注结构标高,并应进行说明。结构找坡的平屋面,其标高可标注在结构板面最低点,并注明找坡坡度。

遵照建筑工程识图职业技能初级标准,在学习完本节课程之后,要求能够识读小型工程平面图,掌握建筑平面及空间布局,能在图中读取主要空间控制尺寸和水平定位尺寸等主要技术信息,并能识读相关图例及符号。遵照中级标准,要求能够识读中型以上建筑平面图,除了初级识读内容以外,还要能够通过识图掌握更细致的图纸信息,如定位轴线和墙柱等建筑构件的定位及尺寸、房间的开间进深尺寸、局部细节及标高尺寸。能够识读一些相关的符号,从而具备指导具体施工的能力(**建筑工程识图职业技能等级标准,初级 1.3,中级 1.3**)。

5.4　建筑立面图

建筑平面图
的绘制方法
与步骤

5.4.1　建筑立面图的形成与作用

在与建筑立面平行的垂直投影面上所做的正投影图称为建筑立面图,简称立面图,如图 5.18 所示。一幢建筑物美观与否、是否与周围环境协调,很大程度上取决于对立面的艺术处理,包括建筑造型与尺度、装饰材料的选用、色彩的选用等内容。在施工图中立面图主要反映房屋的外部造型、各部位高度、门窗位置及形式、外墙面装饰面层材料、颜色、做法以及雨水管的位置等内容,因此立面图是建筑外装修的主要依据。

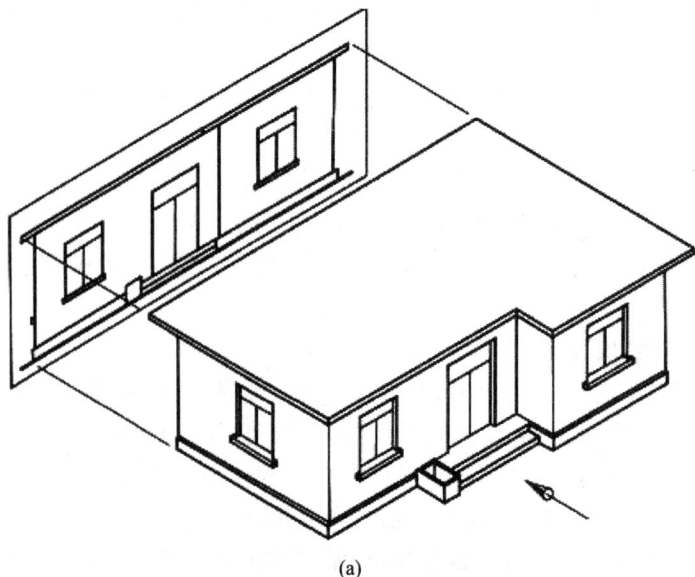

(a)

图 5.18　建筑立面图的形成

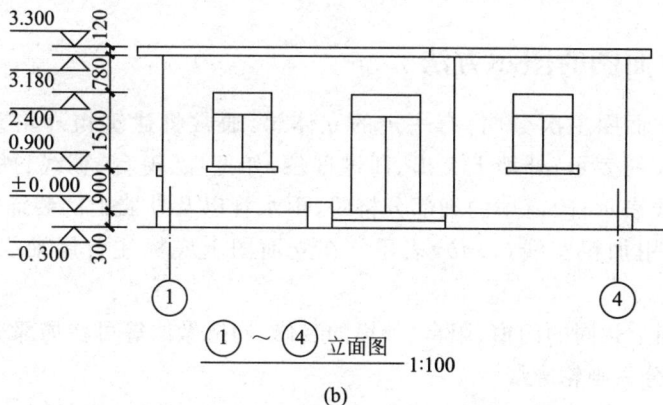

$①$ ~ $④$ 立面图

1:100

(b)

图 5.18(续)

5.4.2 建筑立面图的命名方法

因每幢建筑的立面至少有三个,每个立面都应有名称。立面图的命名方式有以下三种。

(1)用朝向命名。建筑物的某个立面面向哪个方向,就称为哪个方向的立面图。如建筑物的立面面向南面,该立面称为南立面图;如建筑物的立面面向北面,该立面称为北立面图,等等。

(2)按外貌特征命名。将建筑物反映主要出入口或比较显著地反映外貌特征的那一面称为正立面图,其余立面图依次为背立面图、左立面图和右立面图。

(3)用建筑平面图中的首尾轴线命名。按照观察者面向建筑物从左到右的轴线顺序命名,如①~⑦立面图、Ⓕ~Ⓐ立面图等。如图 5.19 所示的建筑立面图的投影方向和名称。

施工图中这三种命名方式都可以使用,但每套施工图只能采用其中的一种方式命名,不论采用哪种命名方式,第一个立面图都应反映建筑的外貌特征。

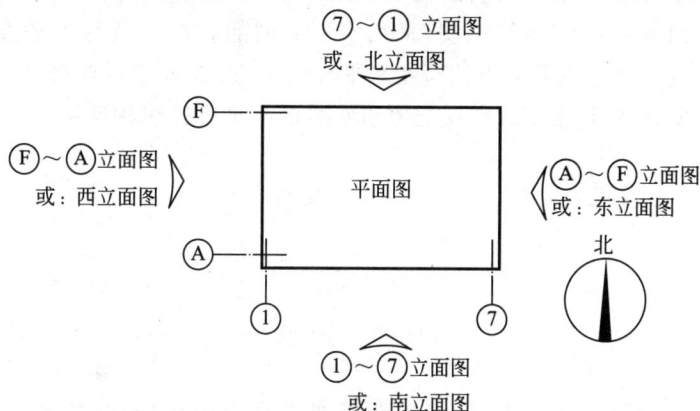

图 5.19 建筑立面图的投影方向和名称

5.4.3　建筑立面图的图示方法

为了使建筑立面图主次分明,有一定的立体感,通常将建筑物外轮廓和较大转折处轮廓的投影用粗实线表示;外墙上突出、凹进部位,如壁柱、窗台、楣线、挑檐、门窗洞口等的投影用中粗实线表示;门窗扇的细部分格线、雨水管以及外墙上的装饰分格线用细实线表示;室外地坪线用加粗实线(1.4b)表示。在立面图上应标注首尾轴线,以便与平面图对照。

在建筑立面图上相同的门窗、阳台、外檐的装修、构造做法等可在局部重点表示,绘出其完整图形,其余部分只画轮廓线。

房屋立面如有不平行于投影面的部分,例如部分立面呈弧形、折线形、曲线形等,可将该部分展开至与投影面平行,再用投影法画出其立面图,但应在该立面图图名后注写"展开"二字。

建筑立面图的绘图比例应与建筑平面图的比例一致。

5.4.4　建筑立面图的图示内容

(1)画出从建筑物外可以看见的室外地面线、房屋的勒脚、台阶、花池、门、窗、雨篷、阳台、室外楼梯、墙体外边线、檐口、屋顶、雨水管、墙面分格线等内容。

(2)建筑物立面图上,应标注投影方向可见的主要标高及尺寸。一般需要注写的完成面的标高和高度方向的尺寸有:①室外地坪的标高;②台阶顶面的标高;③各层门窗洞口的标高;④阳台扶手、雨篷上下皮的标高;⑤外墙面上突出的装饰物的标高;⑥檐口部位的标高;⑦屋顶上水箱、电梯机房、楼梯间的标高。

(3)注出建筑物两端的定位轴线及其编号。

(4)注出需用详图表示的索引符号。

(5)用文字说明外墙面装修材料及其做法。

在文字说明时,需要用引出线引出文字,在立面图外侧用以说明外墙面的装修做法。如图5.20所示,引出线应以细实线绘制,采用水平方向的直线以及与水平方向成30°、45°、60°、90°的直线组成。文字说明可以注写在水平线的上方,也可注写在水平线的端部。索引符号也需要引出线引出,其水平直线应与索引符号的水平直径线相连接。

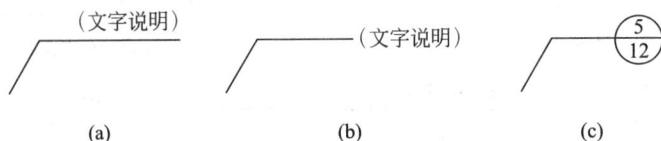

图5.20　引出线

引出线不仅应用在立面图上,用以说明建筑外立面装修做法,还常常出现在墙身详图中,表示多层构造。如图5.21所示,多层构造的共用引出线应通过被引出的各层。文字说明应注写在引出线的上方,或注写在水平线的端部,说明的顺序由上至下,并应与被说明的层次相互一致;如层次为横向排序,则由上至下的说明依次对应于从左至右的层次。

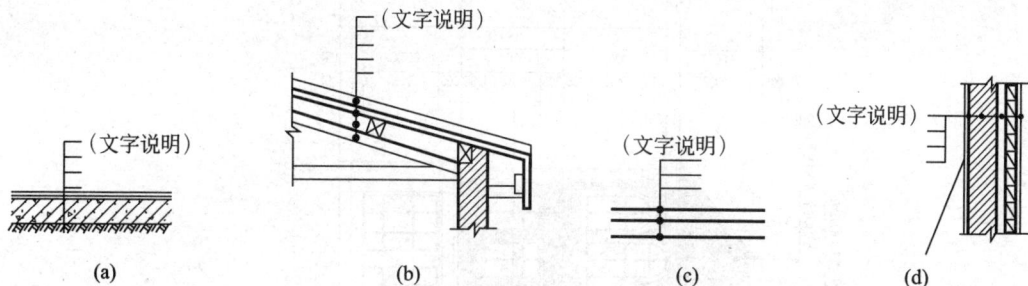

图 5.21　多层构造引出线

如图 5.22 所示,在其他一些施工图中,常常出现同时引出几个相同部分的引出线,这些引出线可以互相平行,也可以画成集中于一点的放射线。

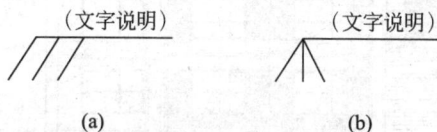

图 5.22　共用引出线

5.4.5　建筑立面图的识读

下面以图 5.23 所示的某实验楼①～⑩立面图为例,了解建筑立面图的识读方法。

(1)了解图名、比例。该立面图的图名是①-⑩立面图,比例为1:100,与平面图一致。

(2)了解建筑的外貌。①～⑩立面图上反映了一层实验楼的主要出入口的位置、门窗的大小、雨篷、二～三层门窗的形状、坡屋顶以及其上老虎窗的位置和形状。

(3)了解建筑的高度。从该图左右两侧的标高可以了解建筑每个楼层的标高,如室外地面标高为-0.450,二层地面标高为 4.200。老虎窗顶部标高为 14.540,屋脊标高为 15.150,屋顶女儿墙顶部标高为 15.600。该实验楼总高为 15.600+0.450=16.050(m)。

(4)了解建筑物的外装修。建筑的外装修是以文字的形式表示,从图中上下面的文字标注可知,该楼外主立面刷真石漆外墙涂料,屋顶为灰色块瓦屋面。窗台、楣线和突出墙面装饰线刷米黄色真石漆外墙涂料。具体做法见附图工程做法表。

建筑相关
高度的定义

(5)了解立面图上详图索引符号的位置及其作用。

(6)了解立面图上的尺寸标注。本立面图上最靠近轮廓的一道尺寸标注的是窗台高度和窗洞高度,如图中二层窗台高度为 900mm,窗洞高度为 2100mm。第二道尺寸表示每一层的层高,如图中一层层高为 4200mm,二层和三层层高均为 3900mm,闷层层高为 3600mm。最外面一层的尺寸标注表示建筑的所有楼层总高和闷层高度,据此可计算出本建筑的总高度为 16.050m。

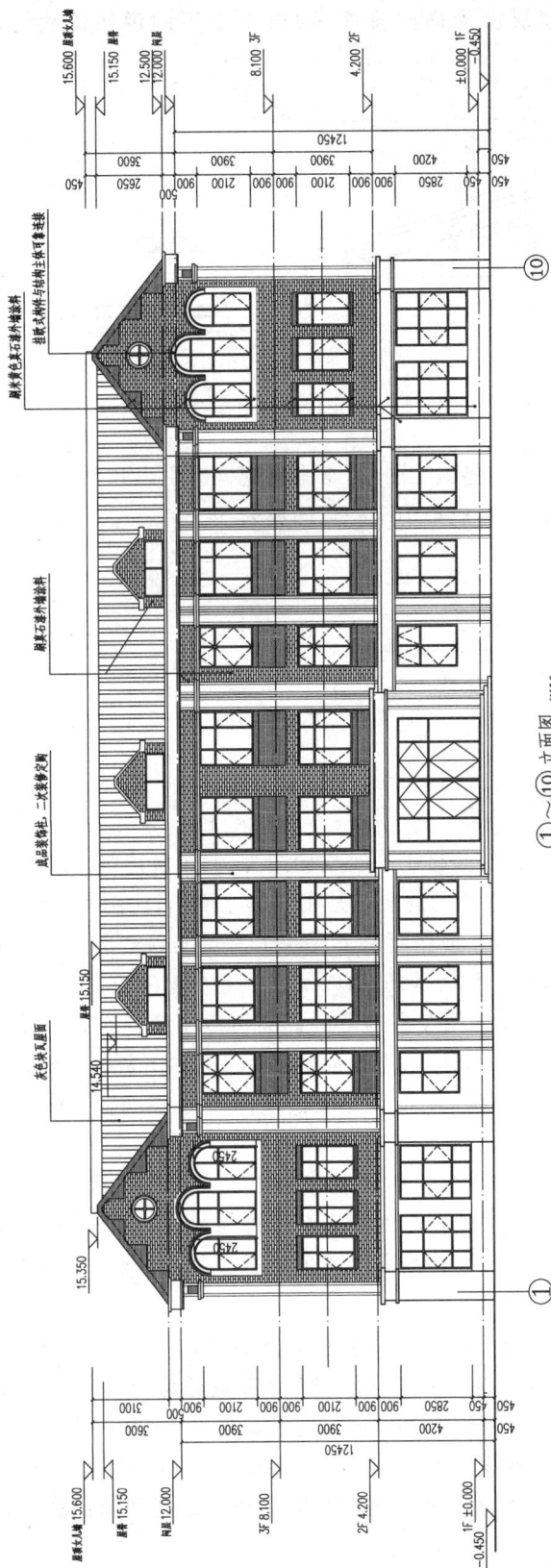

图5.23　某实验楼立面图

①～⑩立面图　1:100

建筑的其他立面图见附图。

遵照建筑工程技能初级标准，要求在学习完本节知识之后，能够识读小型工程立面图，掌握竖向控制及定位尺寸等主要技术信息，并能识读相关图例及符号。遵照中级标准，能够识读外墙面上所有的可见构、配件，以及立面的装修做法，门窗、檐口高度及相关的详图索引符号，从而具备指导具体施工的能力（**建筑工程识图职业技能等级标准，初级 1.3，中级 1.4**）。

建筑立面图的
绘制方法与步骤

5.5 建筑剖面图

5.5.1 建筑剖面图的形成与作用

假想用一个或一个以上垂直于外墙轴线的铅垂剖切平面剖切建筑，得到的剖面图称为建筑剖面图，简称剖面图，如图 5.24 所示。建筑剖面图表示建筑内部的分层情况，各部位的高度，房间的开间（或进深），房屋各主要承重构件的位置及相互关系，各层的构造做法及相关尺寸、标高。

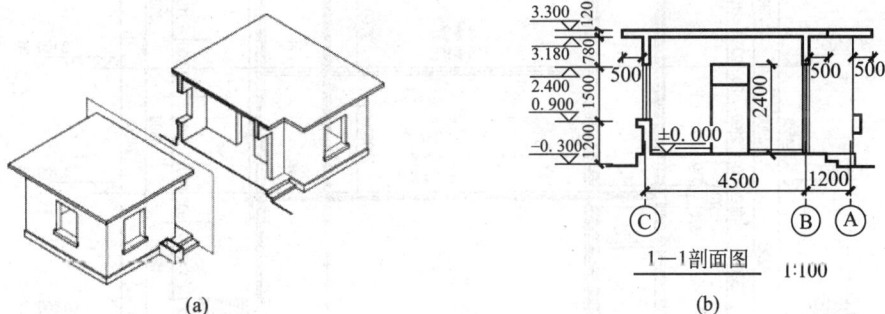

图 5.24 建筑剖面图的形成

剖面图的剖切位置应根据图纸的用途或设计深度，选择在能反映全貌、构造特征以及有代表性的部位剖切，如楼梯间等，并应尽量使剖切平面通过门窗洞口。剖面图的剖切符号一般标注在房屋的底层平面图中，剖面图的图名应与底层平面图的剖切符号一致。剖切符号可用阿拉伯数字、罗马数字或拉丁字母编号。

5.5.2 剖面图的图示内容与图示方法

（1）表示被剖切到的墙、梁及其定位轴线，表示室内底层地面、各层楼面、屋顶、门窗、楼梯、阳台、雨篷、防潮层、踢脚板、室外地面、散水、明沟及室内外装修等剖切到和可见的内容。

（2）剖面图中应标注相应的标高与尺寸。

标高：应标注被剖切到的外墙门窗口的标高，室外地面的标高，檐口、女儿墙顶的标高，以及各层楼地面的标高。

尺寸：应标注门窗洞口高度、层间高度和建筑总高三道尺寸，室内还应注出内墙体上门窗洞口的高度以及内部设施的定位和定形尺寸。

（3）表示楼地面、屋顶各层的构造，一般用引出线说明楼地面、屋顶的构造做法。如果另画详图或已有说明，则在剖面图中用索引符号引出说明。

剖面图的比例应与平面图、立面图的比例一致，因此在剖面图中一般不画材料图例符号，被剖切平面剖切到的墙、梁、板等轮廓用粗实线表示，没有被剖切但可见的部分的轮廓，如门窗洞、踢脚线、楼梯栏杆、扶手等用中实线表示；门窗扇分格线、图例线、引出线和雨水管等用细实线表示，被剖切断的钢筋混凝土梁、板须涂黑。习惯上剖面图不画基础的投影，而在基础墙部位用折断线断开。

5.5.3　建筑剖面图的识读

下面以图 5.25 所示的某实验楼 1—1 剖面图为例，说明建筑剖面图的识读方法。

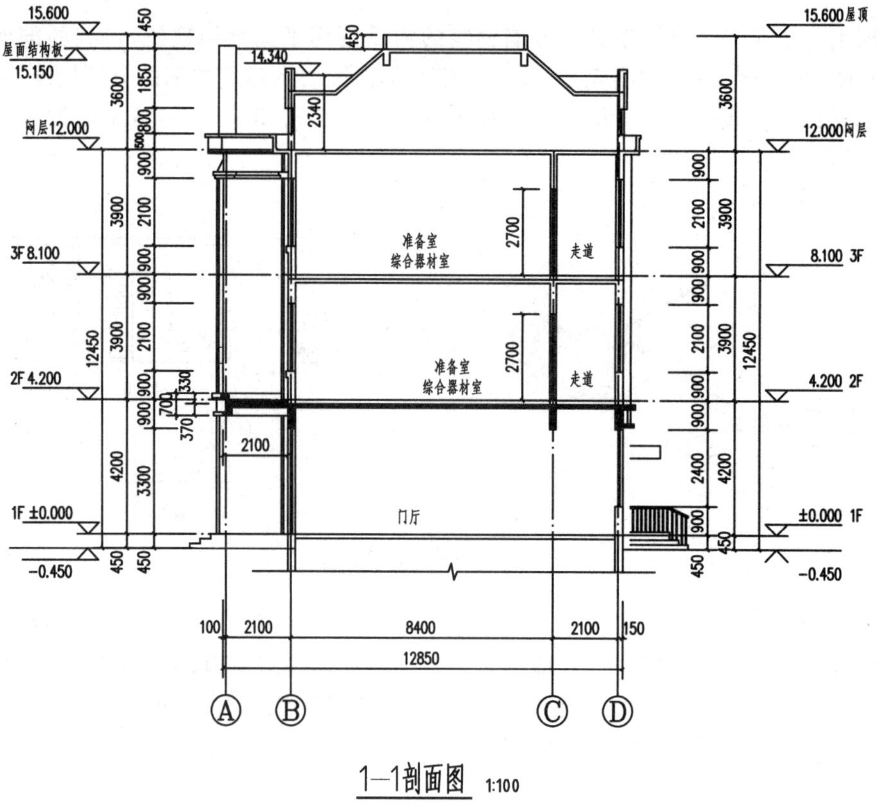

1—1剖面图　1:100

图 5.25　某实验楼 1—1 剖面图

（1）了解图名、比例，从底层平面图上查阅相应剖切符号的剖切位置、投影方向，大致了解一下建筑被剖切和未被剖切但可见的部分。从底层平面图上的剖切符号可知，1—1 剖面图是全剖面图，剖切后向左面看。

（2）了解被剖切到的墙体、楼板、楼梯和屋顶。从图中可以看到该楼各层的剖切情况，屋顶为坡屋顶。该剖面图的剖切位置剖切到了门厅位置，没有剖切到楼梯间。各层外墙上的窗户被剖切开，二、三层都剖切到了 C 轴线上的室内门。

（3）了解可见的部分，图中可见部分有老虎窗，老虎窗顶标高为 14.340。③轴线上，Ⓐ、Ⓑ

轴线间的外墙部分可见。①轴线外侧,①、②轴线间出入口处的台阶、扶手栏杆、雨篷也可见。

（4）了解剖面图上的尺寸标注。从剖面图中可知,该实验楼一层层高为4.2m,二层和三层层高均为3.9m,闷层层高均为3.6m。各层剖切到的和可见的窗洞高度均为2.1m。图的左侧表示东面墙面上窗口的相关尺寸,右侧表示西面墙面上窗口的相关尺寸。

（5）了解详图索引符号的位置和编号。遵照建筑工程识图技能初级标准,要求在学习完本节知识之后,能够识读小型工程剖面图,掌握竖向空间构成、层数及每层房间分隔等主要技术信息,并识读相关图例及符号。遵照中级标准,能够识读剖切到的室外构件的相关技术信息,以及建筑竖向相关构件的主要尺寸、标高及详图索引符号等（**建筑工程识图职业技能等级标准,初级1.3,中级1.5**）。

建筑剖面图的绘
制方法与步骤

5.6　建　筑　详　图

5.6.1　建筑详图的特点、作用

建筑平面图、立面图、剖面图是房屋建筑施工图的基本图样,主要表达建筑的平面布置、外部形状和主要尺寸,但其反映的内容范围大,比例小,对建筑的细部构造难以表达清楚,因此为了满足施工要求,采用较大的比例详细地表达出建筑的细部构造,这种图称作建筑详图,有时也称大样图。建筑详图的特点是绘图比例大,尺寸标注齐全,文字说明详尽。其常用的比例有1∶50、1∶30、1∶25、1∶20、1∶15、1∶10、1∶5、1∶2、1∶1等。建筑详图一般分为局部构造详图（如楼梯详图、墙身详图等）、构件详图（如门窗详图、阳台详图等）以及装饰构造详图（如墙裙构造详图、门窗套装饰构造详图等）三类详图。

5.6.2　墙身详图

墙身详图通常为外墙详图,也称外墙大样图,是建筑剖面图上外墙体的放大图样,表达外墙与地面、楼面和屋面的构造连接情况,以及檐口、门窗顶、窗台、勒脚、防潮层、散水、明沟的尺寸、材料、做法等构造情况,是砌墙、室内外装修、门窗安装、编制施工预算以及材料估算等的重要依据。

在多层房屋中,各层构造情况基本相同,可只画墙脚、檐口和中间部分三个节点。门窗一般采用标准图集,为了简化作图,通常采用简略的画法,即门窗在洞口处断开。

1. 外墙详图的内容

（1）墙脚:外墙墙脚主要是指一层窗台及以下部分,包括散水（或明沟）、防潮层、勒脚、一层地面、踢脚等部分的形状、大小、材料及其构造情况。

（2）中间部分:主要包括楼板层、门窗过梁、圈梁的形状、大小、材料及其构造情况。此外,还应表示出楼板与外墙的关系。

（3）檐口:应表示出屋顶、檐口、女儿墙、屋顶圈梁的形状、大小、材料及其构造情况。

墙身大样图一般用1∶10或1∶20的比例绘制,由于比例较大,结构层和面层等部分的构造均应详细地表达出来,并画出相应的图例符号。图5.26所示为实验楼的外墙大样图。

实验楼的外墙
大样图

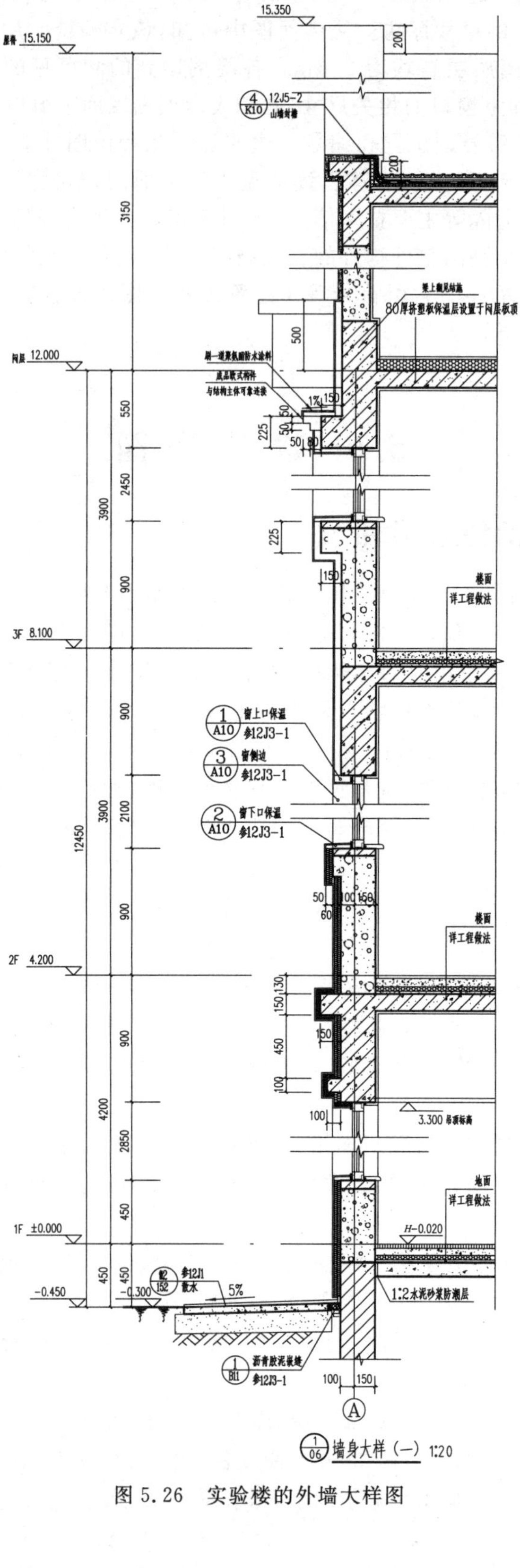

图 5.26 实验楼的外墙大样图

2. 外墙详图的识读方法

(1) 了解墙身详图的图名和比例。从图 5.26 可知,该详图为 A 轴墙身详图,与本学习单元附图一层平面图对照来看,其绘制的是 2 轴线附近、A 轴线上的外墙,经过剖切以后的墙身大样图,其比例为 1∶20,该图通过折断符号分为五部分,从下至上分别是墙角部分、中间各层楼板与外墙连接部分以及檐口部分。

(2) 了解墙脚构造。该墙脚部分包括:①散水的构造做法,从图中可知散水做法采用标准图集 12J1 图集中第 152 页的散水 2 的构造做法;②墙身水平防潮层做法,采用 1∶2 水泥砂浆防潮层;③墙体构造做法,在图中用不同的材料图例表示墙体的外墙面与内墙面的做法;④首层地面做法,见本学习单元附图工程做法表。

(3) 了解中间节点。从图中可知,窗台保温做法见标准图集 12J3—1,A10 页的第 2 图,楼面做法详见本学习单元附图工程做法表楼面 2。闷层中间节点绘制出了外墙细部尺寸及保温层做法。

(4) 了解檐口部位。在檐口部分有一索引符号,表示山墙封檐的做法,详细尺寸见标准图集 12J5—2,K10 页的第 4 图。

本套图纸中,还绘制了其他几个墙身详图,这些墙身详图在平面图中对应的剖切位置不同,因此,绘制出的内容不同。如本学习单元附图墙身大样图二,檐口节点剖切到了坡屋顶封檐做法,墙身大样图三表达了入口处的台阶与雨篷做法等。墙身详图的识读方法基本上大同小异,值得注意的是在识读过

墙身详图的绘制方法与步骤

程中要明确图样所表述的到底是什么位置的墙身,这就需要读图者细致观察,耐心分析。

5.6.3　楼梯详图

楼梯是建筑中上下层之间的垂直交通设施,由于构造复杂,建筑平面图、立面图和剖面图的比例比较小,楼梯中的许多构造无法反映清楚,因此,一般应在建筑施工图中绘制楼梯详图。

楼梯详图的内容由楼梯平面图、楼梯剖面图和楼梯节点详图三部分构成。

1. 楼梯平面图

楼梯平面图其实是将建筑平面图中楼梯间的比例放大后画出的图样,比例通常为 1∶50,包含楼梯底层平面图、楼梯标准层平面图和楼梯顶层平面图等。楼梯底层平面图是从第一个平台下方剖切,将第一跑楼梯段断开(用倾斜 30°、45° 的折断线表示),只画半跑楼梯,用箭头表示上或下的方向,以及一层和二层之间的踏步数量,如"上 20",表示一层至二层有 20 个踏步。楼梯标准层平面图是从中间层房间窗台上方剖切,不仅要画出被剖切的向上部分梯段,还要画出由该层下行的部分梯段及休息平台。楼梯顶层平面图是从顶层房间窗台上剖切的,没有剖切到楼梯段(出屋顶楼梯间除外),因此平面图中应画出完整的两跑楼梯段及中间休息平台,并在梯口处注"下"及箭头。

楼梯平面图表达的内容如下。

(1) 楼梯间的位置。通过标出楼梯间的轴线编号,表达楼梯间在建筑平面图中的位置。

(2) 楼梯间的开间、进深尺寸和墙体的厚度。

(3) 梯段的长度、宽度以及楼梯段上踏步的宽度和数量。通常用一个等式表达出踏步

数、踏步宽和梯段长度尺寸,如 $10 \times 300 = 3000$,表示该梯段上有 10 个踏面,每个踏面的宽度为 300mm,整跑梯段的水平投影长度为 3000mm。

(4) 休息平台的形状、宽度尺寸、长度尺寸和位置。

(5) 楼梯井的宽度。

(6) 各层楼梯段的起步尺寸。

(7) 各楼层、各平台的标高。

(8) 在楼梯底层平面图中还应标注出楼梯剖面图的剖切位置和剖切符号。

现以图 5.27 所示的实验楼楼梯平面图为例说明其识读方法。

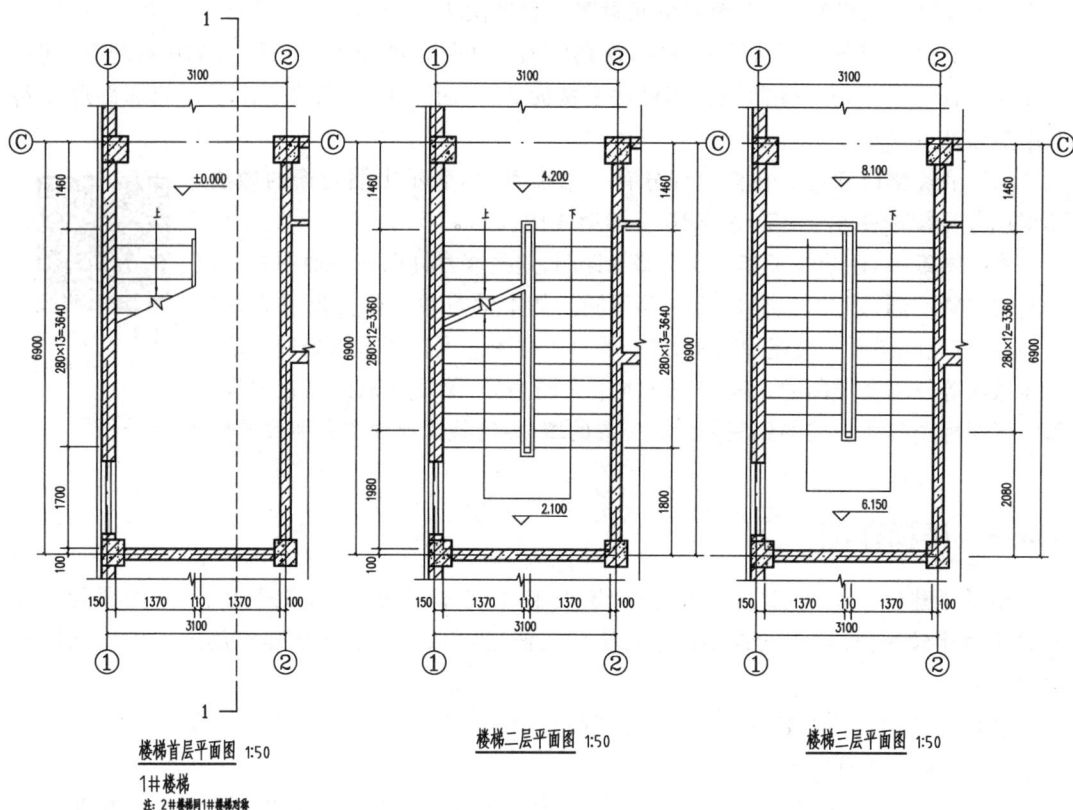

图 5.27 实验楼楼梯平面图

(1) 了解楼梯间在建筑中的位置,从定位轴线的编号可知楼梯间的位置。本建筑中有两个楼梯,1 号楼梯在 1、2 轴线之间,2 号楼梯在 9、10 轴线之间。

(2) 了解楼梯间的开间、进深,墙体的厚度和门窗的位置。从图 5.27 中可知,该楼梯间开间为 3100mm,进深为 6900mm,墙体的厚度为外墙 250mm、内墙 200mm。

(3) 了解楼梯段、楼梯井和休息平台的平面形式、位置以及踏步的宽度和数量。从图 5.27 中可以看到,每层平面图有两跑梯段,表明该楼梯是双跑式,每跑楼梯段的踏步数不等,与建筑层高有关。一层层高为 4200mm,上二层楼需要两个梯段,每个梯段 13 个踏步,梯段长度为 $280 \times 13 = 3640$(mm),梯段宽度为 1370mm,楼梯井的宽度为 3100mm,休息平台的宽度为 1700mm。二层层高为 3900mm,每个梯段 12 个踏步,梯段长度 $280 \times 12 =$

3360（mm），休息平台宽度为1800mm，其余尺寸与一层楼梯相同。

（4）了解楼梯的走向以及上下行的起步位置，该楼梯走向如图5.27中箭头所示，平台到第一个踏步的起步尺寸为从ⓒ轴线开始1460mm。

（5）了解楼梯段各层平台的标高，图中一层地面标高为±0.000，其余平台标高分别为2.100、4.200、6.150、8.100。

（6）在楼梯底层平面图中了解楼梯剖面图的剖切位置和剖视方向。可以看到，剖切符号在楼梯间的右侧，该位置可以剖切到每层的第二跑梯段，向左投影，投影以后可以看到第一跑梯段。

2. 楼梯剖面图

用假想的铅直剖切平面通过各层的一个梯段和门窗洞口将楼梯垂直剖切，向另一未剖到的梯段方向投影，所作的剖面图称为楼梯剖面图。楼梯剖面图主要表达楼梯踏步、平台的构造、栏杆的形状以及相关尺寸，比例一般为1∶50、1∶40或1∶30，与楼梯平面图采用相同比例绘制。习惯上如果各层楼梯的构造和踏步的尺寸、数量都相同，楼梯剖面图可只画底层、中间层和顶层剖面图，用折断线将其余部分省略。

楼梯剖面图不仅应注明各楼楼层面、平台面、楼梯间窗洞的标高，踢面的高度，踏步的数量以及栏杆的高度，还应标注被剖切到的墙段、门窗洞口和层高尺寸。水平方向应标注被剖切到的墙的轴线编号、轴线尺寸及中间平台宽、梯段长等尺寸。

踏步与扶手的细部构造由索引符号引出，另用详图表示。

下面以图5.28所示的实验楼楼梯剖面图为例，说明楼梯剖面图的识读方法。

（1）了解楼梯的构造形式，从图5.28中可知该楼梯的结构形式为板式楼梯，双跑。

（2）了解楼梯在竖向和进深方向的有关尺寸，从楼层标高和定位轴线间的距离可知该楼一层层高为4200mm，二、三层层高均为3900mm，楼梯间进深为6900mm。

（3）了解楼梯段、平台、栏杆、扶手等的构造和用料说明。本图中用详图索引符号表示栏杆、扶手的做法。

（4）了解被剖切梯段的踏步级数，从图5.28中可知一层的第一梯段尺寸标注为150×14=2100（mm），表示该梯段有14个踏步，每踏步高为150mm，整个梯段的垂直高度为2100mm，二层的每个梯段均为150×13=1950（mm）。

（5）了解图中的索引符号，在该图中，楼梯栏杆和踏步防滑条用索引符号表示做法。

3. 楼梯节点详图

楼梯节点详图主要表达楼梯的栏杆、踏步和扶手的做法，一般在楼梯剖面图中标注出索引符号，再另画出详图。如采用标准图集，则直接引注标准图集代号，如采用的形式特殊，则用1∶10、1∶5、1∶2或1∶1的比例详细表示其形状、大小、所采用材料以及具体做法。

楼梯详图的绘制方法与步骤

踏步详图：表达踏步的形状、大小，面层做法以及防滑条的位置、材料和做法。

栏杆详图：表达栏杆的形状、材料和规格以及与梯段构件的连接情况。

扶手详图：表达扶手的截面形状、尺寸、材料及与栏杆的连接情况，一般只画一个截面图。

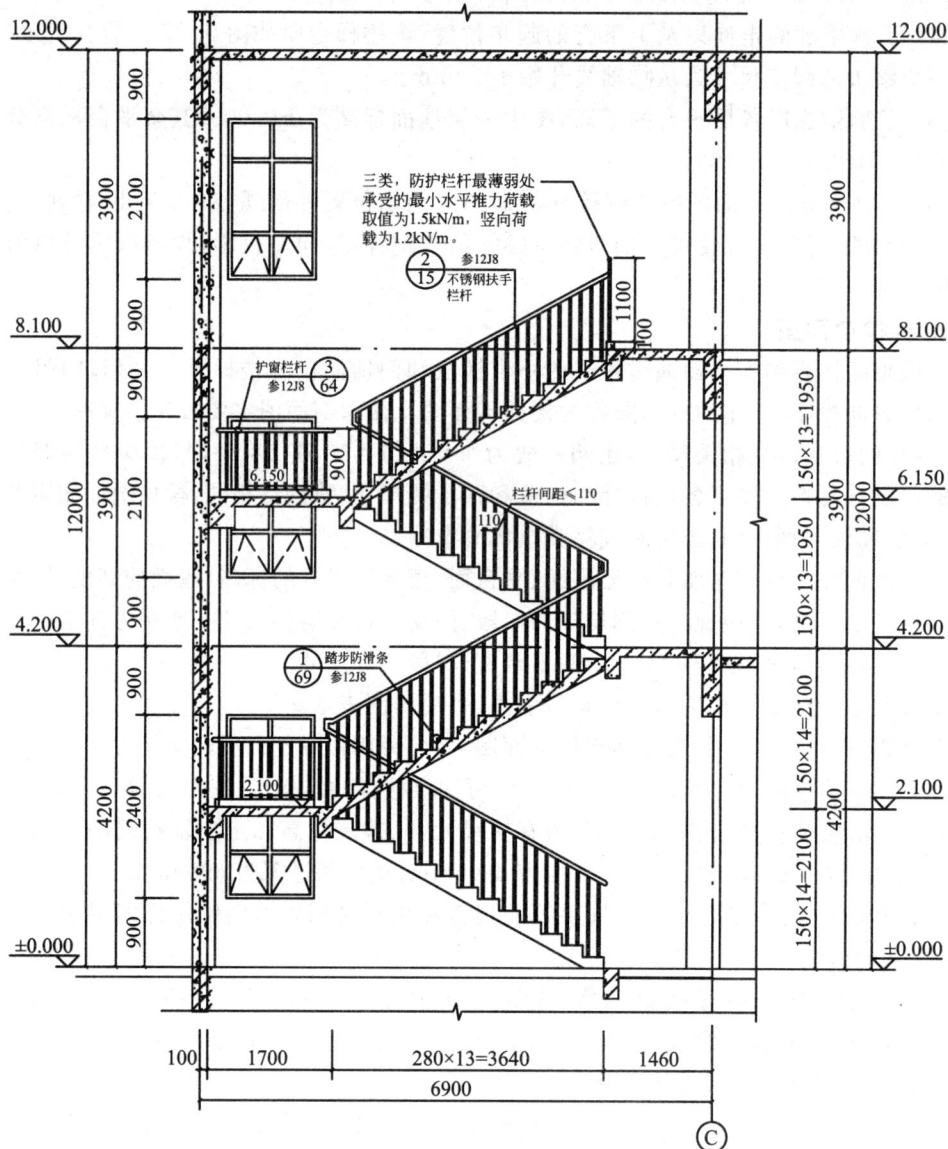

楼梯1—1剖面图 1:50

图 5.28　实验楼楼梯剖面图

5.6.4　其他详图

1. 卫生间详图

为了反映卫生间洁具的具体位置、地面排水情况和地漏位置等,通常需要画出卫生间详图,该详图的比例通常为 1:50。卫生间详图是建筑平面图中卫生间部分的放大图样。如图 5.29 所示为实验楼的女卫生间详图。

2. 阳台详图

通常住宅建筑都会有阳台构造,有的图样需要给出阳台详图。阳台详图包括阳台立面

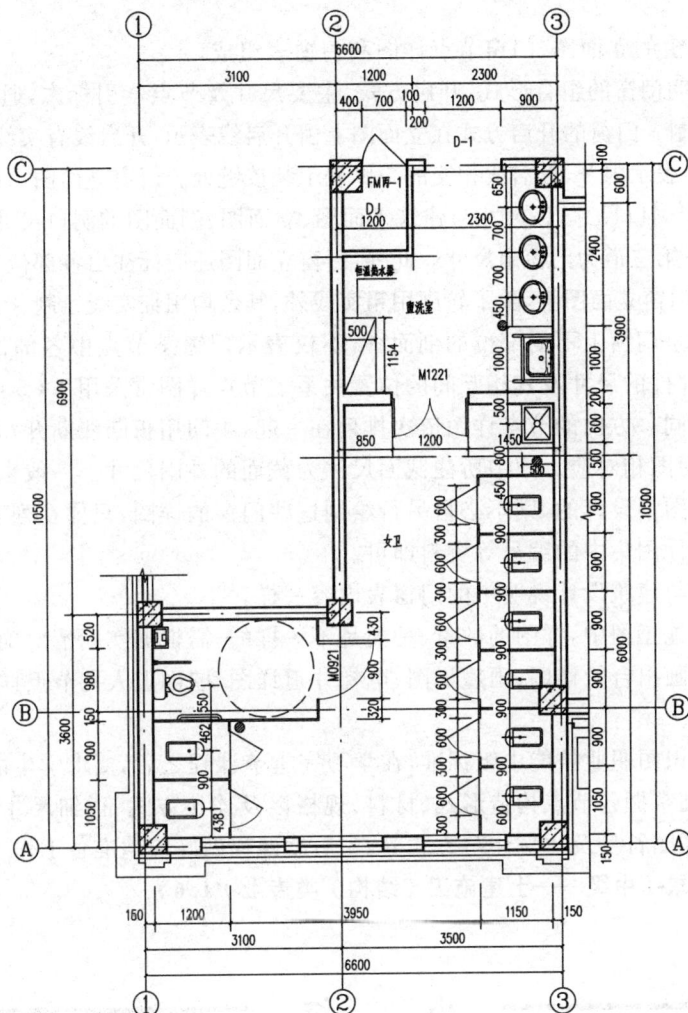

女卫生间详图 1:50

说明：卫生间地面比其他楼面低20mm。
　　　卫生间均向地漏方向找0.5%的坡，洁具均为成品。

图中所示 ◯ 轮椅旋转所需最小直径为1500活动空间。

地漏做法参 12J11 （C/72）　　　　洗面台做法参 12J11 （E/54）

无障碍洗手盆做法参 12J12 （1/44）　　无障碍坐便器做法参 12J12 （1/47）

厕所塑料隔断做法参 12J11 （1/103）　　小便器塑料隔断做法参 12J11 （6/109）

无障碍坐便器旁的墙面上设距地面500的救助呼叫按钮。

管道穿楼板做法参 12J11 （1/74）　　拖布池做法参 12J11 （2/126）

无障碍厕位平开门外侧应设高900横扶手，在关闭的门扇里侧设高900的关门把手，并应门内外设可紧急开启的插锁。

图5.29　女卫生间详图

详图、平面详图、剖面详图以及栏杆与扶手栏板的连接详图。阳台立面详图与平面详图的布图应保持长对正的关系，并采用相同的比例，通常采用1：20或1：30，它们是建筑平、立面图的局部放大图。阳台剖面图的比例要比阳台平、立面图大一些，如1：10，以表示阳台的梁、板、栏杆和扶手等构件的详细情况。

　　阳台详图的图示内容包括阳台的细部尺寸、室内地面与阳台地面的高差、阳台的坡度、栏杆和扶手的连接以及栏板的构造做法等。

3. 门窗详图

门窗详图由门窗的立面图、门窗节点详图和门窗表组成。

门窗立面图表明门窗的组合形式、开启方式、主要尺寸及节点索引标志,通常采用1∶20或1∶10的比例绘制。门窗的开启方式在立面图上由开启线表示,开启线有实线和虚线之分,实线表示外开,虚线表示内开,开启线相交的一侧表示装铰链处。门窗立面图一般会标注三道尺寸:第一道为门窗洞口尺寸,该尺寸与建筑平面图、立面图、剖面图的洞口尺寸一致;第二道为门窗框外包尺寸;第三道为门窗扇尺寸。此外,门窗立面图还应标注出各部位节点的剖切符号和索引标志。在门窗立面图上,除了轮廓用粗实线外,其余均用细实线绘制。

门窗节点详图是门窗上不同部位的剖面图,不仅表示门窗某节点中各部件的用料和断面形状,还表示各部件的尺寸及其相互间的位置关系。节点详图常采用1∶5或1∶10的比例绘制。习惯上将同一方向的节点详图依次排列在一起,中间用折断线断开,并分别注明详图编号,以便与立面图相对应。图中所注截面尺寸为截面的外围尺寸。一般来说,若该建筑的门窗是依据标准图集设计的,则不必再另行绘制这些门窗的详图,只要在列表中分别说明这些门窗在标准设计图集中的编号等资料即可。

门窗表的内容与建筑设计说明中的门窗表内容一样。

在不同的建筑施工图中,详图的数量、种类是不一样的,需根据实际情况确定。例如,在一些施工图中还需画出台阶详图、雨篷详图、电梯井道详图、屋面上人孔节点详图等,这里就不再一一列举了。

遵照建筑工程识图职业技能中级标准,在学习完本节课程之后,要求学生能够识读各种建筑详图图样,详细掌握各节点构造形式、材料、规格以及连接方式、详细尺寸、做法说明等主要信息,能识读详图符号及比例注写方式等,为后续课程做好前期准备工作(**建筑工程识图职业技能等级要求(中级——土建施工(结构)类专业)1.6**)。

小　结

民用建筑由六部分组成:基础、墙或柱、楼板、楼梯、屋顶和门窗。

建筑施工图包含:设计说明、建筑总平面图、建筑平面图、建筑立面图、建筑剖面图和建筑详图。

建筑总平面图表达建筑所处的环境、位置及其周边地形地貌,是绘制施工总平面图的主要依据。

建筑平面图表示建筑各层的平面布置及建筑平面图的图示方法和图示内容,是建筑施工定位、放线、预算的依据。

建筑立面图表示建筑的外貌、装修及其建筑高度的施工图,是建筑装修的依据。

建筑剖面图表示建筑分层的构造情况及建筑剖面图的图示方法和图示内容。

建筑详图是对建筑细部的详细反映,表达建筑细部的形状、构造、材料及其大小的图样,是建筑施工的依据。

学习单元 6 钢筋混凝土结构施工图

学习导引

建筑物中起骨架作用的梁、柱、板和基础在施工图中如何表示？如何识读？

知识目标

(1) 熟悉《建筑结构制图标准》(GB/T 50105—2010)的基本规定。

(2) 熟悉 22G101—1《混凝土结构施工图平面整体表示方法制图规则和构造详图(现浇混凝土框架、剪力墙、梁、板)》。

《建筑结构
制图标准》

技能目标

(1) 了解结构施工图的内容和表达方法。

(2) 掌握"1＋X"建筑工程识图职业技能要求(中级——土建施工(结构)类专业的基本技能。)

思政要求

中华人民共和国成立 70 余年来，实现了"站起来—富起来—强起来"的三级跳，我们这些国家栋梁只有提升素质、强化技能才能，才能不辱使命。

房屋结构设计的任务是根据建筑要求选择结构类型，并进行合理布置，再通过力学计算确定构件的断面形状、大小、材料及构造等。结构施工图须与建筑施工图密切配合，这两种施工图之间不能有矛盾。

结构施工图与建筑施工图一样，不仅是放线、挖基槽、支承模板，配置钢筋、浇筑混凝土等施工过程的依据，也是计算工程量、编制预算和施工进度计划的重要依据。

6.1 钢筋混凝土结构施工图概述

钢筋混凝土取材容易，性能优异，施工方便，因此，是目前建筑中采用最多的建筑材料。特别是高强合金钢的应用，混凝土强度等级的不断提高，施工工艺、技术与设备的发展，使钢筋混凝土结构的应用领域不断扩大。钢筋混凝土结构已深入建筑领域的各个方面，如大跨度结构、薄壳结构、高耸建筑物，甚至桥梁、隧道、管道等，在现今工业与民用建筑中占据着主导地位。

6.1.1 结构施工图的内容

1. 结构设计说明

结构设计说明是具有全局性的文字说明。它包括：选用材料的类型、规格、强度等级，地基情况，施工注意事项，说明新建建筑的结构类型、耐久年限、地震设防烈度、地基状况、材料强度等级、选用的标准图集、新结构与新工艺以及特殊部位的施工顺序、方法、质量验收标准。

2. 钢筋混凝土柱配筋图

它表示各层结构柱在建筑中的平面位置和各种柱的配筋情况。

3. 钢筋混凝土梁配筋图

它表示梁在建筑中的平面位置和各种梁的配筋情况。

4. 结构构件详图

它主要表示楼梯的具体位置和配筋情况。

6.1.2 结构施工图中的构件代号

在结构施工图中，结构构件的位置用其图例代号表示，这些代号用汉语拼音的第一个大写字母表示，如表 6.1 所示。

表 6.1 结构构件代号表

序号	名　称	代号	序号	名　称	代号	序号	名　称	代号
1	板	B	15	吊车梁	DL	29	托架	TJ
2	屋面板	WB	16	单轨吊车梁	DDL	30	天窗架	CJ
3	空心板	KB	17	轨道连接	DGL	31	框架	KJ
4	槽形板	CB	18	车挡	CD	32	刚架	GJ
5	折板	ZB	19	圈梁	QL	33	支架	ZJ
6	密肋板	MB	20	过梁	GL	34	柱	Z
7	楼梯板	TB	21	连系梁	LL	35	框架柱	KZ
8	盖板或沟盖板	GB	22	基础梁	JL	36	构造柱	GZ
9	挡雨板或檐口板	YB	23	楼梯梁	TL	37	承台	CT
10	吊车安全走道板	DB	24	框架梁	KL	38	设备基础	SJ
11	墙板	QB	25	框支梁	KZL	39	桩	ZH
12	天沟板	TGB	26	屋面框架梁	WKL	40	挡土墙	DQ
13	梁	L	27	檩条	LT	41	地沟	DG
14	屋面梁	WL	28	屋架	WJ	42	柱间支撑	ZC

续表

序号	名　　称	代号	序号	名　　称	代号	序号	名　　称	代号
43	垂直支撑	CC	47	阳台	YT	51	钢筋网	W
44	水平支撑	SC	48	梁垫	LD	52	钢筋骨架	G
45	梯	T	49	预埋件	M	53	基础	J
46	雨篷	YP	50	天窗端壁	TD	54	暗柱	AZ

注:① 预制钢筋混凝土构件、现浇钢筋混凝土构件、钢构件和木构件,一般可直接采用本表中的构件代号。在绘图中,当需要区别上述构件的材料种类时,可在构件代号前加注材料代号,并在图纸中加以说明。

② 预应力钢筋混凝土构件的代号,应在构件代号前加注"Y-",如 Y-DL 表示预应力钢筋混凝土吊车梁。

6.1.3　常用材料种类及符号

1. 混凝土

混凝土是用水泥、砂子、石子和水四种材料按一定的配合比拌和在一起,在模具中浇捣成型,并在适当的温度、湿度条件下,经过一定时间硬化而成的建筑材料。由于其性能和石头相似,因此也称为人造石。

混凝土的抗压强度很高,可分为 C15、C20、C25、C30、C35、C40、C45、C50、C55、C60、C65、C70、C75、C80 十四个强度等级,数字越大,表示混凝土的抗压强度越高。

2. 钢筋

1) 钢筋的作用与分类

钢筋在混凝土构件中的位置不同,其作用也各不相同。受力钢筋在梁、板、柱中主要承担拉、压作用;架立钢筋与箍筋在梁中用于固定受力筋的位置;分布筋用于固定板中受力筋的位置;构造钢筋在板中起围护、拉结、分布的作用,如图 6.1 所示。

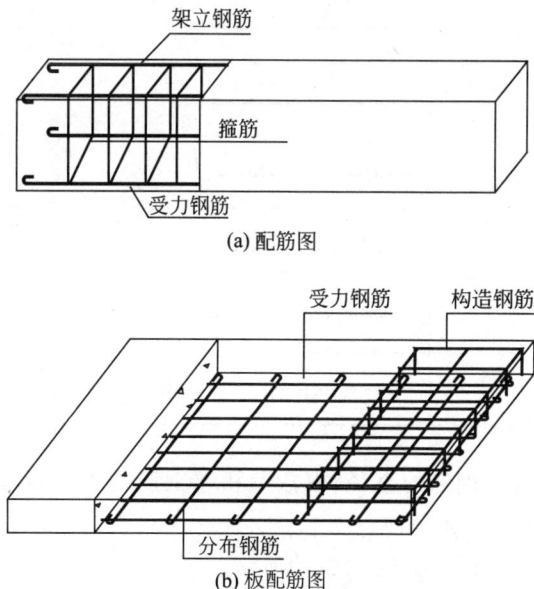

(a) 配筋图

(b) 板配筋图

图 6.1　梁、板内钢筋的作用

钢筋有光圆钢筋和带肋钢筋之分,热轧光圆钢筋的牌号为 HPB235;常用带肋钢筋的牌号有 HRB335、HRB400 和 RRB400 等,如表 6.2 所示。

表 6.2　常用钢筋的种类与代号

钢筋种类	代号	钢筋种类	代号
Ⅰ级钢筋(即 Q235 光圆钢筋)	φ	冷拉Ⅰ级钢筋	ϕ^1
Ⅱ级钢筋(即 16 锰人字纹筋)	Φ	冷拉Ⅱ级钢筋	Φ^1
Ⅲ级钢筋(如 25 锰硅人字纹筋)	Φ	冷拉Ⅲ级钢筋	Φ^1
Ⅳ级钢筋(光圆或螺纹筋)	Φ	冷拉Ⅳ级钢筋	Φ^1
Ⅴ级钢筋(热处理Ⅳ级钢筋)	Φ^1	拎拔低碳钢丝	ϕ^b

2)钢筋在施工图中的图例和表示方法

(1)钢筋的图例。在结构施工图中,为了突出钢筋的位置、形状和数量,钢筋一般用粗实线绘制,表 6.3 列出了钢筋的各种图例符号。

表 6.3　钢筋的图例

序号	名　称	图　例	说　明
1	钢筋横断面	●	
2	无弯钩的钢筋端部		下图表示长、短钢筋投影重叠时,短钢筋的端部用 45°斜线表示
3	带半圆形弯钩的钢筋端部		
4	带直钩的钢筋端部		
5	带丝扣的钢筋端部		
6	无弯钩的钢筋搭接		
7	带半圆弯钩的钢筋搭接		
8	带直钩的钢筋搭接		
9	花篮螺丝钢筋接头	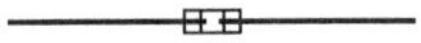	
10	机械连接的钢筋接头		用文字说明机械连接的方式

(2)钢筋的标注方法。钢筋的直径、根数及相邻钢筋的中心距在图样上一般采用引出线方式标注,其标注形式有下面两种。

① 标注钢筋的根数和直径,如图 6.2(a)所示。

② 标注钢筋的直径和相邻钢筋的中心距,如图 6.2(b)所示。

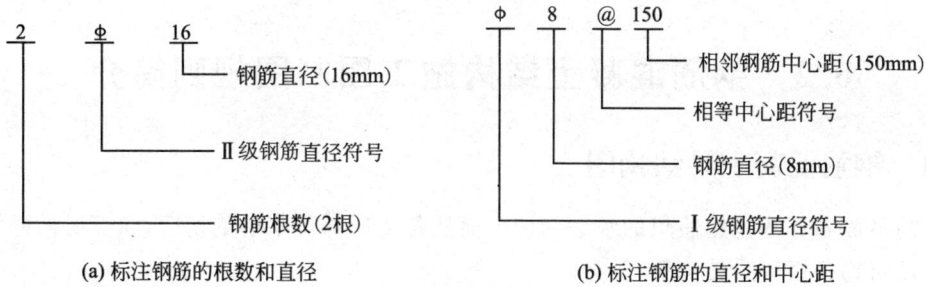

(a) 标注钢筋的根数和直径   (b) 标注钢筋的直径和中心距

图 6.2　钢筋的标注方法

为了增加钢筋与混凝土的黏结力,一般情况下对于光面钢筋(Ⅰ级钢筋)均应在端部做成弯钩形状。而对于螺纹或人字纹钢筋,因黏结力较好,一般端部可不作弯钩。常见的钢筋弯钩形式及画法详见图 6.3。位于板下部的钢筋的画法如图 6.4(a)所示。位于板上部的钢筋的画法如图 6.4(b)所示。

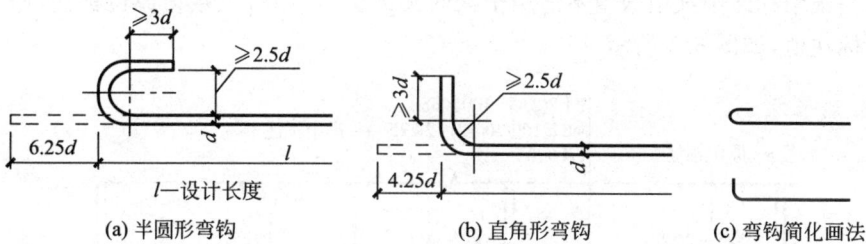

(a) 半圆形弯钩   (b) 直角形弯钩   (c) 弯钩简化画法

图 6.3　钢筋和钢箍弯钩形式及画法

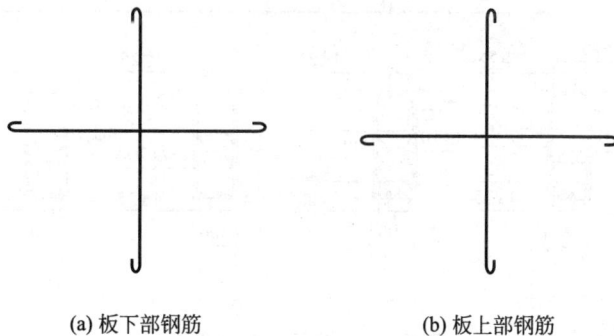

(a) 板下部钢筋   (b) 板上部钢筋

图 6.4　位于板下部和上部的钢筋的画法

在钢筋混凝土构件中钢筋应有一定厚度的保护层,以防止钢筋发生锈蚀,并使钢筋与混凝土进行可靠的黏结。钢筋保护层的厚度取决于构件种类及所处的使用环境等,现行规范对此有较为详细的规定。一般情况下,钢筋净保护层的最小厚度为:板中 15mm,梁、柱中主筋为 25mm,且保护层厚度均不应小于受力钢筋的直径。钢筋保护层的厚度应在施工图说明中详细提出。

6.2　钢筋混凝土结构施工图制图规则简介

6.2.1　钢筋混凝土梁结构图

梁的平面布置图是用假想的水平剖切平面从各楼层部位水平剖切后,向下所做的投影,表达了建筑物各楼层梁的位置、种类。

钢筋混凝土梁结构图是在梁平面布置图上结合梁的平面注写方式或截面注写方式,表达建筑各楼层梁的平面布置、截面尺寸及其配筋情况的施工图。

1. 平面注写方式

平面注写方式是在梁平面布置图上,分别在不同编号的梁中各选一根梁,在其上注写截面尺寸和配筋具体数值。

平面注写包括集中标注和原位标注,集中标注表达梁的通用数值,原位标注表达梁的特殊数值。当集中标注中某项数值不适用于梁的某部位时,则将该数值原位标注,施工时,优先取原位标注值,如图 6.5 所示。

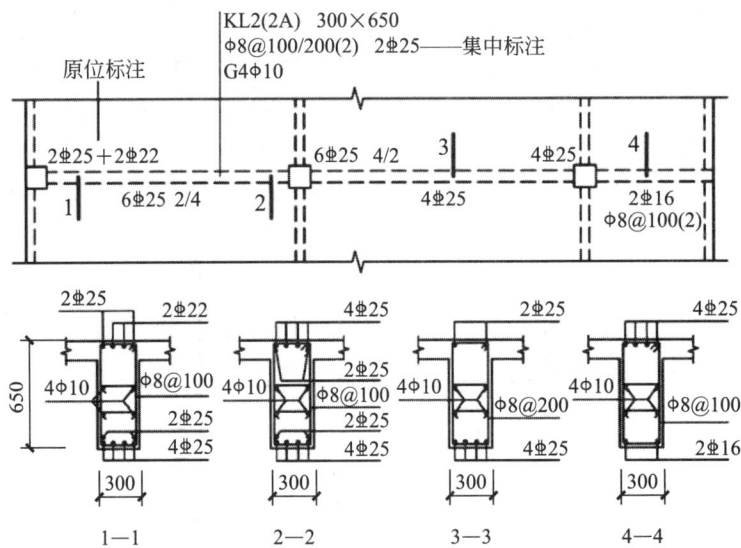

图 6.5　梁平面注写示例

（1）梁集中标注的内容为五项必注值和一项选注值,分别如下。

① 梁编号,为必注值,编号方法如表 6.4 所示。例如,"KL2(2A)"表示楼层框架梁,其序号为 2,跨数为 2 跨,字母"A"表示一端有悬挑,若两端有悬挑,则用字母"B"表示。

② 梁截面尺寸,为必注值,用 $b \times h$ 表示,当有悬挑梁,且根部和端部的高度不相同时,用 $b \times h_1/h_2$ 表示。

③ 梁箍筋,该项为必注值,标注信息包括钢筋级别、直径、加密区与非加密区间距及肢数。箍筋加密区与非加密区的不同间距及肢数需用"/"分隔;当梁箍筋为同一种间距及肢数时,则不需用斜线;当加密区与非加密区的箍筋肢数相同时,则将肢数注写一次;箍筋肢数应

写在括号内。如 Φ10@100/200(4),表示箍筋为 HPB300 钢筋,直径为 Φ10,加密区间距为100,非加密区间距为200,均为四肢箍。Φ8@100(4)/150(2),表示箍筋为 HPB300 钢筋,直径 Φ8,加密区间距为100,四肢箍;非加密区间距为150,两肢箍。

表 6.4 梁编号

梁类型	代号	序号	跨数及是否带有悬挑
楼层框架楼	KL	××	(××)、(××A)或(××B)
屋面框架梁	WKL	××	(××)、(××A)或(××B)
框支梁	KZL	××	(××)、(××A)或(××B)
非框架梁	L	××	(××)、(××A)或(××B)
悬挑梁	×L	××	
井字梁	JZL	××	(××)、(××A)或(××B)

注:表中(××A)为一端悬挑,(××B)为两端有悬挑,悬挑不计入跨数。

④ 梁上部通长筋或架立筋配置,该项为必注值。当同排纵筋中既有通长筋又有架立筋时,应用加号"+"将通长筋和架立筋相连。注写时需将角部纵筋写在加号前面,架立筋写在加号后面的括号内,以表示不同直径及其与通长筋的区别,当全部采用架立筋时,则将其全部写入括号内。如 2Φ22+(4Φ12),其中 2Φ22 为通长筋,4Φ12 为架立筋。当梁的上部纵筋和下部纵筋为全跨相同,且多数跨配筋相同时,此项可加注下部纵筋的配筋值,用";"隔开。如 3Φ22;3Φ20 表示梁的上部配置 3Φ22 的通长筋,梁的下部配置 3Φ20 的通长筋。

⑤ 梁侧面纵向构造钢筋或受扭钢筋配置,该项为必注值。当梁腹板高度 $h_w \geqslant 450mm$ 时,需配置纵向构造钢筋。此项注写值以大写字母 G 打头,接续注写设置在梁两个侧面的总配筋值,且对称配置。如 G4Φ12,表示梁的两个侧面共配置 4Φ12 的纵向构造钢筋,每侧各配置 2Φ12。当梁侧面需配置受扭纵向钢筋时,此项注写值以大写字母 N 打头,接续注写配置在梁两个侧面的总配筋值,且对称配置。如 N6Φ22,表示梁的两个侧面共配置 6Φ22 的受扭纵向钢筋,每侧各配置 3Φ22。

⑥ 梁顶面标高高差,为选注值,梁顶面标高高差是指相对于结构层楼面标高的高差值,有高差时,将高差写入括号内,无高差时不注。

(2)原位标注的内容规定如下。

① 梁支座上部纵筋,该部位含通长筋在内的所有纵筋,根据以下几种具体情况进行原位标注。

当上部纵筋多于一排时,用"/"将各排纵筋自上而下分开。如梁支座上部纵筋注写为 6Φ25 4/2,表示上一排纵筋为 4Φ25,下一排纵筋为 2Φ25。

当同排纵筋有两种直径时,用加号将两种直径的纵筋相连,注写时将角部纵筋写在前面。如梁支座上部有四根纵筋,2Φ25 放在角部,2Φ22 放在中部,梁支座上部应注写为 2Φ25+2Φ22。

当梁中间支座两边的上部纵筋不同时,需在支座两边分别标注;当梁中间支座两边的上部纵筋相同时,可仅在支座的一边标注配筋值。

② 梁下部纵筋根据以下具体情况进行原位标注。

当下部纵筋多于一排时,用"/"将各排纵筋自上而下分开。

当同排纵筋有两种直径时,用加号"＋"将两种直径的纵筋相连,注写时角筋写在前。

当梁下部纵筋不全部伸入支座时,将梁支座下部纵筋减少的数量写在括号内。

③ 附加箍筋或吊筋,将直接画在平面图中的主梁上,用线引注总筋值(附加箍筋的肢数注在括号内)。

2. 截面注写法

截面注写方式是在标准层绘制的梁平面布置图上,分别从不同编号的梁中各选择一根梁,用剖面号引出配筋图,并在其上注写截面尺寸和配筋具体数值,所表达的梁平法施工图如图 6.6 所示。

在截面配筋图上注写截面尺寸 $b×h$、上部纵筋、下部纵筋、侧面纵筋和箍筋的具体数值时,其表达方式与平面注写方式相同。

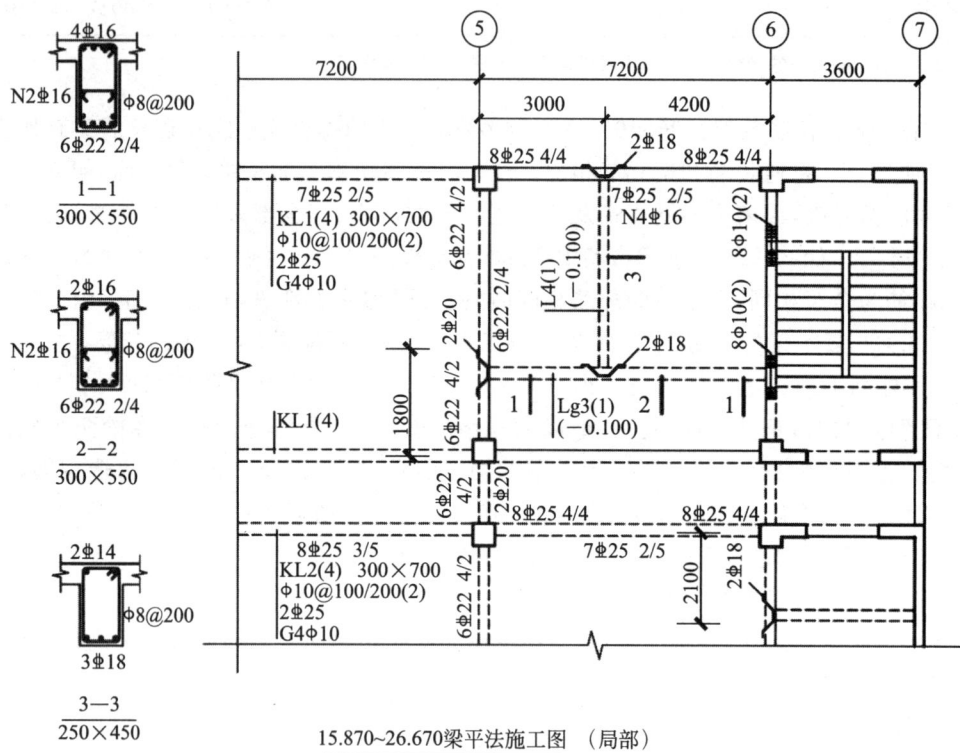

15.870~26.670梁平法施工图　(局部)

图 6.6　梁的截面注写方式

6.2.2　钢筋混凝土柱结构施工图

钢筋混凝土柱结构施工图是在柱平面布置图上采用列表注写法或截面注写法,表达建筑各楼层柱的位置、种类和配筋情况的施工图。

1. 列表注写法

列表注写法是在柱平面布置图上,分别从同一编号的柱中选择一个截面标注几何参数代号,在柱表中注写柱号、柱段起止标高、几何尺寸与配筋的具体数值,并配以各种柱截面形状及其箍筋类型图的方式,以表达柱平法施工图。

柱表注写的内容有以下几种。

(1) 注写柱编号,柱编号由代号和序号组成,编号方法如表6.5所示。

表6.5　柱编号

柱类型	代号	序号	柱类型	代号	序号
框架柱	KZ	××	梁上柱	LZ	××
框支柱	KZZ	××	剪力墙上柱	QZ	××
芯柱	XZ	××	转换柱	ZHZ	××

(2) 注写各段柱的起止标高,自柱根部往上以变截面位置或截面未变但配筋改变处为界分段注写。框架柱和框支柱的根部标高是指基础顶面标高;梁上柱的根部标高是指梁顶面标高。

(3) 注写截面尺寸 $b×h$ 及轴线关系的几何参数代号 b_1、b_2 和 h_1、h_2 的具体数值,须对应于各段柱分别注写。

(4) 注写柱纵筋,柱纵筋分为角筋、截面 b 边中部筋和 h 边中部筋三项。

(5) 注写箍筋类型号及箍筋肢数。

(6) 注写柱箍筋,包括钢筋级别、直径和间距。

柱平法施工图
列表注写方式

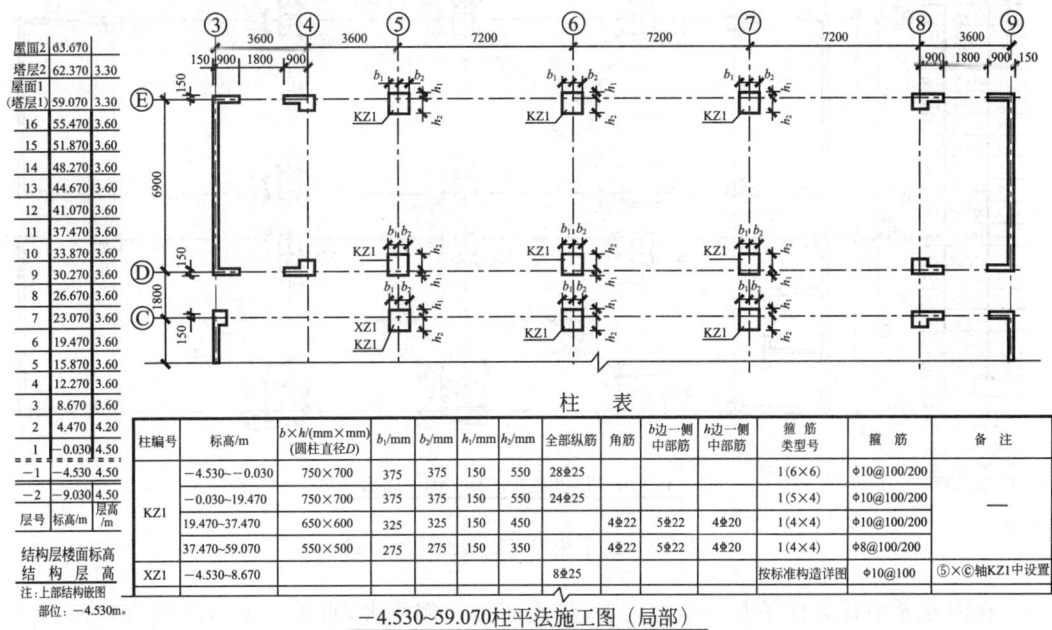

图6.7所示是柱平法施工图列表注写方式示例。

图6.7　柱平法施工图列表注写方式

从图6.7中可知,代号为KZ1的柱子根据其配筋和截面的变化情况分为3部分,在标高—0.030 至 19.470 处,柱截面尺寸为 750mm×700mm,箍筋配筋类型为 1 型,b_1、b_2 均为 375mm,h_1 为 150mm,h_2 为 550mm,箍筋为 Φ10@100/200,24 根直径为 25mm 的 Ⅱ 级纵 筋;在标高为 19.470 至 37.470 处,柱截面尺寸为 650mm×600mm,箍筋配筋类型为 1 型,b_1、b_2 均为 325mm,h_1 为 150mm,h_2 为 450mm,箍筋为 Φ10@100/200,纵向钢筋有 4 根直 径为 22mm 的 Ⅲ 级钢筋;b 边一侧中部筋为 5 根直径为 22mm 的 Ⅲ 级钢筋,h 边一侧中部筋 为 4 根直径为 20mm 的 Ⅲ 级钢筋;在标高为 37.470 至 59.070 处,柱截面尺寸为550mm× 500mm,箍筋配筋类型为 1 型,b_1、b_2 均为 275mm,h_1 为 150mm,h_2 为 350mm,箍筋为 Φ8@100/200,纵向钢筋有 4 根直径为 22mm 的 Ⅲ 级钢筋,b 边一侧中部筋为 5 根直径 22mm 的 Ⅲ 级钢筋,h 边一侧中部筋为 4 根直径 20mm 的 Ⅲ 级钢筋。

2. 柱平法施工图截面注写方式

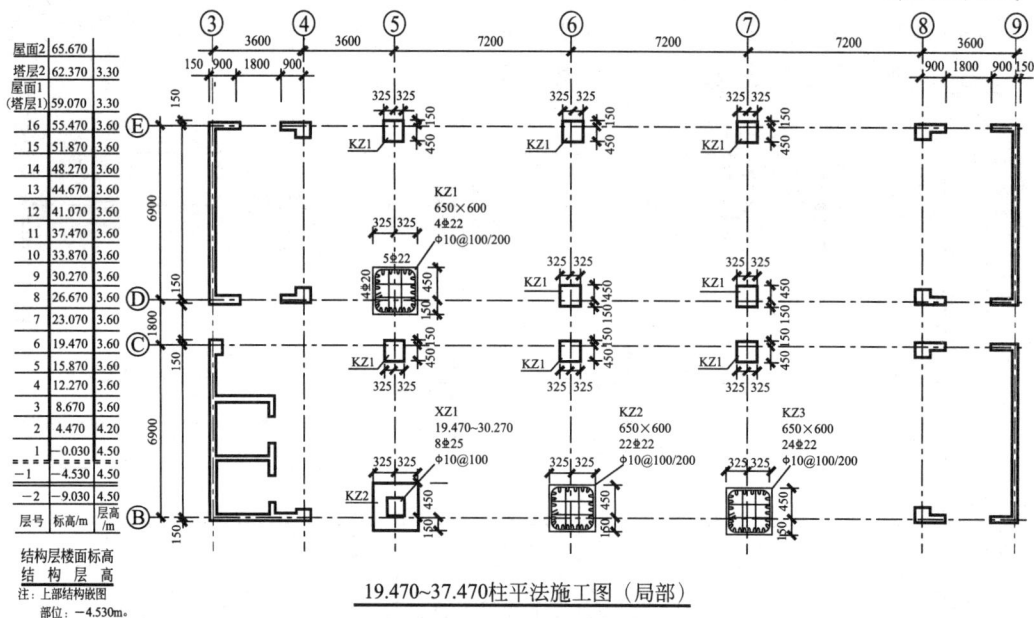

柱平法施工图截面注写方式是在标准层绘制的柱平面布置图的柱截面上,分别从同一 编号的柱中选择一个截面,以直接注写截面尺寸和配筋具体数值的方式,以表达柱平法施 工图。

柱的编号方法采用表 6.5 所示,从相同编号的柱中选择一个截面,按另 一种比例原位放大绘制柱截面配筋图,并在各配筋图上继其编号后再注写 截面尺寸 $b×h$、角筋和全部纵筋、箍筋的具体数值以及在柱截面配筋图上 标注柱截面与轴线位置关系 b_1、b_2、h_1、h_2 的具体数值。

图 6.8 是柱平法施工图截面注写方式示例。

柱平法施工图
截面注写方式

图 6.8 柱平法施工图截面注写方式

在图 6.8 中每类柱子取一个为代表,将截面按比例放大,直接在上面注写其截面尺寸, 配筋数值,如 KZ2,柱截面尺寸为 650mm×600mm,纵筋是 22 根直径为 22mm 的 Ⅲ 级钢 筋,箍筋为 Φ10@100/200。其他柱的读法相同。

6.2.3 钢筋混凝土板结构施工图

在楼面板和屋面板布置图上,采用平面注写方式表达钢筋混凝土板结构图,板平面注写主要分为板块集中标注和板支座原位标注。当两项轴网正向布置时,结构平面的坐标方向遵循从左至右为 X 向,从下至上为 Y 向。

贯通筋按板块的上部和下部分别注写,并以 B 代表下部,T 代表上部,B&T 代表下部与上部,X 向贯通筋用 X 打头,Y 向贯通筋用 Y 打头,两向贯通纵筋配置相同时则以 X&Y 打头。

板块集中标注的内容为:板块编号、板厚、贯通纵筋以及当板面标高不同时的标高高差。

板支座原位标注的内容为:板支座上部非贯通纵筋和悬挑板上部受力钢筋。

板块编号如表 6.6 所示。

表 6.6 板块编号

板类型	代号	序号
楼面板	LB	××
屋面板	WB	××
悬挑板	XB	××

现浇钢筋混凝土
板结构施工图

图 6.9 所示为现浇钢筋混凝土板结构施工图。

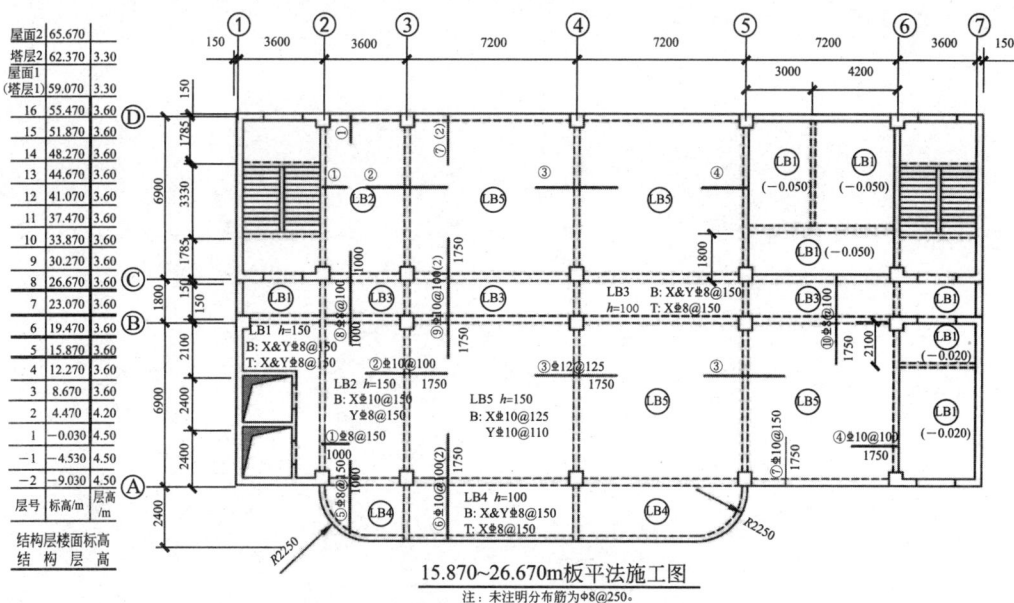

15.870~26.670m板平法施工图
注:未注明分布筋为Φ8@250。

图 6.9 现浇钢筋混凝土板结构施工图

小　结

　　结构施工图是表达建筑承重构件的平面布置、形状、大小、材料和构造做法的图样,本学习单元介绍了常用的钢筋混凝土结构施工图。钢筋混凝土结构施工图一般包含结构设计说明、基础图和柱、梁、板施工图。目前钢筋混凝土结构施工图采用平面整体表达方法。

　　钢筋混凝土梁结构图是在梁平面布置图上采用梁的平面注写方式或截面注写方式,表达建筑各楼层梁的平面布置、截面尺寸及其配筋情况的施工图;钢筋混凝土柱结构图是在柱平面布置图上采用列表注写方式或截面注写方式,表达建筑各楼层柱的位置、种类和配筋情况的施工图。钢筋混凝土板结构图是在楼面板和屋面板布置图上,采用平面注写方式表达板的各项配置信息的施工图,板平面注写主要分为板块集中标注和板支座原位标注。

学习单元 7 装配式钢筋混凝土建筑施工图

学习导引

装配式钢筋混凝土建筑可实现房屋建设的高效率、高品质、低资源消耗和低环境影响，是非常符合绿色理念的建筑形式。本学习单元主要介绍装配式剪力墙住宅建筑施工图的相关内容。

知识目标

(1) 了解装配式混凝土建筑的定义和类型。

(2) 了解装配式混凝土建筑的设计流程及设计要点。

(3) 熟悉装配式剪力墙住宅建筑施工图的内容。

技能目标

能够识读装配式剪力墙住宅建筑施工图的内容。

思政要求

(1) 认识并树立协调、绿色、开放、共享的发展理念。

(2) 培养求真务实的科学素养。

(3) 培养改革创新的使命感。

装配式钢筋混凝土建筑是指将工业化生产的建筑部件在施工现场组装和连接而成的混凝土结构建筑。装配式混凝土建筑也称为 PC 建筑，PC 是英文 Precast Concrete 的缩写，译为预制混凝土。

装配式钢筋混凝土建筑的生产过程非常类似于"搭积木"，不过，建筑部件之间的组装除了"搭"以外，还要在施工现场进行混凝土的浇筑，以保障房屋的安全性。

1. 国内外装配式混凝土建筑发展概况

我国从 20 世纪 50、60 年代开始研究装配式混凝土建筑的设计施工技术。但是，由于受当时经济条件和技术水平的限制，装配式混凝土建筑在功能和物理性能等方面逐渐显露出许多缺陷和不足，再加上我国有关装配式混凝土建筑设计和施工技术的研发工作没有满足社会需求及技术的发展和变化，致使到 20 世纪 80 年代末，装配式混凝土建筑体系逐渐停止发展。

现阶段在经济、人力、环境等因素影响下，国家又开始大力推进装配式建筑的发展。然而，关于现浇梁和预制柱的节点连接、自承式钢筋桁架叠合板的理论研究仍非常少，装配整体式混凝土结构的设计规范尚需完善。

2. 装配式钢筋混凝土建筑的主要特点

近几年,随着劳动力价格快速上升且国家对建筑质量要求提高,绿色环保建筑的概念逐渐普及,我国越来越重视装配式混凝土建筑的发展,主要原因是装配式钢筋混凝土建筑具有以下主要特点。

(1) 有利于提高施工质量;

(2) 有利于加快工程进度;

(3) 有利于提高建筑品质;

(4) 有利于文明施工、安全管理;

(5) 有利于环境保护、节约资源。

7.1　装配式剪力墙结构住宅建筑设计流程

装配式混凝土剪力墙结构住宅建筑在设计过程中考虑了标准化设计、工厂化生产、装配化施工、一体化装修和信息化管理,全面提升了住宅品质,降低了建设成本。与现浇混凝土剪力墙结构住宅的建设流程相比,装配式混凝土剪力墙结构住宅的建设流程增加了技术策划、构件生产等过程,整个过程更全面、更精细、更综合。两者对比如图 7.1 所示。

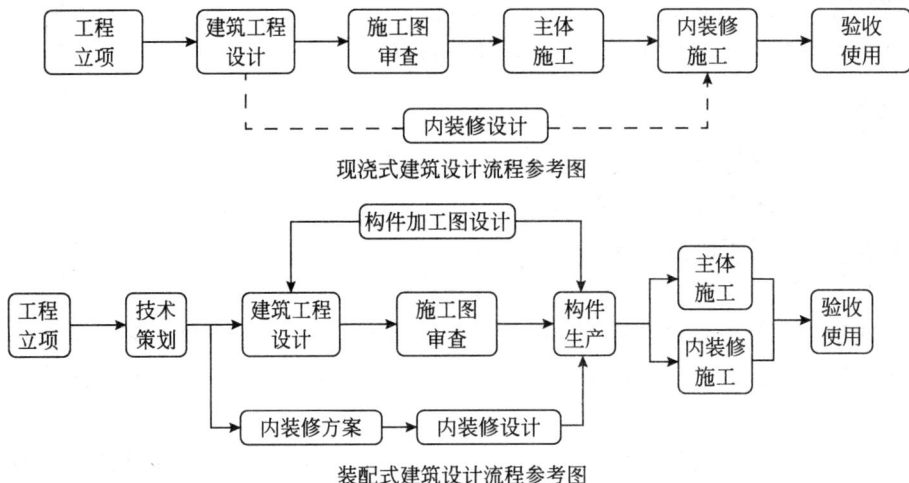

现浇式建筑设计流程参考图

装配式建筑设计流程参考图

图 7.1　现浇式建筑设计流程与装配式建筑设计流程对比图

装配式混凝土剪力墙结构住宅的建筑设计,在满足住宅使用功能的前提下,实现住宅套型的标准化设计,以提高构件与部品的重复使用率,有利于降低造价。具体设计流程如下所述。

(1) 技术策划阶段。在方案设计阶段之前应增加前期技术策划环节,前期技术策划对项目的实施起到十分重要的作用,在此阶段应根据产业化目标、工艺水平和施工能力以及经济性等要求确定适宜的预制率。设计单位应充分了解项目定位、建设规模、产业化目标、成本限额、外部条件等影响因素,制定合理的建筑设计方案,提高预制构件的标准化程度,并与建设单位共同确定技术实施方案,为后续的设计工作提供依据。

(2) 方案设计阶段。在方案设计阶段应根据技术策划要点做好平面设计和立面设计。

平面设计在保证满足使用功能的基础上,实现住宅套型设计的标准化与系列化,遵循"少规格,多组合"的设计原则。立面设计宜考虑构件生产加工的可能性,根据装配式建造方式的特点,实现立面的个性化和多样化。

(3)初步设计阶段。初步设计阶段应根据各专业的技术要求进行协同设计。优化预制构件种类,充分考虑设备专业管线预留预埋,进行专项的经济性评估,分析影响成本的因素,制定合理的技术措施。

(4)施工图设计阶段。各专业按照初步设计阶段制定的协同设计条件在此阶段开展工作。各专业根据预制构件、内装部品、设备设施等生产企业提供的设计参数,在施工图中充分考虑各专业预留预埋要求。建筑专业还应考虑连接节点处的防水、防火、隔声等设计。

(5)构件加工图设计及生产阶段。为配合预制构件的生产加工,应设计预制构件的加工图纸。建筑专业可提供预制构件尺寸控制图。构件加工图的设计可由设计单位与预制构件生产企业等配合设计完成。建筑设计可采用 BIM 技术,协同完成各专业设计内容,提高设计精度。

装配式混凝土剪力墙结构住宅的设计流程详见图 7.2。

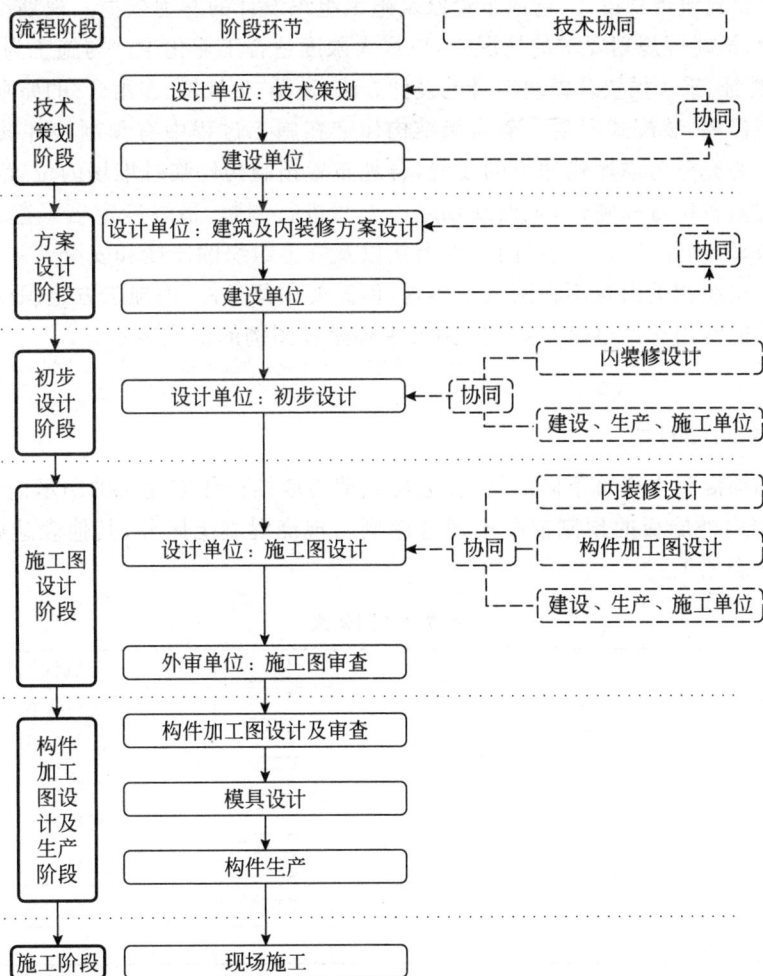

图 7.2 装配式混凝土剪力墙结构住宅的设计流程

7.2　装配式剪力墙结构住宅建筑施工图

7.2.1　施工图首页

施工图首页主要是指装配式剪力墙结构住宅建筑施工图的图纸目录和建筑设计说明。

与现浇剪力墙结构建筑相同,图纸目录是查阅图纸的主要依据,包括图纸的编号、类别、图名、图幅以及备注等栏目,每张图纸的内容从表中都可查阅。

施工图设计说明除设计依据、项目概况、设计标高、各部分构造做法、建筑设备要求、无障碍设计、防火设计、建筑节能设计外,还应包含装配式建筑设计专项说明。专项说明包括装配式建筑设计概况、总平面设计、建筑设计、预制构件设计、节能设计等方面的设计要求。

7.2.2　总平面图

总平面图是建筑规划设计、场地布置以及施工组织设计的有力依据。规划设计在满足采光、通风、间距、推线等规划要求的情况下,以最大限度适合工业化生产与施工为原则,以标准化、模块化为特征,采用模块及模块组合的设计方法,遵循“少规格、多组合”的原则进行。

由于施工需要,装配式混凝土剪力墙结构住宅在施工过程中有预制构件的吊装问题需要解决,因此,要充分考虑运输通道的设置,合理布置预制构件临时堆场的位置与面积,选择适宜的塔式起重机位置和吨位,根据现场施工方案进行调整,最终确定塔式起重机位置,提高场地使用效率,确保各施工工序的有效衔接以及施工组织的便捷和安全。

场地施工组织相关内容不在图纸中体现,但需要预留条件,由施工方组织设计。

总平面图的常用比例也是1:500,图形主要是以图例的形式表示。

7.2.3　建筑平面图

与现浇钢筋混凝土建筑不同的是,在装配式剪力墙结构住宅建筑的图示内容中,各层建筑平面图需将内外墙板的预制混凝土通过图例与现浇混凝土区分,其他表达则基本相同。详细图例详见表7.1。

表 7.1　图例表

图例	说明	图例	说明
■■	现浇钢筋混凝土墙、梁、柱、板	▦▦	有机保温材料
▨		▧	无机保温材料
▨	预制钢筋混凝土墙、梁、柱、板	░	砂浆
▨		⋯	嵌缝剂
▬	轻质墙体	⁘	密封膏
⊙⊙⊙		▩	木材
○○○		⟋⟋	素土夯实
▨	砌体		

图7.3是装配式混凝土剪力墙结构住宅的标准层平面图。

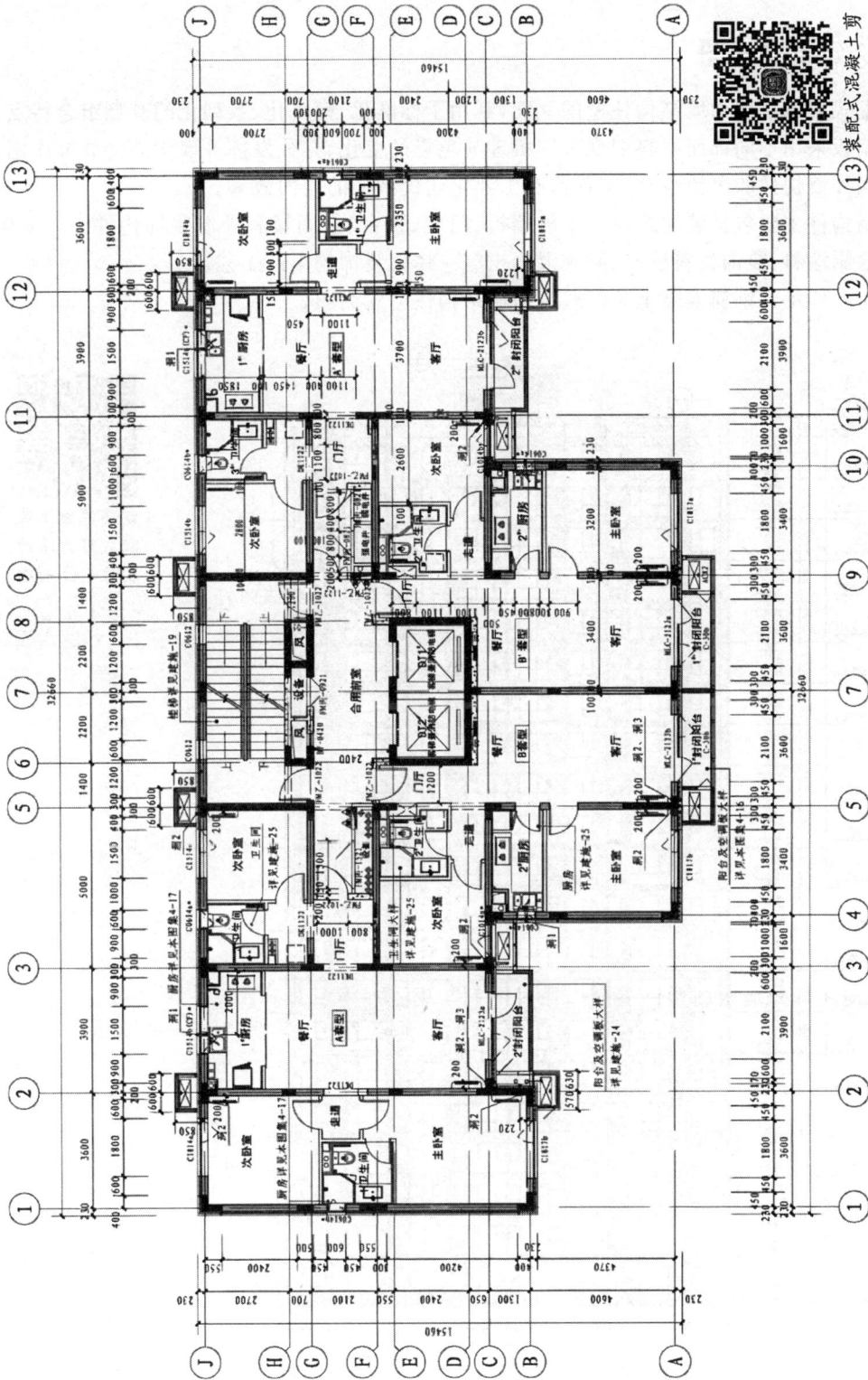

图7.3　装配式混凝土剪力墙结构住宅标准层平面图

7.2.4 建筑立面图

装配式混凝土剪力墙结构住宅的立面,利用了标准化、模块化、系列化的套型组合特点,预制外墙板采用不同饰面材料展现不同机理与色彩的变化,充分发挥外墙构件的装饰作用,通过不同外墙构件的灵活组合,实现富有工业化建筑特征的立面效果。

外墙构件主要包括装配式混凝土外墙板、门窗、阳台、空调板和外墙装饰构件等。采用工厂预涂刷涂料、装饰材料反打、肌理混凝土等一体化装饰的生产工艺。

图 7.4 所示为钢筋混凝土装配式剪力墙结构住宅立面图。

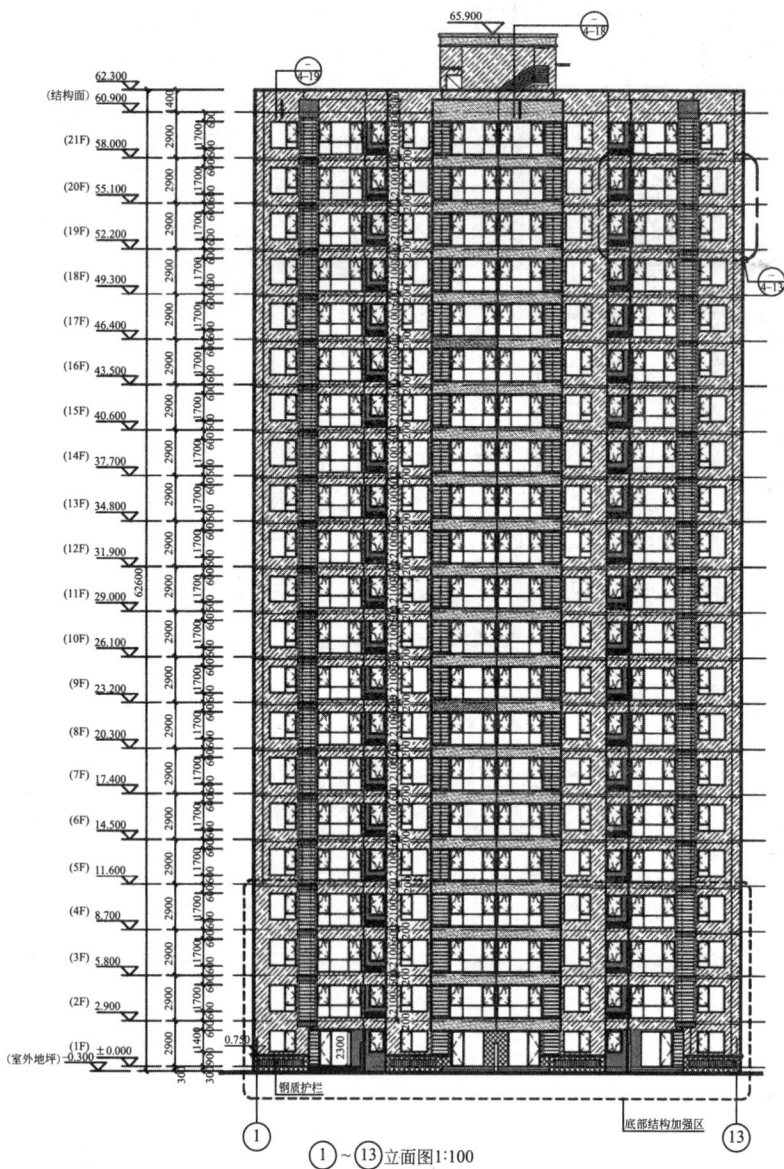

钢筋混凝土装配式剪力墙结构住宅立面图

图 7.4 钢筋混凝土装配式剪力墙结构住宅立面图

在外墙立面图中,选取典型的局部立面,绘制立面详图。立面详图除标注外墙做法、门窗开启方向外,还应绘出外墙板灰缝、水平板缝和垂直板缝及其定位,并索引水平缝、垂直缝节点,如图7.5所示。

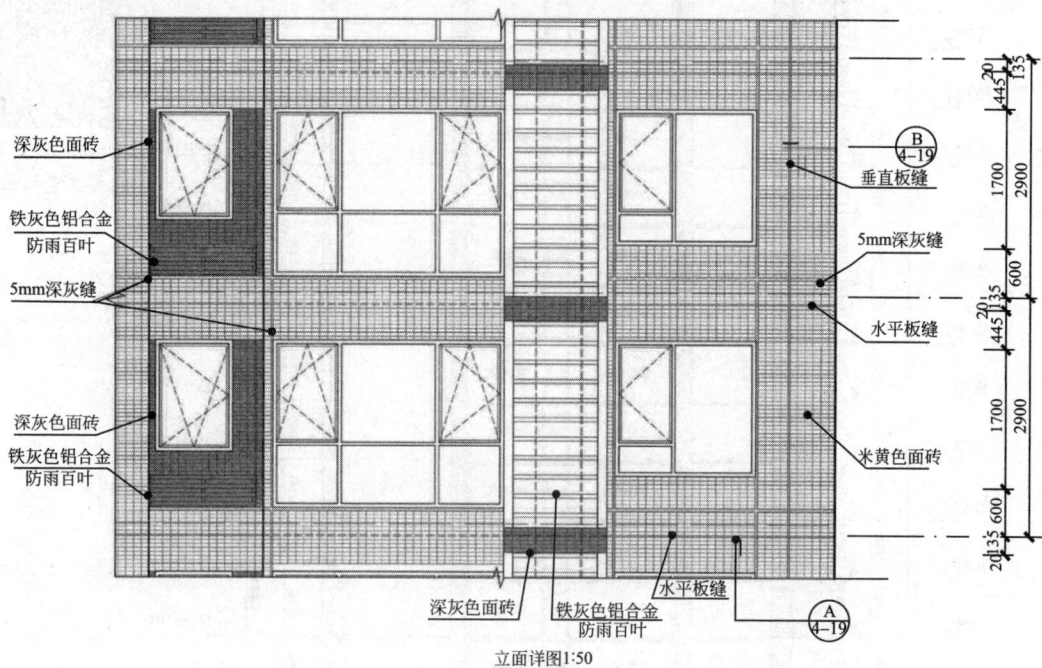

图 7.5　立面详图

7.2.5　建筑剖面图

装配式混凝土剪力墙住宅剖面图与现浇混凝土结构剖面图基本一致,不同的是前者需通过图例将现浇混凝土与预制混凝土部分加以区别。图7.6所示为钢筋混凝土装配式住宅剖面图。

7.2.6　建筑详图

装配式混凝土剪力墙住宅建筑施工图中,需要配套的施工详图有套型平面详图与套型设备点位综合详图、楼电梯平面详图及剖面图、阳台空调板大样图、厨房卫生间大样图及墙身大样图等。

1. 套型平面详图与套型设备点位综合详图

为满足结构系统、外围护系统、机电设备管线系统和内装系统需要,应进行集成设计。

集成设计的施工图文件一般包括套型平面详图和设备点位综合详图,绘图比例一般为1∶50,图7.7所示为套型平面详图,套型平面详图应精准定位竖向构件,区分预制混凝土剪力墙和后浇段,并绘出家具布置。

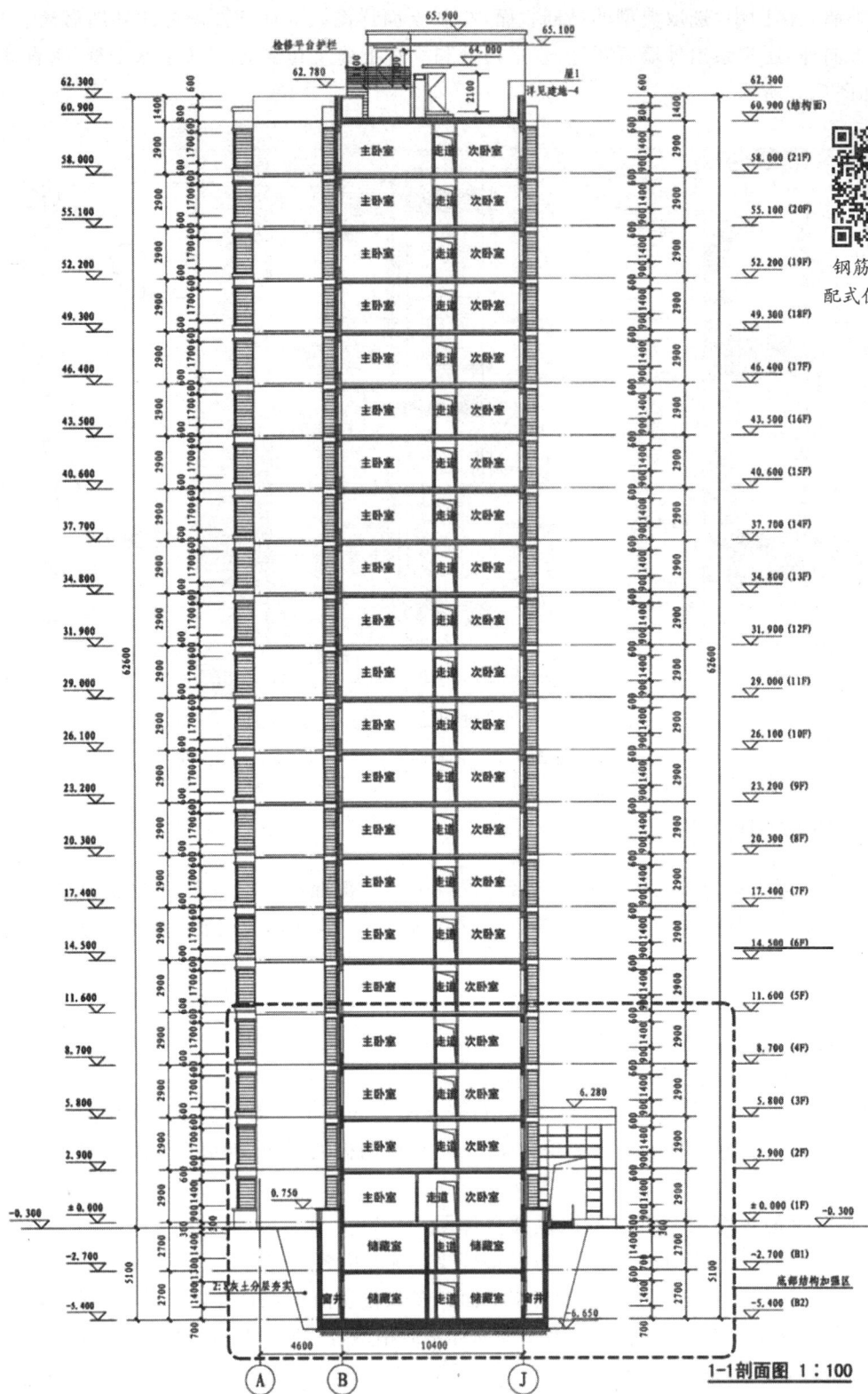

钢筋混凝土装
配式住宅剖面图

图 7.6　钢筋混凝土装配式住宅剖面图

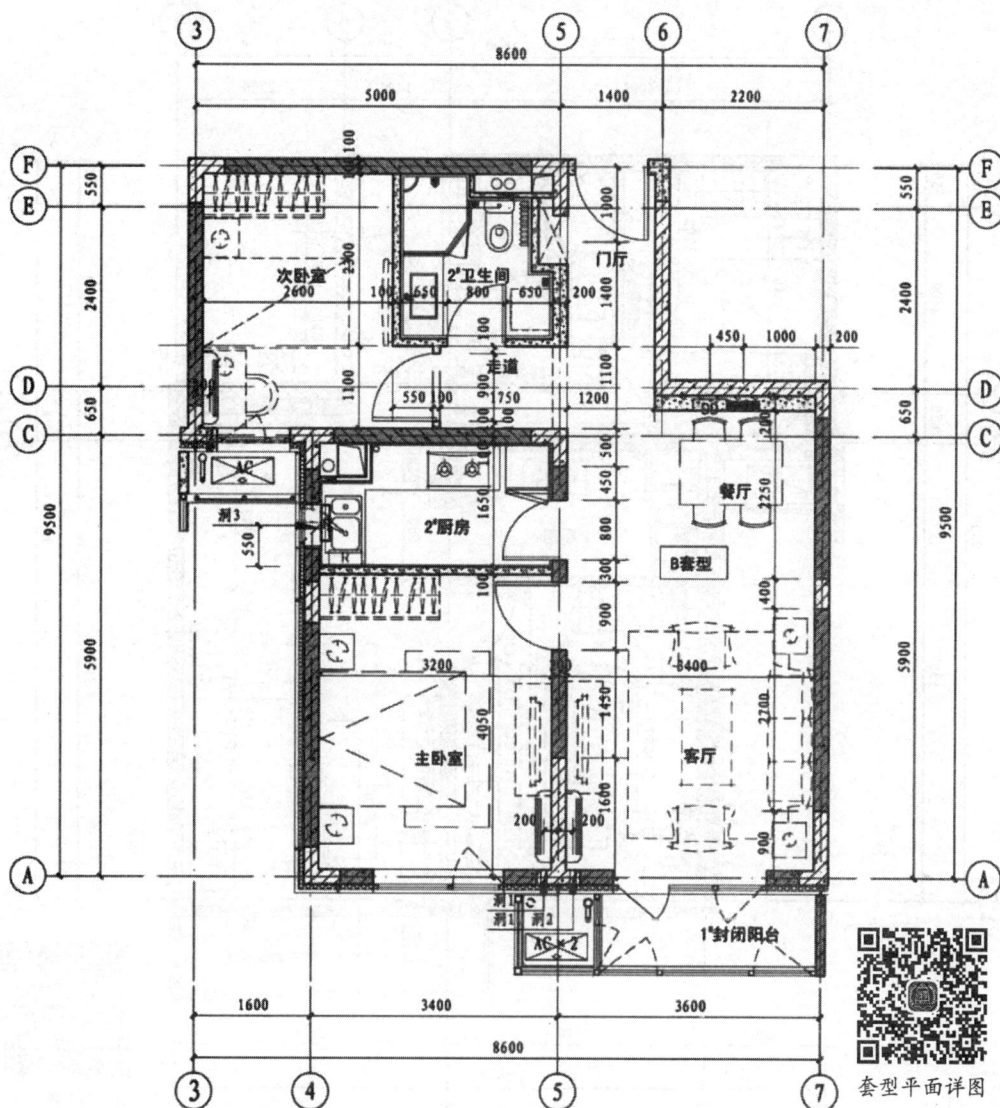

图 7.7　套型平面详图

　　设备点位综合详图则需将电箱、空调、燃气热水器、地暖分集水器、散热器、洞口、地漏、排烟排风道、开关、预埋灯口、插座等进行精确定位,并标注距地面高度。图7.8所示为套型设备点位综合详图。

2. 楼电梯平面详图及剖面图

　　装配式混凝土高层剪力墙住宅的楼电梯部位除预制梯板外,其他构件通常采用现浇混凝土,包括电梯井、楼梯间剪力墙和楼电梯间的楼板。楼电梯平面详图及剖面图一般采用1∶50的比例绘制,通过图例区分出现浇混凝土和预制混凝土。平面详图中不仅要表达预制楼梯的定位及其与周边墙体间的关系,还要绘制出预制梯板的水平投影(不可

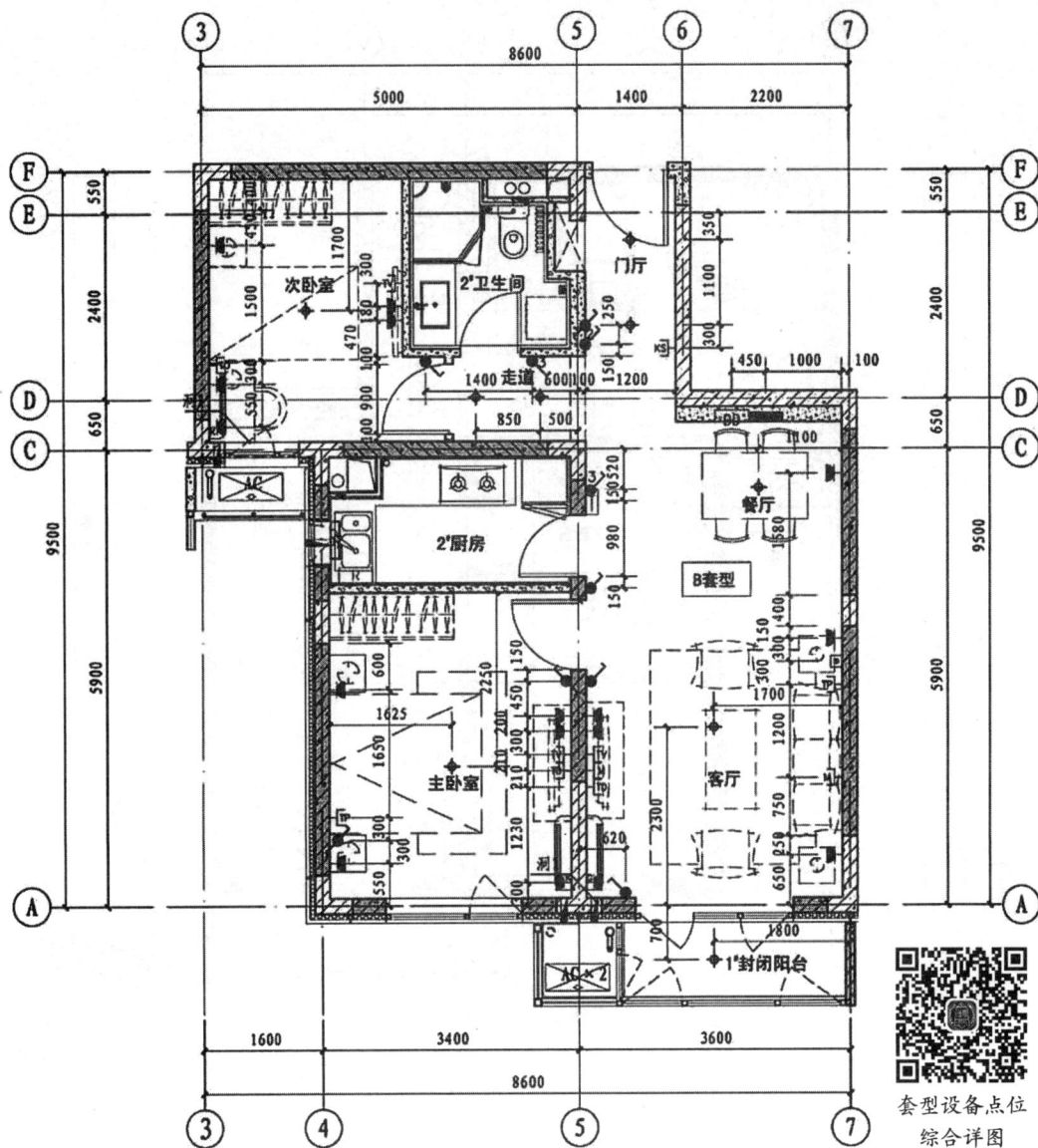

B套型设备点位综合详图 1∶50

图 7.8 套型设备点位综合详图

见部位用虚线绘出），若楼梯间隔墙为预制时，应表达其分隔及定位，如图 7.9 所示。楼梯剖面图表达预制楼梯或梯段的定位及其与主体的连接方式，预制楼梯与梯梁支承关系，踏步的尺寸，标注梯梁下的净空高度，栏杆扶手连接预埋点位的位置，如图 7.10 所示。

3. 墙身大样图

墙身大样图即墙身剖视详图，是墙身的局部放大图，详细地表达墙身从防潮层到屋顶各主要节点的构造和做法，如图 7.11 所示。

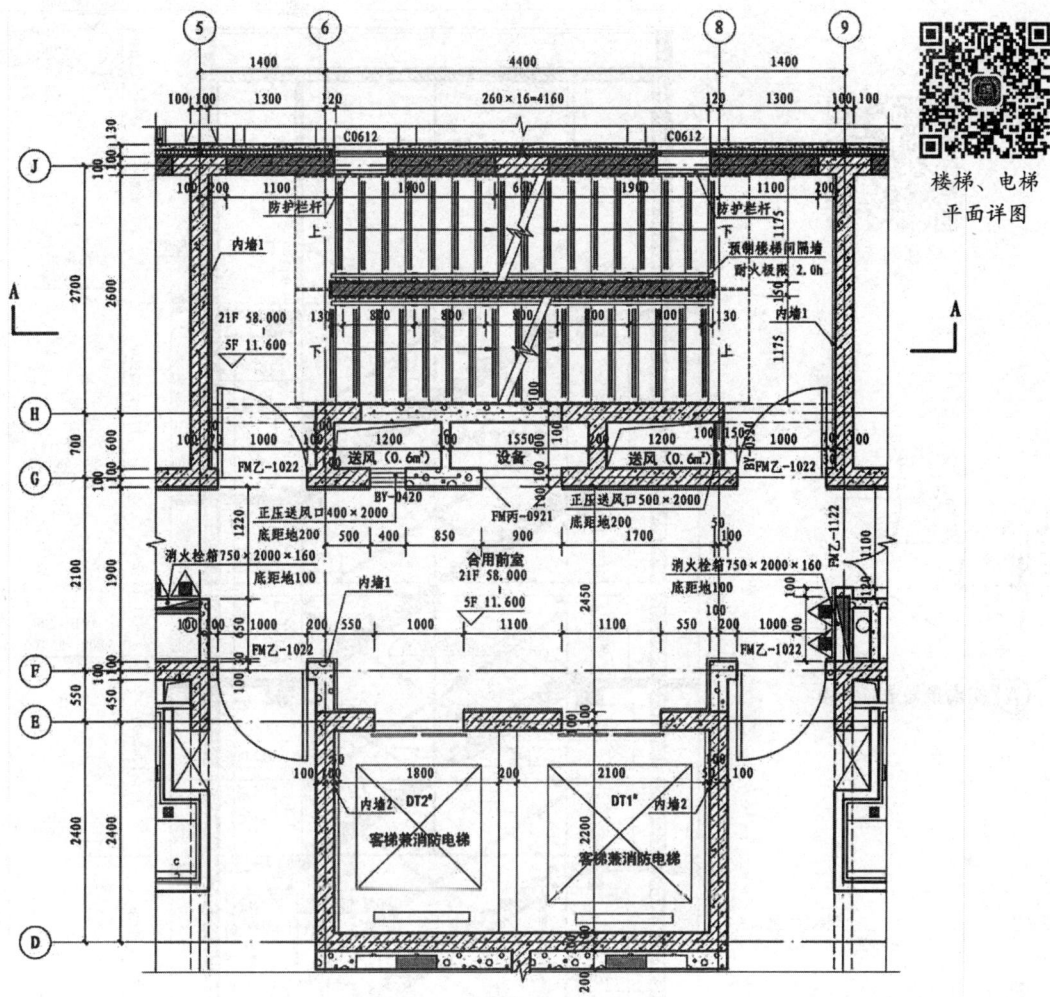

楼梯、电梯平面详图1:50

图 7.9　楼梯、电梯平面详图

7.2.7　BIM 模型图

　　装配式混凝土剪力墙住宅是设计、生产、施工、装修和管理"五位一体"的体系化和集成化的建筑。BIM 技术在装配式混凝土剪力墙结构住宅设计过程中可起到快速算量、可视化设计、虚拟施工、高效协同和有效管控等作用,施工图设计应逐步应用 BIM 技术。图7.12所示为标准层 BIM 模型图。

　　装配式建筑的核心是集成,BIM 方法是集成的主线。这条主线串联起设计、生产、施工、装修和管理全过程,服务于设计、建设、运维、拆除的全生命周期;可用数字化虚拟、信息化描述各种系统要素,实现信息化协同设计、可视化装配、工程量信息的交互和节点连接模拟及检验等;可以整合建筑全产业链,实现全过程、全方位的信息化集成。

楼梯剖面图

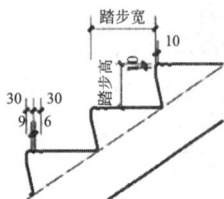

A 防滑条做法 1:10

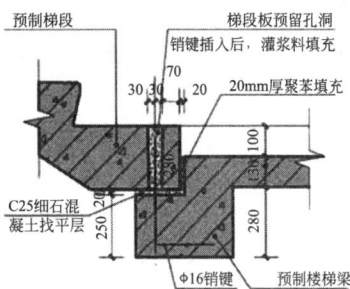

B 连接节点做法 1:10

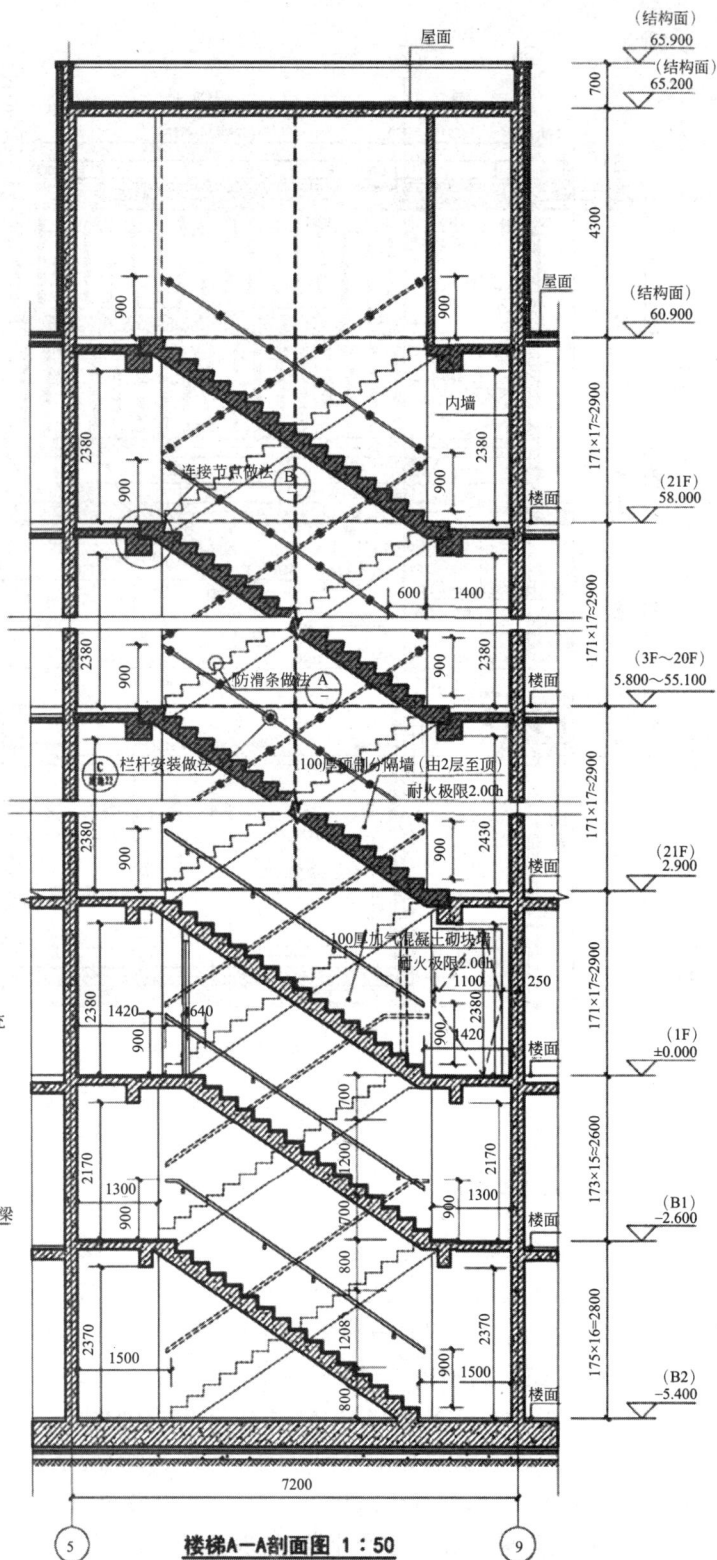

图 7.10　楼梯剖面图

楼梯A—A剖面图 1:50

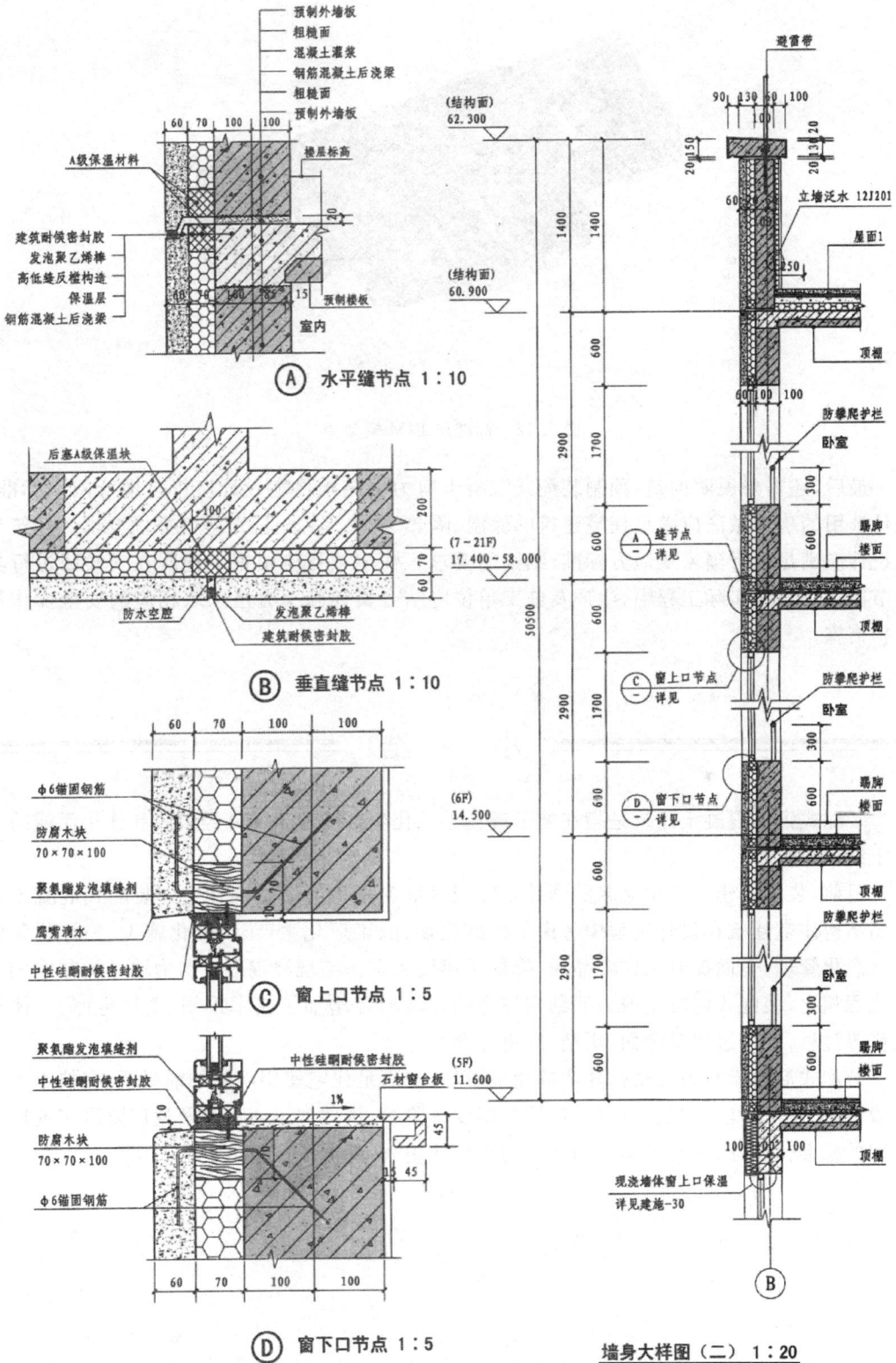

图 7.11 墙身大样图

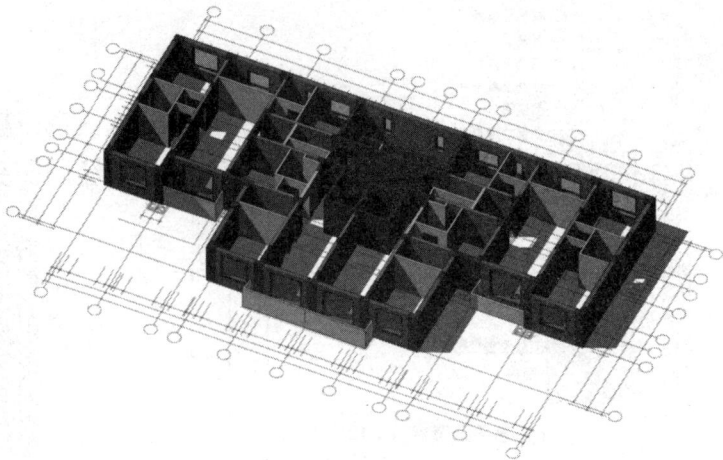

图 7.12　标准层 BIM 模型图

最后,还需要说明的是,预制装配式混凝土剪力墙结构住宅设计应符合现行国家标准,设计选用的构造做法应满足住宅建筑的保温、隔热、防火、防水、隔声等各方面要求。建筑节能设计应满足现行国家及地方标准、细则的要求。住宅项目应根据工程所在气候区进行具体节能设计。在实际工程中,生产及施工单位应结合实际施工方法采取相应的安全操作和防护措施。

小　结

装配式钢筋混凝土建筑是指在施工现场工厂化生产的建筑部件经组装和连接而成的混凝土结构建筑。

目前,装配式建筑应用最多的领域是装配式混凝土剪力墙结构住宅。装配式混凝土剪力墙结构住宅建筑在设计过程中考虑了标准化设计、工厂化生产、装配化施工、一体化装修和信息化管理,全面提升了住宅品质,降低了建设成本。与现浇混凝土剪力墙结构住宅的建设流程相比,装配式混凝土剪力墙结构住宅的建设流程增加了技术策划、工厂生产、一体化装修等过程,整个过程更全面、更精细、更综合。

装配式混凝土剪力墙结构住宅的建筑设计,在满足住宅使用功能的前提下,在技术策划阶段、方案设计阶段、初步设计阶段、施工图设计阶段、构件加工图设计及生产阶段实现住宅套型的标准化设计,提高了构件与部品的重复使用率,降低了建筑造价。

第三篇

建 筑 构 造

本篇包含的内容如下：

学习单元 8 建筑构造概述

学习导引

本学习单元主要介绍了建筑的构成要素、建筑构造的影响因素以及相关规范对建筑知识的划分,本学习单元知识既有利于了解建筑及建筑行业,也有利于进一步理解建筑施工图。

知识目标

(1) 了解建筑的定义及构成要素。

(2) 了解建筑构造的影响因素。

(3) 熟悉建筑的分类及分级,了解绿色建筑的含义。

技能目标

(1) 掌握工程类别、工程规模、工程等级等的划分依据。

(2) 理解建筑模数的含义并能进行应用。

(3) 掌握工程类别、工程规模、工程等级、设计依据等内容;掌握工程消防要求等的相关规定("1+X"建筑工程识图职业技能等级要求(中级——建筑设计类专业)1.1)。

思政要求

(1) 从建筑的发展角度了解中华建筑文化,培养民族自信与爱国情怀。

(2) 强化民族自豪感与创造人类命运共同体的责任感。

8.1 建筑的构成要素

建筑是建筑物和构筑物的总称。凡是供人们在其内进行生产、生活或其他活动的房屋(或场所)都称为建筑物,如住宅、学校、厂房等;只为满足某一特定功能而建造,人们一般不直接在其内进行活动的场所则称为构筑物,如水塔、电视塔、烟囱等。本课程所指的建筑主要是房屋建筑。尽管各类建筑物和构筑物存在许多差别,但其共同点都是为满足人类社会活动的需要,利用物质技术条件,按照科学法则和审美要求建造的相对稳定的人为空间。由此,我们可以看出,无论建筑物还是构筑物,都是由三个基本的要素构成,即建筑功能、物质技术条件和建筑形象。

8.1.1　建筑的构成要素

1. 建筑功能

所谓建筑功能,是指建筑在物质方面和精神方面的具体使用要求,也是人们建造房屋的目的。不同的功能要求产生了不同的建筑类型,例如,工厂为了生产,住宅为了居住、生活和休息,学校为了学习,影剧院为了文化娱乐,商店为了买卖交易等。随着社会的不断发展和人们物质、文化、生活水平的提高,建筑功能将日益复杂化、多样化。

2. 建筑的物质技术条件

建筑的物质技术条件是实现建筑功能的物质基础和技术手段。物质基础包括建筑材料与制品、建筑设备和施工机具等;技术条件包括建筑设计理论、工程计算理论、建筑施工技术和管理理论等。其中建筑材料和结构是构成建筑空间环境的骨架,建筑设备是保证建筑达到某种要求的技术条件,而建筑施工技术则是实现建筑生产的过程和方法。例如,钢材、水泥和钢筋混凝土的出现,解决了现代建筑中大跨度和高层建筑的结构问题。由于现代

中国建筑物质
技术条件的发展

各种新材料、新结构、新设备的不断出现,使多功能大厅,超高层建筑,薄壳、悬索等大空间结构的建筑功能和建筑形象得以实现。

3. 建筑形象

建筑形象是建筑体型、立面式样、建筑色彩、材料质感、细部装饰等的综合反映。好的建筑形象具有一定的感染力,给人以精神上的满足和享受。建筑形象并不仅要美观,还应该反映时代的生产力水平、文化生活水平、社会精神面貌以及民族特点和地方特征等。

上述三个基本构成要素中,建筑功能是主导因素,它对物质技术条件和建筑形象起决定性作用。物质技术条件是实现建筑功能的手段,它对建筑功能起制约或促进发展的作用。建筑形象则是建筑功能、技术和艺术内容的综合表现。在优秀的建筑作品中,这三者是辩证统一的。

8.1.2　建筑构造及其影响因素

建筑物各部位的材料选择、结构形式和构造做法的确定都必须充分考虑各种因素对建筑物的影响,遵循"功能适用、安全耐久、经济合理、技术先进、切实可行、注意美观"的原则,采取相应的构造方案和措施,提高建筑物的使用质量和耐久性。影响建筑构造的因素很多,大致可归纳为以下几方面。

1. 外力作用的影响

作用在建筑物上的外力称为荷载。荷载按时间变异分类,可分为永久荷载(如结构自重、土压力)、活荷载(如人、家具、设备、风、雪、吊车等)和偶然荷载(如撞击、爆炸、地震等)。荷载的大小和作用方式是结构设计的主要依据,也是结构选型的重要基础。它决定着构件的形状、尺度和用料,而构件的选材、尺寸、形状等又是建筑构造设计的重要依据。所以在确定建筑构造方案时,必须考虑外力的影响,采取相应的构造措施以确保建筑的安全和正常使用。

2. 自然环境的影响

建筑物处于自然界中,经受着日晒、雨淋、风吹、冰冻、地下水侵蚀等多种因素的影响,影响程度随地区、构件所处的部位不同而有所差异。在建筑构造设计时,必须根据建筑物所受影响的性质与程度,对相关部位采取相应的措施,如防潮、防水、保温、隔热、防温度变形等。同时在建筑构造设计中,也应充分利用自然环境的有利因素,如利用通风降温、除湿;利用太阳辐射热改善室内热环境等。

3. 人为因素的影响

人们在生产和生活等活动中,也会对建筑物造成不利的影响,如机械振动、化学腐蚀、爆炸、火灾、噪声等。因此,在建筑构造设计时,必须认真分析,从构造上采取防震、防腐、防火、隔声等相应的防范措施。

4. 物质技术条件的影响

建筑材料、结构、设备和施工技术是构成建筑的基本要素,由于建筑物的质量标准和等级的不同,在材料的选择和构造方式上均有所区别。随着建筑业的发展,新材料、新结构、新设备和新的施工方法不断出现,建筑构造的做法也在改变。如承重混凝土空心小砌块墙体的构造与传统的实心黏土砖墙的构造有明显的不同。同样,钢筋混凝土结构体系的建筑构造与砌体结构的建筑构造做法有很大的区别。因此建筑构造做法不能脱离一定的建筑技术条件而存在。另外,建筑工业化的发展也要求构造技术与之相适应。

8.2 建筑物的分类和分级

8.2.1 建筑物的分类

建筑物可按不同的方式进行分类。

1. 按建筑物的使用性质分

1)民用建筑

民用建筑是指供人们居住、生活、工作和学习的房屋和场所,一般分为两种:居住建筑和公共建筑。

(1)居住建筑:供人们生活起居的建筑物,如住宅、公寓、宿舍等,如图 8.1 所示的住宅建筑。

(2)公共建筑:供人们进行各项社会活动的建筑物,如办公、科教、文体、商业、医疗、邮电、广播、交通等建筑,如图 8.2 所示的"鸟巢"体育馆。

2)工业建筑

工业建筑是指供人们从事各类生产活动的用房,一般称为厂房,如图 8.3 所示的工业厂房。

3)农业建筑

农业建筑是指供农业、牧业生产和加工用的建筑,如温室、畜禽饲养场、种子库等,如图 8.4 所示的养鸡场。

图 8.1　住宅建筑

图 8.2　"鸟巢"体育馆

图 8.3　工业厂房

图 8.4　养鸡场

2. 按主要承重结构的材料和结构形式分

建筑的承重结构是建筑的主要受力、传力体系,是支撑建筑、维护建筑安全及建筑抗风、抗震的骨架。建筑承重结构所使用的材料有木材、砖石、钢筋混凝土、钢材等。

1) 木结构建筑

用木材作为主要承重构件的建筑是我国古建筑中广泛采用的结构形式。但由于木材易腐、易燃、强度低以及我国森林资源有限等问题,一般仅用于低层、规模较小的建筑物,如别墅、旅游性建筑。如图 8.5 所示的应县木塔。

2) 砖混结构建筑

用砖墙、钢筋混凝土楼板和屋顶承重构件作为主要承重结构的建筑。这种结构整体性、耐久性、耐火性均较好,且取材方便,但自重较大,广泛用于六层及六层以下的民用建筑和小型工业厂房,如图 8.6 所示。

3) 钢筋混凝土结构建筑

主要承重构件全部采用钢筋混凝土的建筑。这类结构广泛用于大型公共建筑、高层建筑和工业建筑。具体可分为以下几种。

(1) 框架结构。由钢筋混凝土柱、梁和板形成承重的骨架,墙体只起围护和分隔作用的建筑。这种结构形式整体性好,承载能力强,空间布置灵活,抗震好,可用于多层和高层较大空间和多功能建筑等,如图 8.7 所示。

(2) 剪力墙结构。在高层和超高层建筑中,框架结构往往抵御不了大的风荷载和地震作用。为此,将建筑的全部墙体用钢筋混凝土制成无孔洞或少孔洞的实墙,以承受建筑的全部荷载(竖向荷载、水平荷载),这种结构形式称为剪力墙结构。剪力墙的厚度一般不小于

200mm,混凝土的强度等级不低于C30,内配双排密集的钢筋网,整体浇筑。这种结构多用于高层住宅、旅馆等,如图8.8所示。

图8.5 木结构建筑——应县木塔

图8.6 砖混结构住宅

图8.7 框架结构

图8.8 剪力墙结构

(3)框架—剪力墙结构。建筑以框架结构为主,只是在适当的位置设置必要长度的剪力墙,以增加建筑的抗侧移刚度,这种结构形式称为框架—剪力墙结构,简称"框剪",多用于柱距较大和层高较高的高层公共建筑,也是高层住宅最为广泛的结构形式。

(4)筒体结构。筒体结构是由框架—剪力墙结构与全剪力墙结构综合演变和发展而来,是将剪力墙或密柱框架集中在房屋的内部和外围而形成的空间封闭式的筒体。其特点是剪力墙集中而获得较大的自由分割空间,抗侧力强度高,适用于层数较多的高层、超高层建筑。筒体结构又分为核心筒体系、框筒体系、筒中筒体系和束筒体系。

核心筒体系是由核芯筒与外围的稀柱框架组成的高层建筑结构。

框筒体系是指外围为密柱框筒,内部为普通框架柱组成的结构。

筒中筒体系建筑的核心部位和周边均设置筒形剪力墙,内外筒之间用连系梁连接,形成一种刚度极好的结构体系。内筒为电梯井或设备竖井,外筒多为框筒。连系梁支承在内外筒壁上,内外筒壁之间的距离一般为10~16m。这种结构体系的刚度很大,室内无柱子,建筑布置灵活,经济效果好,适用于超高层且体量较大的建筑。如图8.9所示的中国深圳国际贸易中心大厦。

束筒体系建筑是由几个互相连在一起的筒体组成,因而具有非常大的侧向刚度,用于高度很大的超高层建筑。每个筒内不再设内柱,空间很大,建筑布置非常灵活。如图8.10所示,美国芝加哥西尔斯大厦是典型的束筒体系建筑。

图 8.9　深圳国际贸易中心大厦　　图 8.10　西尔斯大厦

4）全钢结构建筑

主要承重构件全部用钢材制作,外围护墙和分隔内墙用轻质块材、板材的建筑。这类结构整体性、刚度和柔性均好,自重较轻,工业化施工程度高,施工受季节影响小,但耗钢量大,耐火性差,施工难度大,主要用于超高层建筑、特大跨度公共建筑和工业建筑。全钢结构又有框架结构、框架—支撑结构、错列桁架结构、半筒体结构、筒体结构等几种。如图 8.11 所示的厂房为全钢结构建筑。

图 8.11　全钢结构建筑

5）钢—钢筋混凝土混合结构建筑

钢—钢筋混凝土混合结构是指在同一结构物中,既有钢构件,又有钢筋混凝土构件。它们在结构物中分别承受水平荷载和重力荷载,最大限度地发挥不同结构材料的效能。在这类结构中,水平承重体系可采用桁架、悬索、网架、拱、薄壳等结构形式,多用于体育馆、大型火车站、航空港和高层公共建筑。

中国建筑形式的发展过程及特点

3. 按建筑的层数或总高度分

建筑层数是房屋建筑的一项非常重要的控制指标,根据《民用建筑设计统一标准》(GB 50352—2019)规定,民用建筑按地上建筑高度或层数进行分类应符合下列规定。

（1）建筑高度不大于 27.0m 的住宅建筑、建筑高度不大于 24.0m 的公共建筑及建筑高度大于 24.0m 的单层公共建筑，为低层或多层民用建筑。

（2）建筑高度大于 27.0m 的住宅建筑和建筑高度大于 24.0m 的非单层公共建筑，且高度不大于 100.0m 的，为高层民用建筑。

（3）建筑高度大于 100.0m 的，为超高层建筑。

《建筑设计防火规范》（GB 50016—2014）（2018 年版）中又规定民用建筑根据其建筑高度和层数可分为单、多层民用建筑和高层民用建筑，高层民用建筑根据其建筑高度、使用功能和楼层的建筑面积可分为一类和二类。分类应符合表 8.1 的规定。

表 8.1　民用建筑的分类

名称	高层民用建筑		单、多层民用建筑
	一　类	二　类	
住宅建筑	建筑高度大于 54m 的住宅建筑（包括设置商业服务网点的住宅建筑）	建筑高度大于 27m，但不大于 54m 的住宅建筑（包括设置商业服务网点的住宅建筑）	建筑高度不大于 27m 的住宅建筑（包括设置商业服务网点的住宅建筑）
公共建筑	建筑高度大于 50m 的公共建筑；建筑高度 24m 以上部分任一楼层建筑面积大于 $1000m^2$ 的商店、展览、电信、邮政、财贸金融建筑和其他多种功能组合的建筑；医疗建筑、重要公共建筑、省级以上的广播电视和防灾指挥调度建筑、网局级和省级电力调度建筑；藏书超过 100 万册的图书馆、书库	除一类高层公共建筑外的其他高层公共建筑	建筑高度大于 24m 的单层公共建筑；建筑高度不大于 24m 的其他公共建筑

4. 按建筑的规模和数量分

1）大量性建筑

大量性建筑主要是指建筑规模不大，但建造数量多，与人们生活密切相关的建筑，如住宅、中小学教学楼、医院等。

2）大型性建筑

大型性建筑主要是指建造于大中城市的体量大而数量少的公共建筑，如大型体育馆、火车站等。

8.2.2　民用建筑的分级

建筑的等级包括耐久等级和耐火等级两个方面。

1. 耐久等级

建筑物耐久等级的指标是建筑主体结构的使用年限。建筑结构设计时，应规定建筑结构的设计使用年限。使用年限的长短主要根据建筑物的重要性和质量标准确定。它是建筑投资、建筑设计和结构构件选材的重要依据。《民用建筑设计统一标准》（GB 50352—2019）

对建筑结构的设计使用年限作了规定,如表 8.2 所示。

表 8.2　设计使用年限

类别	设计使用年限/年	示　例
1	5	临时性建筑
2	25	易于替换结构构件的建筑
3	50	普通建筑和构筑物
4	100	纪念性建筑和特别重要的建筑

2. 耐火等级

建筑物的耐火等级是衡量建筑物耐火程度的标准,是根据组成建筑物构件的耐火极限和燃烧性能确定的。

耐火极限:在标准耐火试验条件下,建筑构件、配件或结构从受到火的作用时起,至失去承载能力、完整性或隔热性时止所用时间,用小时表示。

燃烧性能:组成建筑物的主要构件在明火或高温作用下,燃烧与否,以及燃烧的难易程度。表 8.3 为燃烧性能等级的分级标准。

防火设计
相关概念

表 8.3　燃烧性能等级

燃烧性能等级	名　称
A	不燃材料(制品)
B_1	难燃材料(制品)
B_2	可燃材料(制品)
B_3	易燃材料(制品)

非燃烧体是指用非燃烧材料做成的建筑构件,如砖、石、混凝土、金属材料等。

难燃烧体是指用难燃烧材料做成的建筑构件,或用燃烧材料制作,而用非燃烧材料做保护层的建筑构件,如沥青混凝土、石膏板、水泥刨花板、抹灰木板条等。

燃烧体是指用容易燃烧的材料做成的建筑构件,如木材、纸板、纤维板、胶合板等。

我国现行《建筑设计防火规范》(GB 50016—2014)(2018 年版)规定,民用建筑的耐火等级分为一、二、三、四级。除规范特殊规定外,不同耐火等级建筑相应构件的燃烧性能和耐火极限不应低于表 8.4 中的相关规定。

表 8.4　不同耐火等级建筑相应构件的燃烧性能和耐火极限　　　　单位:h

构件名称		耐　火　等　级			
		一级	二级	三级	四级
墙	防火墙	不燃性 3.00	不燃性 3.00	不燃性 3.00	不燃性 3.00
	承重墙	不燃性 3.00	不燃性 2.50	不燃性 2.00	难燃性 0.50

续表

构件名称		耐火等级			
		一级	二级	三级	四级
墙	非承重外墙	不燃性 1.00	不燃性 1.00	不燃性 0.50	可燃性
	楼梯间和前室的墙 电梯井的墙 住宅建筑单元之间 的墙和分户墙	不燃性 2.00	不燃性 2.00	不燃性 1.50	难燃性 0.50
	疏散走道两侧的墙	不燃性 1.00	不燃性 1.00	不燃性 0.50	难燃性 0.25
	房间隔墙	不燃性 0.75	不燃性 0.50	难燃性 0.50	难燃性 0.25
柱		不燃性 3.00	不燃性 2.50	不燃性 2.00	难燃性 0.50
梁		不燃性 2.00	不燃性 1.50	不燃性 1.00	难燃性 0.50
楼板		不燃性 1.50	不燃性 1.00	不燃性 0.50	可燃性
屋顶承重构件		不燃性 1.50	不燃性 1.00	可燃性 0.50	可燃性
疏散楼梯		不燃性 1.50	不燃性 1.00	不燃性 0.50	可燃性
吊顶(包括吊顶格栅)		不燃性 0.25	难燃性 0.25	难燃性 0.15	可燃性

民用建筑的耐火等级应根据其建筑高度、使用功能、重要性和火灾扑救难度等确定,并应符合下列规定:

(1)地下室或半地下建筑(室)和一类高层建筑的耐火等级不应低于一级;

(2)单、多层重要公共建筑和二类高层建筑的耐火等级不应低于二级。

3. 建筑抗震设防分类

建筑的重要性也就是建筑抗震设防分类,建筑抗震设防分类是根据建筑遭遇地震破坏后,可能造成人员伤亡、直接和间接经济损失、社会影响的程度及其在抗震救灾中的作用等因素,对各类建筑所作的设防类别划分。《建筑工程抗震设防分类标准》(GB 50223—2019)中,对建筑设防类别的划分如表8.5所示。

按技术标准设计的所有房屋,均应达到"多遇地震不坏,设防烈度地震可修,罕遇地震不倒"的设防目标。

表8.5　建筑抗震设防分类

类别	名称	定义	设防标准	建筑举例
1	甲类建筑（特殊设防类）	指使用上有特殊设施，涉及国家公共安全的重大建筑工程和地震时可能发生严重次生灾害等特别重大灾害后果，需要进行特殊设防的建筑	应按高于本地区抗震设防烈度1度的要求加强其抗震措施；但抗震设防烈度为9度时应按比9度更高的要求采取抗震措施；同时，应按批准的地震安全性评价的结果且高于本地区抗震设防烈度的要求确定其地震作用	承担特别重要医疗任务的医疗用房；国家和区域的电力调度中心；国家级、省级的电视调频广播发射塔建筑；国家级卫星地球站上行站等
2	乙类建筑（重点设防类）	指地震时使用功能不能中断或须尽快恢复的生命线相关建筑，以及地震时可能导致大量人员伤亡等重大灾害后果，需要提高设防标准的建筑	应按高于本地区抗震设防烈度1度的要求加强其抗震措施；但抗震设防烈度为9度时应按比9度更高的要求采取抗震措施；地基基础的抗震措施应符合有关规定。同时，应按本地区抗震设防烈度确定其地震作用	县级及以上的急救中心及医疗用房；消防车库及其值班用房；应急避难场所的建筑；省、自治区、直辖市的电力调度中心；特大型体育场；大型文化娱乐剧场、博物馆、展览馆、档案馆、教育建筑等
3	丙类建筑（标准设防类）	指大量的除1、2、4款以外按标准要求进行设防的建筑	应按本地区抗震设防烈度确定其抗震措施和地震作用。在遭遇高于当地抗震设防烈度的预估罕遇地震影响时，达到不致倒塌或发生危及生命安全的严重破坏的抗震设防目标	一般的居住建筑；机械船舶工业的生产用房；电子、纺织、医药、轻工等工业的其他生产用房等
4	丁类建筑（适度设防类）	指使用上人员稀少且震损不致产生次生灾害，允许在一定条件下适度降低要求的建筑	允许比本地区抗震设防烈度的要求适当降低其抗震措施，但抗震设防烈度为6度时不应降低。一般情况下，仍应按本地区抗震设防烈度确定其地震作用	储存物品的价值低、人员活动少、无次生灾害的单层仓库等

8.3　建筑标准化和模数协调

为推进房屋建筑工业化，实现建筑的设计、制造和施工安装等活动的互相协调，实现建筑或部件的尺寸和安装位置的模数协调，在建筑业中必须共同遵守《建筑模数协调标准》（GB/T 50002—2013）的有关规定。

8.3.1　建筑模数

建筑模数是建筑设计中选定的标准尺寸单位,是作为建筑尺度协调中的增值单位。

1. 基本模数

基本模数是建筑模数协调中的基本尺度单位,用符号 M 表示,1M＝100mm。整个建筑物和建筑物的一部分以及建筑部件的模数化尺寸应是基本模数的倍数。

2. 导出模数

导出模数分为扩大模数和分模数。

扩大模数为基本模数的整数倍数,基数应为 2M(200mm)、3M(300mm)、6M(600mm)、9M(900mm)、12M(1200mm)等。

分模数为基本模数的分数值,一般为整数分数,基数应为 M/10(10mm)、M/5(20mm) 和 M/2(50mm)。

3. 模数数列

以基本模数、扩大模数、分模数为基础,扩展成的一系列尺寸。

在考虑功能性和经济性的前提下,应该尽量应用模数实现建筑尺寸及安装位置的协调,建筑平面的柱网、开间、进深、层高、门窗洞口等主要定位线尺寸,应为基本模数的倍数,并应符合下列规定。

(1) 平面的开间或柱网,进深或跨度,梁、板、隔墙和门窗洞口宽度等分部件的截面尺寸,宜采用水平基本模数和水平扩大模数数列,且水平扩大模数数列宜采用 $2n$M、$3n$M(n 为自然数)。

(2) 建筑物的高度、层高和门窗洞口高度等宜采用竖向基本模数和竖向扩大模数数列,且竖向扩大模数数列宜采用 nM(n 为自然数)。

(3) 构造节点和分部件的接口尺寸等宜采用分模数数列,且分模数数列宜采用 M/10、M/5 和 M/2。

8.3.2　几种尺寸及其相互关系

为保证建筑部件设计、加工和安装过程中有关尺寸间的统一与协调,必须明确标志尺寸、制作尺寸、实际尺寸的定义及其相互关系。如图 8.12 所示,标志尺寸是指用以标注建筑物定位线或基准面之间的垂直距离以及建筑部件、建筑分部件、有关设备安装基准面之间的尺寸。标志尺寸必须符合模数数列的规定。制作尺寸是指制作部件或分部件所依据的设计尺寸。实际尺寸是指部件、分部件等生产制作后实际测得的尺寸。

《建筑模数协调标准》(GB/T 50002—2013)规定了部件在设计、加工和安装过程中选用的尺寸。从模数数列中事先排选出模数尺寸或扩大模数尺寸作为优先尺寸,并且

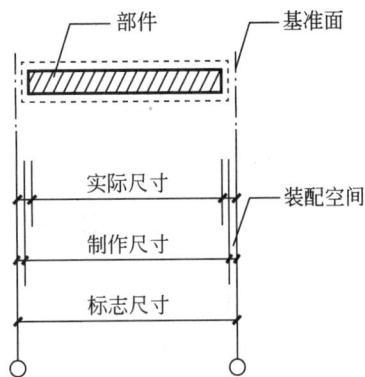

图 8.12　三种尺寸之间的关系

在应用时应符合下列规定。

(1) 部件的标志尺寸应根据部件安装的互换性确定,并应采用优先尺寸系列。

(2) 部件的制作尺寸应由标志尺寸和安装公差决定。

(3) 部件的实际尺寸与制作尺寸之间应满足制作公差的要求。

在实际的建筑制品生产过程中,部件优先尺寸的确定应符合下列规定。

(1) 部件的优先尺寸应由部件中通用性强的尺寸系列确定,并应指定其中若干尺寸作为优先尺寸系列。

(2) 部件基准面之间的尺寸应选用优先尺寸。

(3) 优先尺寸可分解和组合,分解或组合后的尺寸可作为优先尺寸。

(4) 承重墙和外围护墙厚度的优先尺寸系列宜根据 1M 的倍数及其与 M/2 的组合确定,宜为 150mm、200mm、250mm、300mm。

(5) 内隔墙和管道井墙厚度优先尺寸系列宜根据分模数或 1M 与分模数的组合确定,宜为 50mm、100mm、150mm。

(6) 层高和室内净高的优先尺寸系列宜为 nM。

(7) 柱、梁截面的优先尺寸系列宜根据 1M 的倍数与 M/2 的组合确定。

(8) 门窗洞口水平、垂直方向定位的优先尺寸系列宜为 nM。

8.4 绿 色 建 筑

建筑活动是人类对自然环境影响最大的活动之一。为了贯彻执行节约资源和保护环境的国家技术经济政策,推进建筑行业的可持续发展,大力发展低碳经济,在建筑活动中提出了绿色建筑的概念,并积极推进绿色建筑的发展。

根据《绿色建筑评价标准》(GB/T 50378—2019)中的描述,绿色建筑在其全寿命周期内,最大限度地节约资源、保护环境、减少污染,为人们提供健康、适用、高效的使用空间,最大限度地实现人与自然和谐共生。

建筑全寿命周期是指建筑从建造、使用到拆除的全过程。包括原材料的获取、建筑材料与构配件的加工制造、现场施工与安装、建筑的运行和维护,以及最终的拆除与处置。

中国绿色建筑的发展历程

绿色建筑评价应以单栋建筑或建筑群为评价对象,应在建筑工程竣工后进行,但是可在施工图设计完成后进行预评价。绿色建筑的评价指标体系应由安全耐久、健康舒适、生活便利、资源节约、环境宜居 5 类指标组成。

绿色建筑评价的分值设定应符合表 8.6 的规定。

表 8.6 绿色建筑评价分值

项 目	控制项基础分值	评价指标评分项满分值					提高与创新加分项满分值
		安全耐久	健康舒适	生活便利	资源节约	环境宜居	
预评价分值	400	100	100	70	200	100	100
评价分值	400	100	100	100	200	100	100

绿色建筑可划分为基本级、一星级、二星级和三星级 4 个等级。绿色建筑的星级等级应按下列规定确定。

（1）当满足《绿色建筑评价标准》中列出的全部控制项要求时，绿色建筑等级应为基本级。

（2）一星级、二星级、三星级 3 个等级的绿色建筑均应满足《绿色建筑评价标准》全部控制项的要求，且每类指标评分项的得分不应小于其评分项满分值的 30%。

（3）一星级、二星级、三星级 3 个等级的绿色建筑均应进行全装修，全装修工程质量、选用材料及产品质量应符合国家现行有关标准的规定。

（4）当总得分分别达到 60 分、70 分、85 分且应满足表 8.7 的要求时，绿色建筑等级分别为一星级、二星级、三星级。

表 8.7 列出了一星级至三星级绿色建筑的技术要求。

表 8.7　一星级至三星级绿色建筑的技术要求

项　　目	一星级	二星级	三星级
围护结构热工性能的提高比例，或建筑供暖空调负荷降低比例	围护结构提高 5%，或负荷降低 5%	围护结构提高 10%，或负荷降低 10%	围护结构提高 20%，或负荷降低 15%
严寒和寒冷地区住宅建筑外窗热传系数降低比例	5%	10%	20%
节水器具用水效率等级	3 级	2 级	
住宅建筑隔声性能	—	室外与卧室之间、分户墙（楼板）两侧卧室之间的空气声隔声性能以及卧室楼板的撞击声隔声性能达到低限标准限值和高要求标准限值的平均值	室外与卧室之间、分户墙（楼板）两侧卧室之间的空气声隔声性能以及卧室楼板的撞击声隔声性能达到高要求标准限值
室内主要空气污染物浓度降低比例	10%	20%	
外窗气密性能	符合国家现行相关节能设计标准的规定，且外窗洞口与外窗本体的结合部位应严密		

绿色建筑要求在建筑全寿命周期内，在满足建筑功能的同时，最大限度地节能、节地、节水、节材与保护环境，二者之间的矛盾必须放在建筑全寿命周期内统筹考虑与正确处理，同时还应重视信息技术、智能技术和绿色建筑的新技术、新产品、新材料与新工艺的应用。绿色建筑最终的目的是要实现与自然和谐共生，建筑行为应尊重和顺应自然，最大限度地减少对自然环境的扰动和对资源的耗费，遵循健康、简约、高效的设计理念，最终应能体现出经济效益、社会效益和环境效益的统一。

小　结

　　建筑的构成要素有：建筑功能、建筑的物质技术条件和建筑形象。其中建筑功能是主导因素，它对物质技术和建筑形象起决定作用。

　　建筑的分类依据包括按照使用性质分类、按照主要承重结构的材料和结构形式分类、按照建筑高度和层数分类、按照规模和数量分类。

　　建筑等级的划分依据包括按照使用年限划分、按照耐火程度划分和按照抗震设防划分三种。

　　在建筑全寿命周期内，绿色建筑最大限度地节约资源、保护环境、减少污染，为人们提供健康、适用、高效的使用空间，是最大限度实现人与自然和谐共生的高质量建筑。

学习单元8习题

学习单元 9 基础与地下室

学习导引

地基与基础是一回事吗?它们在建筑中分别起什么作用?

知识目标

掌握基础的类型与地下室的防潮、防水构造。

技能目标

能识读地基基础设计等级,基础类型、基础构件截面尺寸、标高("1+X"建筑工程识图职业技能等级要求(中级——土建施工(结构)类专业)1.2.1)。

思政要求

引导学生深刻理解并自觉践行本行业的职业精神和职业规范。

基础引发事故
案例

9.1 地基与基础

9.1.1 地基与基础的关系

基础是建筑最下部的构造组成部分,是建筑物上部承重结构向下的延伸和扩大,它承受建筑物的全部荷载,并把这些荷载连同本身的重量一起传到地基上。而地基不是建筑物的组成部分,它只是承受由基础传来荷载的土层。其中,具有一定的地耐力,直接承受建筑荷载,并需进行力学计算的土层称为持力层,持力层以下的土层为称为下卧层,如图9.1所示。尽管地基不属于房屋的构造组成,但它与基础共同保证房屋的坚固、耐久和安全。因此,在工程设计和施工中,基础应满足强度、刚度、耐久性方面的要求;地基应满足强度、变形及稳定性方面的要求。

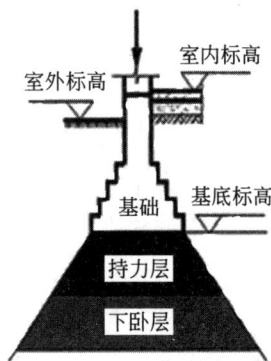

图 9.1 基础与地基

9.1.2 地基的分类

地基按土层性质不同,分为天然地基和人工地基两大类。凡天然土层具有足够的承载力,不须经人工加固或改良便可作为建筑物地基的称为天然地基;当建筑物上部的荷载较大

或地基的承载力较弱时,须预先对土壤进行人工加固或改良后才能作为建筑物地基的称为
人工地基。人工加固地基通常采用压实法、换土法、打桩法和化学加固法等,图 9.2 和
图 9.3 分别介绍了压实法和换土法。

夯实法　　　　　　　　重锤夯实法　　　　　　　机械碾压法

图 9.2　压实法加固地基

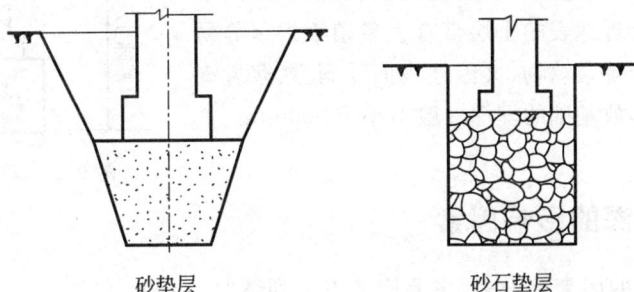

砂垫层　　　　　　　　　　　　砂石垫层

图 9.3　换土法加固地基

9.1.3　地基和基础的设计要求

1. 基础应具有足够的强度和耐久性

基础处于建筑物的底部,是建筑物的重要组成部分,对建筑物的安全起
根本性作用,因此基础本身应具有足够的强度和刚度来支撑和传递整个建
筑物的荷载。

基础是埋在地下的隐蔽工程,建成后检查和维修困难,所以在选择基础
材料和构造形式时,应确保其具有足够的耐久性。

地基处理方法

2. 地基应具有足够的强度和均匀程度

地基直接支撑整个建筑,对建筑物的安全使用起保证作用,因此地基应具有足够的强度
和均匀程度。建筑物应尽量选择地基承载力较高且均匀的地段,如岩石、碎石等。地基土质
应均匀,否则基础处理不当,会使建筑物发生不均匀沉降,引起墙体开裂,甚至影响建筑物的
正常使用。

3. 造价经济

基础工程占建筑总造价的 10%～40%,因此选择土质好的地段,降低地基处理的费用,
可以显著减少建筑的总投资。需要特殊处理的地基,也要尽量选用地方材料及合理的构造
形式。

9.2　基础的埋深

9.2.1　基础的埋置深度

由室外设计地面到基础底面的距离称为基础的埋置深度,简称基础的埋深,如图 9.4 所示。一般情况下埋深不小于 5m,且采用了特殊结构形式和施工方法的为深基础;埋深小于 5m 的为浅基础。从经济角度考虑,基础的埋置深度越小,工程造价越低。但基础埋深过小时,基础底面的土层受到压力后会把基础四周的土挤出,使基础产生滑移而失稳;同时接近地表的土层带有大量植物根茎等易腐物质及灰渣、垃圾等杂填物,又因地表面受雨雪、寒暑等外界因素影响较大,故基础的埋深一般不小于 500mm。

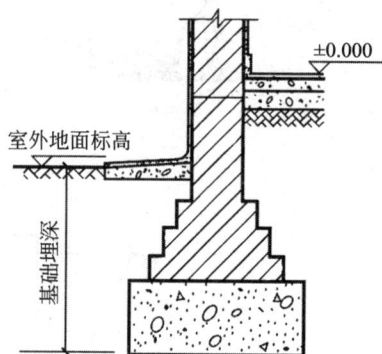

图 9.4　基础的埋置深度

9.2.2　基础埋深的影响因素

影响基础埋深的因素有很多,主要应考虑下列情况。

1. 土层构造情况

地下土一般是分层的,各层的承载能力不同。基础应埋在坚实的土层上,而不应设置在耕植土、淤泥土、杂填土等弱土层上,在满足强度和变形要求的前提下,也应尽量埋得浅一些。

2. 地下水位的影响

地下水对某些土层的承载力有很大影响。如黏性土含水量增加,则强度降低;当地下水位下降时,土的含水量减少,则基础将下沉。为了避免地下水位变化对地基承载力的影响,同时防止地下水对基础施工造成困难,基础应尽量埋置在地下水位以上。当地下水位较高,基础不能埋置在地下水位以上时,宜将基础埋置在全年最低地下水位以下,且不少于 200mm,如图 9.5 所示。

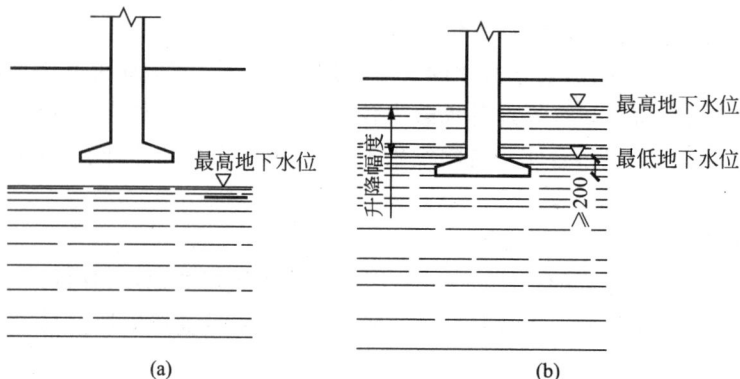

图 9.5　基础埋深和地下水位的关系

3. 冰冻深度的影响

冻结土与非冻结土的分界线称为冰冻线,冰冻线的深度为冻结深度。各地气候不同,低温持续时间不同,冰冻深度也不相同。例如,北京地区为0.8~1.0m,哈尔滨是2m;有的地区不冻结,如武汉地区;有的则冻结深度很小,如上海、南京一带仅是0.12~0.2m。

地基土冻结后,对建筑物会产生不良影响,冻胀力将基础向上拱起,解冻后,基础又下沉,天长日久,会使建筑物产生变形甚至破坏。因此,一般要求基础埋置在冰冻线以下200mm,如图9.6所示。

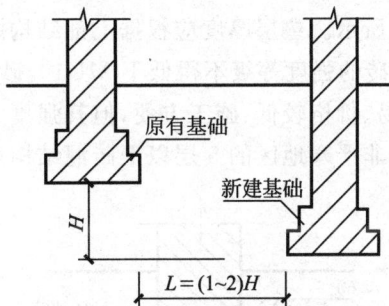

4. 相邻建筑物基础的影响

同时新建建筑物的相邻基础宜埋置在同一深度上,并设置沉降缝。当新建建筑物与原有建筑物相邻时,新建建筑物的基础埋深不宜深于相邻的原有建筑物的基础;若要深于原有基础,如图9.7所示,两基础之间应保持一定的水平净距,其数值应根据原有建筑物荷载大小、基础形式和土质情况确定。当不能满足上述要求时,应采取临时加固支撑、打板桩、地下连续墙或加固原有建筑物地基等措施,以保证原有建筑的安全和正常使用。

图9.6　基础埋深和冰冻线的关系　　　　图9.7　相邻建筑物基础的影响

5. 其他因素的影响

基础的埋置深度除须考虑土层构造、地下水位、冰冻深度、相邻建筑物基础的影响外,还要考虑拟建建筑是否有地下室、设备基础等因素的影响。

9.3　基础的分类与构造

9.3.1　按基础的材料及受力特点分类

1. 刚性基础

用刚性材料制作的基础称为刚性基础。刚性材料一般是指抗压强度较高,而抗拉、抗剪强度较低的材料,常用的刚性材料有砖、石、混凝土等。为保证基础不因材料受拉和受剪而破坏,须限制基础的挑出宽度和基础高度之比,即宽高比,并用此宽高比形成的夹角表示,这一夹角称为刚性角,用α表示,如图9.8所示。刚性基础放大角不应超过刚性角。例如,砖、石基础的刚性角应控制在(1:1.25)~(1:1.50)以内,混凝土基础刚性角应控制在1:1以内。

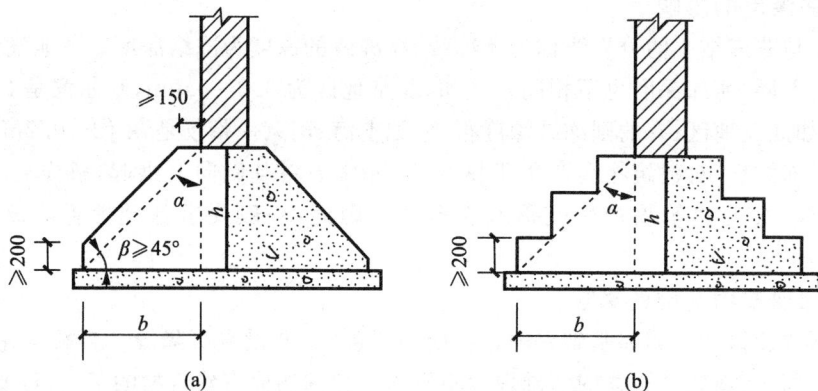

图 9.8　刚性角示意图

1）砖基础

砖基础一般由垫层、大放脚和基础墙三部分组成。大放脚的做法有间隔式和等高式两种,如图 9.9 所示。垫层厚度应根据上部结构的荷载和地基承载力的大小等确定,一般不小于 100mm。砖的强度等级不得低于 MU10,砂浆应为强度等级不低于 M5 的水泥砂浆。砖基础取材容易、价格较低、施工方便,但其强度、耐久性、抗冻性均较差,多用于地基条件好、地下水位低、非严寒地区的 5 层以下砖混结构房屋。

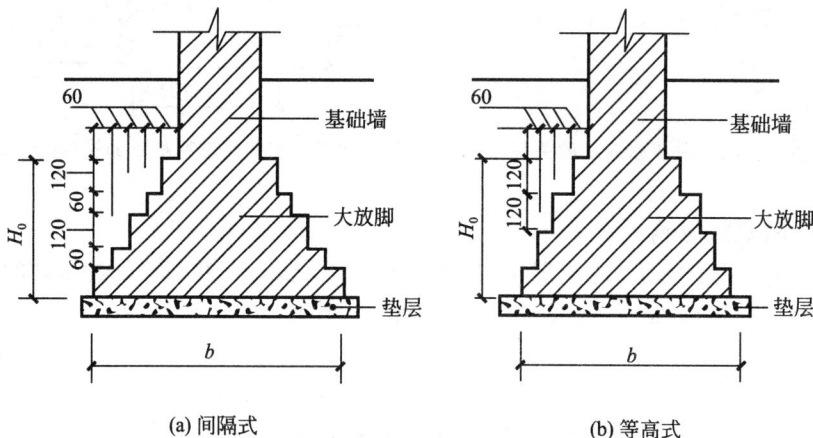

图 9.9　砖基础

2）毛石基础

毛石基础是用毛石和水泥砂浆砌筑而成,其剖面形状多为阶梯形。为保证砌筑质量并便于施工,基础顶面要比基础墙宽出 100mm 以上,基础墙的宽度和每个台阶的高度不宜小于 400mm,每个台阶伸出的宽度不宜大于 200mm,如图 9.10 所示。由于石材抗压强度高,抗冻、防水、防腐性好,且方便就地取材,但毛石基础整体性差,因此毛石基础宜用于地下水位较高、冻结深度较大的低层和多层民用建筑,不宜用于有震动的房屋。

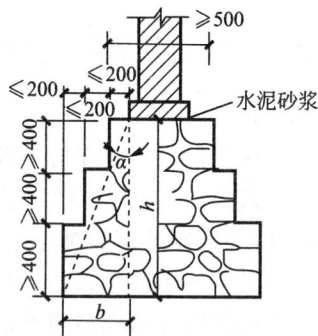

图 9.10　毛石基础

3）混凝土基础

混凝土基础是用不低于 C15 的混凝土浇捣而成，其剖面形式和尺寸除满足刚性角（45°）外，不受材料规格限制，其基本形式有阶梯形和锥形，如图 9.11 所示。为节省水泥，可在混凝土中加入适量粒径不超过 300mm，且不大于每个台阶宽度或高度的 1/3 的毛石，构成毛石混凝土基础。毛石的掺量一般为总体积的 20%～30%，且应均匀分布，如图 9.12 所示。

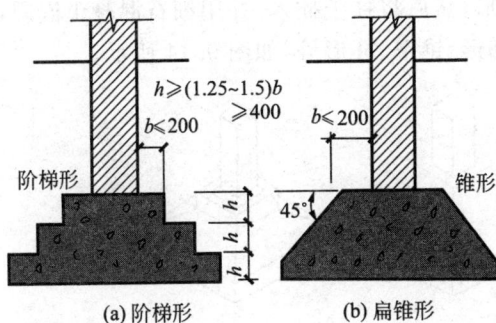

图 9.11 混凝土基础

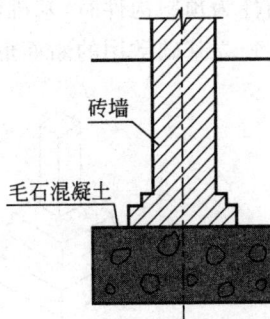

图 9.12 毛石混凝土基础

混凝土基础具有坚固、耐久、耐水、刚性角大等特点，多用于地下水位较高或有冰冻作用的建筑。

为了设计和施工方便，将刚性角换算成宽高比，各种材料基础宽高比的容许值可查阅《建筑地基基础设计规范》（GB 50007—2011）。

2. 柔性基础

用钢筋混凝土建造的基础，不仅能承受压应力，还能承受较大的拉应力，基础宽度的加大不受刚性角的限制，称为柔性基础，如图 9.13 所示。在同样条件下，采用钢筋混凝土基础比素混凝土基础节省大量的混凝土材料和减少土方量工程。

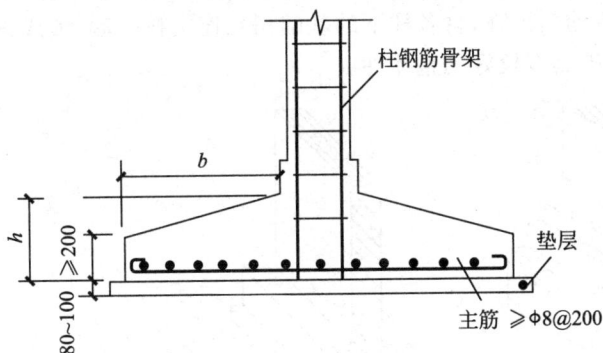

图 9.13 钢筋混凝土基础

钢筋混凝土基础中的混凝土的强度等级不宜低于 C20。受力钢筋应通过计算确定，但钢筋直径不宜小于 10mm，间距不宜大于 200mm，条形基础的受力筋仅在平行于槽宽方向放置。受力筋的保护层厚度，有垫层时不宜小于 40mm，无垫层时不宜小于 70mm，垫层一般采用 C15 的素混凝土，厚度不小于 70mm。

9.3.2　按基础构造形式分类

1. 独立基础

当建筑物上部结构为框架、排架时,基础常采用独立基础。独立基础是柱下基础的基本形式。当柱为预制构件时,基础浇筑成杯形,然后将柱子插入,并用细石混凝土嵌固,称为杯形基础。独立基础常用的断面形式有阶梯形、锥形、杯形等,如图 9.14 所示。

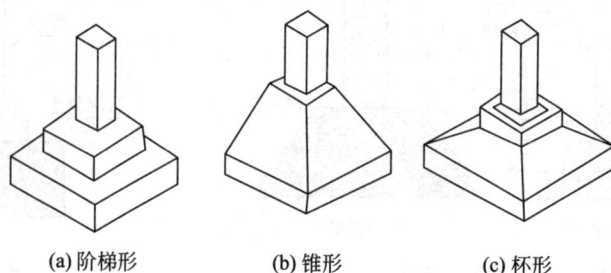

(a)阶梯形　　　　(b) 锥形　　　　(c) 杯形

图 9.14　独立基础

当地基承载力较弱或基础埋深较大时,墙承重的建筑为了节约基础材料,减少土石方工程量,也可以采用墙下独立基础,此时应在基础上设置基础梁以支承墙身。

2. 条形基础

条形基础呈连续的带形,又称为带形基础。条形基础可分为墙下条形基础和柱下条形基础,如图 9.15 和图 9.16 所示。墙下条形基础一般用于建筑物上部为墙体承重的中小型建筑,比如砖混结构。常用砖、石、混凝土、灰土、三合土等材料做成刚性条形基础。当上部是钢筋混凝土墙体,或地基很差、荷载较大时,承重墙下也可用钢筋混凝土条形基础。柱下条形基础主要用于上部建筑为框架结构或部分框架结构,当荷载较大,地基又属于软弱土时,为了防止基础不均匀沉降,将各柱下的基础相互连接在一起,形成钢筋混凝土挑明基础,使整个建筑物的基础具有较好的整体性。

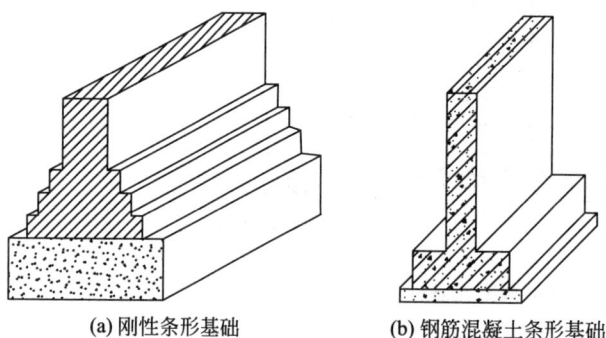

(a)刚性条形基础　　　　(b) 钢筋混凝土条形基础

图 9.15　墙下条形基础

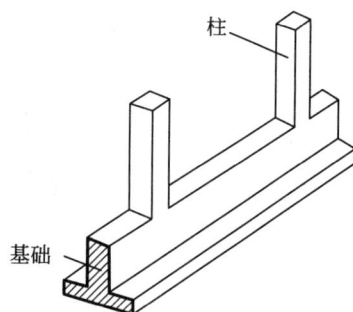

柱

基础

图 9.16　柱下条形基础

3. 整片基础

整片基础包括筏片基础和箱形基础。

1）筏片基础

当建筑物上部荷载较大，或地基土质很差，承载能力小，采用独立基础或井格基础不能满足要求时，可采用筏片基础。筏片基础在构造上像倒置的钢筋混凝土楼盖，分为板式和梁板式两种，如图 9.17 所示。

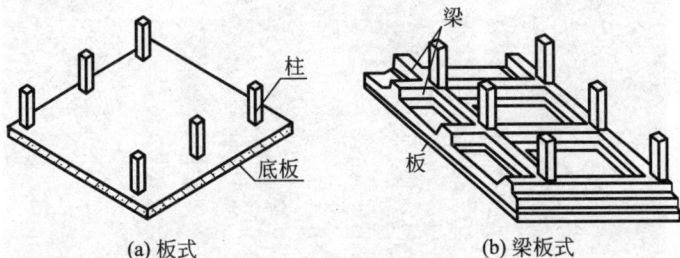

图 9.17　筏片基础

2）箱形基础

箱形基础是一种刚度很大的整体基础，它由钢筋混凝土顶板、底板和纵、横墙组成，如图 9.18 所示。若在纵、横内墙上开门洞，则可做成地下室。箱形基础的整体空间刚度大，能有效地调整基底压力，且埋深大、稳定性和抗震性好，常用作高层或超高层建筑的基础。

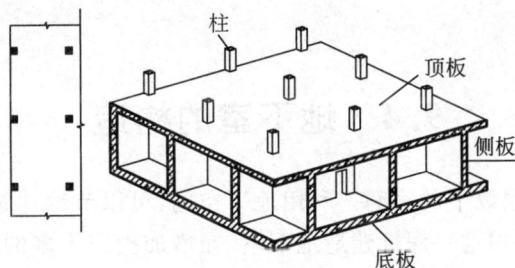

图 9.18　箱形基础

4. 桩基础

当建筑物的荷载较大，而地基的弱土层较厚，地基承载力不能满足要求，采取其他措施又不经济时，可采用桩基础。桩基础由承台和桩柱组成，如图 9.19 所示。承台是在桩顶现浇的钢筋混凝土梁或板，如上部结构是砖墙时为承台梁，上部结构是钢筋混凝土柱时为承台板，承台的厚度一般不小于300mm，由结构计算确定，桩顶嵌入承台不小于50mm。桩柱有木桩、钢桩、钢筋混凝土桩等，我国采用最多的为钢筋混凝土桩。按照桩受力传力的不同可分为端承桩和摩擦桩，如图 9.19 所示。钢筋混凝土桩按施工方法可分为预制桩、灌注桩和爆扩桩。预制桩在预制后用打桩机打入土中，断面一般为$(200\sim350)\text{mm}\times(200\sim350)\text{mm}$，桩长不超过12m。预制桩质量容易保证，不受地基等其他条件的影响，但造价高、用钢量大、有噪声等。灌注桩是直接在地面上钻孔或打孔，然后放入钢筋笼，浇筑混凝土。它具有施工快、造价低等优点，但当地下水位较高时，容易出现颈缩现象。爆扩桩是用机械或人工钻孔后，用炸药爆炸扩大孔底，再用混凝土浇筑而成。爆扩桩的优点是承载能力较强（因为有扩大端）、施工速度快、劳动强度低及投资少等。缺点是爆炸产生的振动对周围房屋有影响，且易出事故，城市内使用受限制。

图 9.19　桩基础

9.4　地下室的构造

　　地下室是建筑物首层以下的房间。利用地下空间,可以节约建筑用地。一些高层建筑的基础埋深很深,可以利用这一深度建造地下室,在增加投资不多的情况下增加使用面积,较为经济。此外,考虑供特殊时期防空需要,应按照防空要求建造地下室。

9.4.1　地下室的分类

1. 按使用功能分

1) 普通地下室

　　普通地下室是建筑空间在地下的延伸,由于地下室环境比地上房间差,通常不用来居住,往往布置一些无长期固定使用对象的公共场所或建筑的辅助房间,如车库、仓库、设备间等。

2) 人民防空地下室

　　人民防空地下室(简称人防地下室)是特殊时期人们隐蔽的场所,在建设的位置、面积和结构构造等方面均要符合防空管理有关规定。应考虑到防空地下室平时也能充分发挥其作用,尽量做到平战结合。

人防地下室知识

2. 按地下室埋入地下深度分

1) 全地下室

　　全地下室是指地下室地面低于室外地坪的高度超过该房间净高的 1/2。

地下室埋深较大,不易采光、通风,一般多用于建筑辅助房间、设备用房等。如图9.20中的二层地下室为全地下室。

2)半地下室

半地下室是指地下室地面低于室外地坪的高度超过该房间净高的1/3,但不超过净高的1/2。半地下室有一部分处于室外地面以上,可进行自然采光和通风,故可用作普通房间,如图9.20中的一层地下室为半地下室。

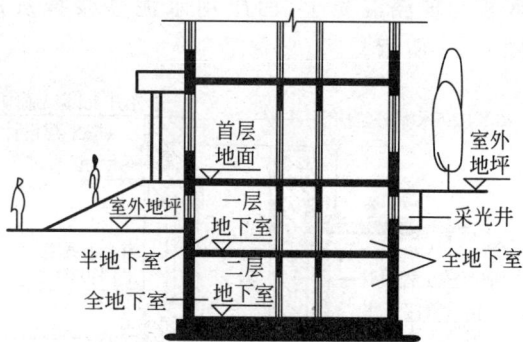

图9.20 地下室的类型

3. 按结构材料分

1)砖墙结构地下室

当建筑的上部结构荷载不大以及地下室水位较低时,可采用砖墙作为地下室的承重外墙和内墙,形成砖墙结构地下室。

2)钢筋混凝土结构地下室

当建筑的上部结构荷载较大或地下室水位较高时,可采用钢筋混凝土墙作为地下室的外墙,形成钢筋混凝土结构地下室。

9.4.2 地下室的组成

地下室一般由墙、底板、顶板、门窗、楼梯和采光井六部分组成,如图9.20所示。

(1)地下室墙。地下室的墙不仅要承受上部的垂直荷载,还承受土、地下水及土壤冻胀时产生的侧压力。所以,采用砖墙时,其厚度一般不小于490mm。当荷载较大或地下水位较高时,最好采用混凝土或钢筋混凝土墙,其厚度应根据计算确定,一般不小于200mm。

(2)地下室底板。当底板处于最高地下水位之上时,可按一般地面工程做法,即垫层上现浇混凝土60～80mm厚,再做面层;当底板低于最高地下水位时,地下室底板不仅承受作用在它上面的垂直荷载,还承受地下水的浮力。所以,应采用具有足够强度、刚度和抗渗能力的钢筋混凝土底板。否则,即使采取外部防潮、防水措施,仍易产生渗漏。

(3)地下室顶板。地下室的顶板常采用现浇或预制的钢筋混凝土板,并应具有足够的强度和刚度。在无采暖的地下室顶板上应设置保温层,以确保首层房间的舒适度。

(4)地下室门窗。地下室的门窗一般与地上部分相同。当地下室窗台低于室外地面时,为达到采光和通风的目的,应设采光井。

(5)地下室楼梯。地下室的楼梯可与地面部分的楼梯结合设置。由于地下室层高较小,故多设单跑楼梯。一个地下室至少应有两部楼梯通向地面。防空地下室也应至少有两个出口通向地面,且其中一个必须是独立的安全出口。独立安全出口距建筑物的距离不得小于地面建筑物高度的一半,安全出口与地下室由能承受一定荷载的通道连接。

(6)地下室的采光井。在城市规划和用地允许的情况下,为了改善地下室的室内环境,可在窗外设置采光井。采光井由侧墙、底板、遮雨设施或铁格栅组成。侧墙为砖墙、底板为现浇混凝土,面层用水泥砂浆抹灰向外找坡,并设置排水管,采光井的构造如图 9.21 所示。

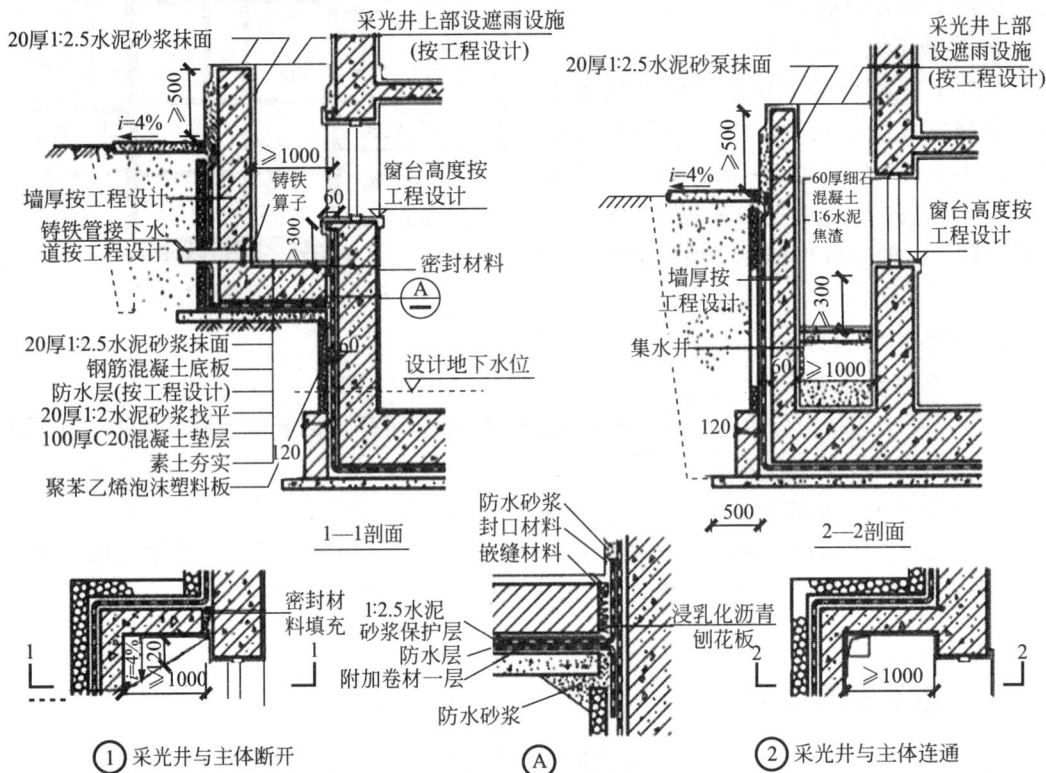

图 9.21 采光井构造

9.4.3 地下室的防潮与防水

1. 地下室防潮

当地下室地坪高于地下水的常年水位和最高水位时,由于地下水不会直接侵入地下室,墙和底板仅受土层中毛细水和地表下渗而形成的无压水影响,因此只需要作防潮处理,如图 9.22 所示。

地下室外墙的防潮做法是:先在外墙表面抹一层 20mm 厚的水泥砂浆找平层,再涂一道冷底子油和两道热沥青;然后在外侧回填低渗透性土壤,如黏土、灰土等,土层宽度为500mm 左右。另外,地下室的所有墙体都应设两道水平防潮层,一道设在地下室地坪附近,另一道设在室外地坪以上 150～200mm 处,以防地潮沿地下墙身或勒脚处侵入室内。

地下室底板的防潮做法是:在灰土或三合土垫层上浇筑 100mm 厚密实的 C10 混凝土,再用 1:3 水泥砂浆找平,然后做防潮层、地面面层。

2. 地下室防水

当最高地下水位高于地下室地坪时,地下室的底板和部分外墙将浸在水中,此时地下室外墙受到地下水的侧压力,地坪受到水的浮力的影响,因此必须对地下室外墙和地坪做防水

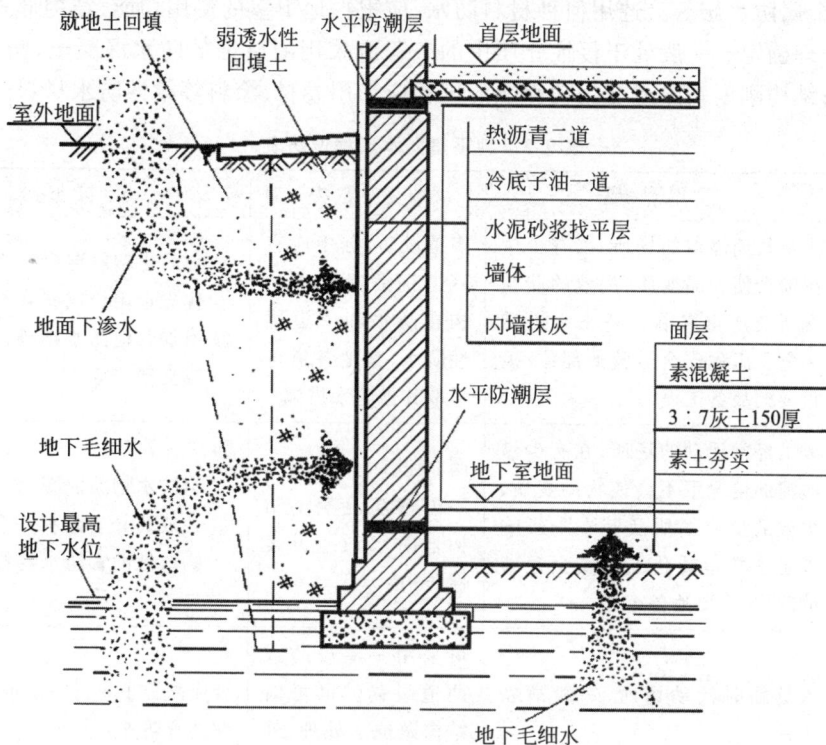

图9.22 地下室防潮构造

处理,并把防水层连贯起来。

1) 防水等级

根据《地下工程防水技术规范》(GB 50108—2008)将地下防水工程分为四个等级,各等级防水标准应符合表9.1规定。

表9.1 地下工程防水标准

防水等级	防 水 标 准
一级	不允许渗水,结构表面无湿渍
二级	不允许渗水,结构表面可有少量湿渍; 工业与民用建筑:总污渍面积不应大于总防水面积(包括顶板、墙面、地面)的1/1000; 任意100m² 防水面积上的湿渍不超过 2 处,单个湿渍的最大面积不大于 0.1m²
三级	有少量漏水点,不得有线流和漏泥砂;任意 100m² 防水面积上的漏水或湿渍点数不超过 7 处,单个漏水点的最大漏水量不大于 2.5L/d,单个湿渍的最大面积不大于 0.3m²
四级	有漏水点,不得有线流和漏泥砂;整个工程平均漏水量不大于 2L/(m²·d),任意 100m² 防水面积上的平均漏水量不大于 4L/(m²·d)

地下工程不同防水等级的使用范围应根据工程的重要性和使用中对防水的要求按表9.2选定。

2) 防水构造

目前我国地下工程防水常用的措施有:卷材防水、混凝土构件自防水、涂料防水、塑料防水板防水、金属防水层等。选用何种材料防水,应根据地下室的使用功能、结构形式、环境条件等因素合理确定。一般处于侵蚀介质中的工程应采用耐腐蚀的防水混凝土、防水砂浆或卷材、涂料;结构刚度较差或受振动影响的工程应采用卷材、涂料等柔性防水材料。

表 9.2　地下室防水工程设防表

防水等级	适 用 范 围	设 防 做 法	选 材 要 求
一级	人员长期停留的场所;因有少量湿渍会使物品变质、失效的储物场所及严重影响设备正常运转和危及工程安全运营的部位;极重要的战备工程	多道设防,其中应有一道钢筋混凝土结构自防水和一道柔性防水,其他各道可采取其他防水措施	① 自防水钢筋混凝土 ② 优先选用合成高分子卷材 ③ 增加其他防水措施,如架空层或夹壁墙等
二级	人员经常活动的场所;在有少量湿渍的情况下不会使物品变质、失效的储物场所及基本不影响设备正常运转和工程安全运营的部位;重要战备工程	两道设防。一般为一道钢筋混凝土结构自防水和一道柔性防水	① 自防水钢筋混凝土 ② 合成高分子卷材一层,或高聚物改性沥青防水卷材
三级	人员临时活动场所;一般战备工程	可采用一道设防或两道设防。也可对结构做抗水处理,外做一道柔性防水层	合成高分子卷材一层或高聚物改性沥青防水卷材
四级	对漏水无严格要求的工程	一道设防,也可做一道外防水层	高聚物改性沥青防水卷材

(1) 卷材防水。卷材防水是以防水卷材和相应的黏结剂分层粘贴,铺设在地下室底板垫层至墙体顶端的基面上,形成封闭防水层的做法。根据防水层铺设位置的不同分为外包防水和内包防水,如图 9.23 所示。一般适用于受侵蚀介质作用或振动作用的地下室。卷材防水常用的材料有高聚物改性沥青防水卷材和合成高分子防水卷材,卷材的层数应根据地下水的最大计算水头(最高地下水位至地下室底板下皮的高度)选用。具体做法是:在铺贴卷材前,先将基面找平并涂刷基层处理剂,然后按确定的卷材层数分层粘贴卷材,并做好防水层的保护(垂直防水层外砌 120 墙;水平防水层上做 20~30mm 的水泥砂浆抹面,邻近保护墙 500mm 范围内的回填土应选用弱透水性土,并逐层夯实)。

(2) 混凝土构件自防水。当地下室的墙和底板均采用钢筋混凝土时,通过调整混凝土的配合比或在混凝土中掺入外加剂等手段,改善混凝土的密实性,提高混凝土的抗渗性能,使得地下室结构构件的承重、围护、防水功能三者合一。为防止地下水对钢筋混凝土构件的侵蚀,在墙外侧应抹水泥砂浆,然后涂刷热沥青。同时要求混凝土外墙、底板均不宜太薄,一般外墙厚应为 200mm 以上,底板厚应在 150mm 以上,否则影响抗渗效果。

(3) 涂料防水。涂料防水是指在施工现场以刷涂、刮涂或滚涂等方法将无定型液态冷涂料在常温下涂敷在地下室结构表面的一种防水做法,一般为多层敷设。为增强其抗裂性,通常还夹铺 1~2 层纤维制品(如玻璃纤维布、聚酯无纺布),如图 9.24 所示。涂料防水层的组成有底涂层、多层基本涂膜和保护层,做法有外防外涂和外防内涂两种。目前我国常用的防水涂料有三大类：水乳型、溶剂型和反应型。由于材性不同，工艺各异，产品多样，一般在同一工程的同一部位不能混用。

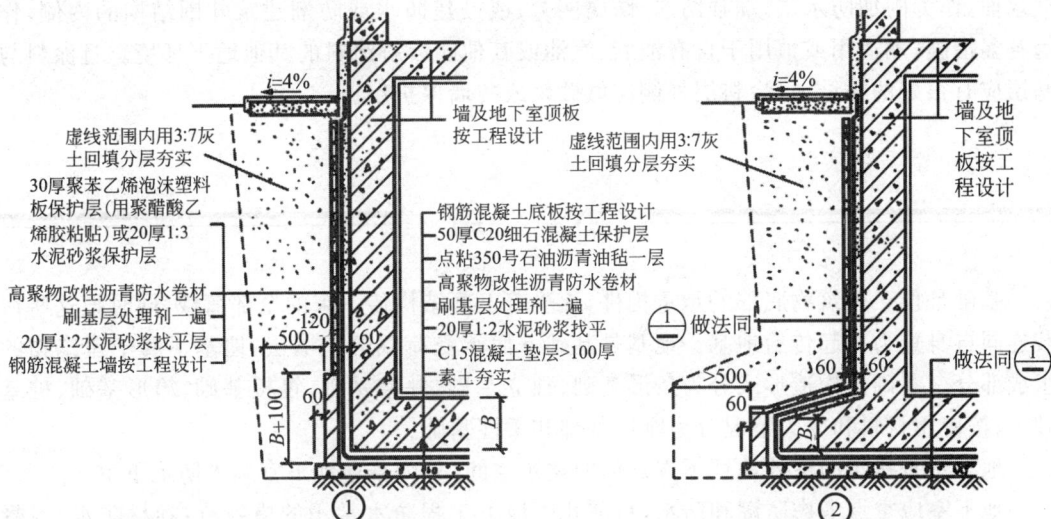

图 9.23　卷材防水构造

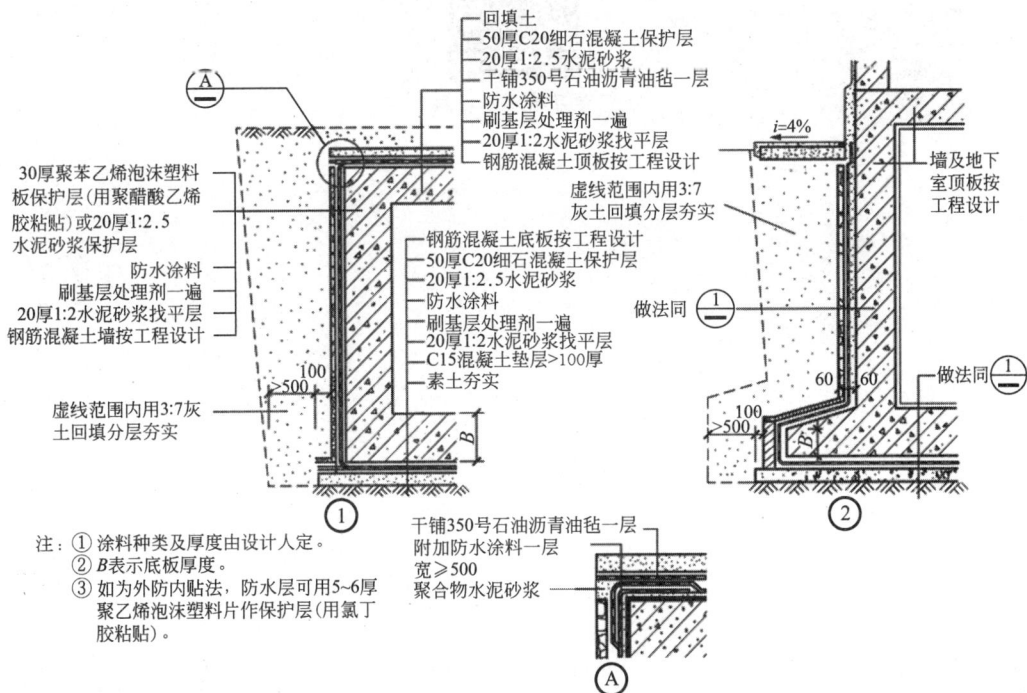

选用合成高分子防水卷材作法按表1施工

表1

墙 体	底 体
涂刷基层处理剂	点粘350号石油沥青油毡一层
高分子卷材防水层	高分子卷材防水层
	涂刷基层处理剂

注：① 卷材种类及厚度由设计人定。
② 如为外防内贴法，防水层可用5~6厚聚乙烯泡沫塑料片作保护层（用氯丁胶粘结）。
③ B表示底板厚度。

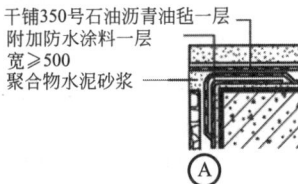

图 9.24　涂料防水

注：① 涂料种类及厚度由设计人定。
② B表示底板厚度。
③ 如为外防内贴法，防水层可用5~6厚聚乙烯泡沫塑料片作保护层（用氯丁胶粘贴）。

涂料防水能防止地下无压水(渗流水、毛细水等)及≤1.5m水头的静压水的侵入。适用于新建砖石或钢筋混凝土结构的迎水面,作为专用防水层;或新建防水钢筋混凝土结构的迎水面,作为附加防水层,加强防水、防腐能力;或已建防水或防潮建筑外围结构的内侧,作为补漏措施;不适用或慎用于含有油脂、汽油或其他能溶解涂料的其他地下环境。且涂料与基层应有很好的黏结力,涂料层外侧应做砂浆或砖墙保护层。

小　结

基础是位于建筑物底部的承重构件,承受着上部结构传下来的全部荷载,同时把这些荷载连同自身重力一起传给地基。地基是基础下面承受荷载的土壤层,地基不属于建筑物的组成部分。基础按构造形式分为条形基础、独立基础、井格基础、筏板基础、箱形基础、桩基础等;按使用材料和受力情况分为刚性基础和柔性基础。

地下室是建筑向室外地坪下方延伸的建筑空间,分为普通地下室和人防地下室。

地下室应重点考虑防潮和防水,目前我国地下工程防水常用的措施有:卷材防水、混凝土构件自防水、涂料防水、塑料防水板防水、金属防水层等。选用何种材料防水,应根据地下室的使用功能、结构形式、环境条件等因素合理确定。一般处于侵蚀介质中的工程应采用耐腐蚀的防水混凝土、防水砂浆或卷材、涂料等防水材料;结构刚度较差或受振动影响的工程应采用卷材、涂料等柔性防水材料。

学习单元 9 习题

学习单元 10 墙 体

墙体是建筑物的重要组成部分之一,在建筑中发挥重要的承重、维护、分隔等作用,占工程造价的 10%~30%。

知识目标

掌握墙体的作用和细部构造;了解墙体的设计要求、隔墙构造、墙面装修做法及构造。

技能目标

通过本单元的学习具备识读建筑设计说明、节能专篇中关于墙体的部分和识读并绘制墙身详图的能力。("1+X"建筑工程识图职业技能等级要求(中级——建筑设计类专业)1.1.2、1.1.3、1.3.1、1.4.1、1.4.2、1.5.2、1.6.1)。

思政要求

建筑墙包括结构墙和围护墙,就如同人的心中总有一些坚硬的东西,也有一些柔软的东西,如何对待它们,将关系到能否造就和谐的自我。

10.1 墙 体 概 述

10.1.1 墙体的作用

1. 承重作用

承重墙承担建筑的屋顶、楼板传给它的荷载以及自身荷载、风荷载,是砖混结构、混合结构(剪力墙、框剪等结构)的主要承重构件。

2. 维护作用

外墙起着抵御自然界中风、霜、雨、雪的侵袭,具有防止太阳辐射、噪声的干扰和保温、隔热等作用,与屋顶、门窗等同为建筑维护结构的主体。

3. 分隔作用

内墙在建筑水平方向起划分空间的作用。

10.1.2　墙体的类型

1. 按承重情况分类

在建筑中承担楼板、屋顶等构件传来荷载的墙体称为承重墙,反之为非承重墙。

2. 按材料分类

按所用材料分类,墙体有很多种,较常见的有:用砖和砂浆砌筑的砖墙;用石块和砂浆砌筑的石墙;用工业废料制作的各种砌块所砌筑的砌块墙;钢筋混凝土墙;墙体板材通过设置骨架或无骨架方式固定形成的板材墙等。

3. 按墙体在建筑中的位置和方向分类

墙体按所在位置可分为外墙、内墙。沿建筑四周边缘布置的墙体称为外墙。被外墙所包围的墙体称为内墙。沿着建筑物短轴方向布置的墙体称为横墙,横墙有内横墙、外横墙之分,位于建筑物两端的外横墙俗称山墙。沿着建筑物长轴方向布置的墙体称为纵墙,纵墙有内纵墙、外纵墙之分,如图 10.1 所示。

4. 按墙体的施工方式分类

按墙体的施工方式分类,墙体可分为块材墙、板筑墙和板材墙三种。块材墙是用砂浆等胶结材料将砖、中小型石块等组砌而成的,如实砌砖墙、砌块墙等。板筑墙是在墙体部位设置模板现浇而成的墙体,如现浇钢筋混凝土墙。板材墙是将预先制成的墙体构件运至施工现场,然后安装、拼接而成的墙体,如预制混凝土大板墙、石膏板墙(图 10.2)、金属面板墙以及各种幕墙等。

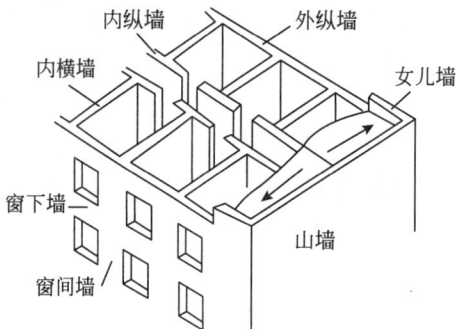

图 10.1　墙体各部分的名称

图 10.2　板材墙

10.2　墙体的设计要求

1. 具有足够的强度和稳定性

强度是指墙体承受荷载的能力。它与墙体采用的材料类型、材料强度等级、墙体的截面积、墙体构造和施工方式有关。稳定性与墙的高度、长度、厚度有关,高而薄和长而薄的墙稳定性差,矮而厚和短而厚的墙稳定性好。

2. 满足热工(节能)要求

外墙是建筑维护结构的主体,其热工性能的好坏会对建筑的使用及能耗带来直接的影响。其热工要求主要是考虑墙体的保温与隔热性能。

3. 满足隔声要求

结构隔绝空气传声的能力主要取决于墙体的单位面积质量(面密度),面密度越大,隔声量越好,故在墙体设计时,应尽量选择面密度高的材料。另外,适当增加墙体厚度选用密度大的墙体材料,设置中空墙或双层墙均是提高墙体的隔声能力的有效措施。

声音的大小可用 dB(分贝)表示,它是声强级的单位。例如,我国《民用建筑隔声设计规范》规定:无特殊要求的住宅分户墙的隔声标准是 45dB;学校一般教室与教室之间的隔墙隔声标准为大于或等于 40dB 等,采用双面抹灰的半砖墙能满足隔声要求。

4. 满足防火要求

建筑墙体的材料及厚度,应满足《建筑设计防火规范》(GB 50016—2014)(2018 年版)的要求。当建筑的单层建筑面积或长度达到一定指标时,应划分防火分区,以防止火灾蔓延。防火分区一般利用防火墙进行分隔。防火墙应采用不燃烧体制作,且耐火极限不低于 4h。一般墙体按所在位置不同、作用不同、耐火等级不同,防火规范要求分别采用不燃烧体或难燃烧体,耐火极限从 0.25h 到 3h 不等。

5. 满足防水、防潮要求

地下室的墙体应满足防水、防潮要求。卫生间、厨房、实验室等用水房间的墙体应满足防水、防潮、易清洗、耐摩擦、耐腐蚀的要求。

6. 满足建筑工业化要求

建筑节能和建筑工业化的发展要求减少使用以普通黏土砖为主的墙体材料,发展和应用新型的轻质高强砌墙材料,减轻墙体自重,提高施工效率,降低工程造价。

10.3 墙体细部构造

10.3.1 墙体的常用材料

(1) 如图 10.3 所示,常用于承重墙的材料有以下几种。

① 钢筋混凝土。

② 蒸压类。主要有蒸压加气混凝土砌块、蒸压灰砂砖、蒸压粉煤灰砖等。

③ 混凝土空心砌块类。主要有普通混凝土小型空心砌块。

④ 多孔砖类。主要有烧结多孔砖(孔洞率应不小于 25%,不大于 35%)、混凝土多孔砖(孔洞率应不小于 30%);烧结多孔砖主要有黏土、页岩、粉煤灰及煤矸石等品种。

⑤ 实心砖类。主要有黏土、页岩、粉煤灰及煤石等品种(孔洞率不大于 25%)。

(2) 常用于非承重墙的砌块材料有蒸压加气混凝土砌块(包括砂加气混凝土和粉煤灰加气混凝土)、复合保温砌块、装饰混凝土小型空心砌块、轻集料混凝土小型空心砌块(轻集料主要包括黏土陶粒、页岩陶粒、粉煤灰陶粒、浮石、火山渣、煤渣、自然煤矸石、膨胀矿渣珠、膨胀珍珠岩等材料,轻集料的粒径不宜大于 10mm)、石膏砌块(包括实心、空心)、多孔砖(包括烧结多孔砖和混凝土多孔砖)、实心砖(包括烧结实心砖和蒸压实心砖)等。各种墙体砌块和砂浆的强度等级见表 10.1。

(a) 混凝土小型空心砌块

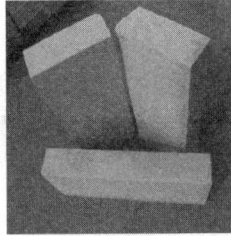
(b) 蒸压加气混凝土砌块

(c) 烧结多孔砖

(d) 混凝土多孔砖

(e) 蒸压粉煤灰砖

(f) 黏土砖

(g) 复合保温砌块

(h) 石膏砌块

(i) GRC 墙板

图 10.3　各类墙砖

表 10.1　墙体砌块和砂浆的强度等级

材料名称	强度等级划分									
烧结普通砖、烧结多孔砖				MU30	MU25	MU20	MU15	MU10		
蒸压灰砂砖、蒸压粉煤灰砖					MU25	MU2D	MU15	MU10		
砌块						MU20	MU15	MU10	MU7.5	MU5
石材	MU100、MU80	MU60	MU50	MU40	MU30	MU20				
砂浆							M15	M10	M7.5	M5	M2.5
							Mb20	Mb15	Mb10	Mb7.5	Mb5

注:① 砌块的强度等级是由抗压和抗折强度综合确定。

② 砂浆按组成有水泥砂浆、石灰砂浆和混合砂浆。

（3）常用于非承重墙的板材有预制钢筋混凝土或 GRC 墙板、钢丝网抹水泥砂浆墙板、彩色钢板或铝板墙板、轻集料混凝土墙板、加气混凝土墙板、石膏圆孔墙板、轻钢龙骨石板或硅钙板等板材类、玻璃隔断等。

10.3.2 墙的尺寸和组砌方式

1. 砖墙

1）砖墙的厚度

标准普通砖的规格为 240mm×115mm×53mm。加上灰缝尺寸，砖的长、宽、厚之比为4∶2∶1。即一个砖长等于两个砖宽加灰缝（240mm＝2×115mm＋10mm）或约等于四个砖厚加三个灰缝（240mm≈4×53mm＋3×9.5mm）。在砌筑墙体时通常以砖宽度的倍数（115mm＋10m＝125mm）为模数，这与我国现行《建筑模数协调标准》（GB/T 50002—2013）中的基本模数 M＝100mm 不协调。

在工程中，习惯以砖墙的标志尺寸代表墙厚，如 12 墙、18 墙、24 墙等。砖墙的厚度尺寸见表 10.2。

表 10.2 砖墙的厚度尺寸
单位：mm

墙厚名称	1/2 砖	3/4 砖	1 砖	1 砖半	2 砖	2 砖半
标志尺寸	120	180	240	370	490	620
构造尺寸	115	178	240	365	490	615
习惯称谓	12 墙	18 墙	24 墙	37 墙	49 墙	62 墙

2）砖墙的组砌方式

为了保证墙体的强度，砖墙在砌筑时应遵循"内外搭接、上下错缝"的原则，砖缝要横平竖直、砂浆饱满、厚薄均匀。砖与砖之间搭接和错缝的距离一般不小于 60mm。

将砖的长边垂直于砌体长边砌筑时，称为丁砖。将砖的长边平行于砌体长边时称为顺砖。每排列一层砖称为一皮。常见的砖墙砌筑方式有全顺式、一顺一丁式、两平一侧式、三顺一丁式、每皮丁顺相间式等，实际中应根据墙体厚度、墙面观感和施工便利等进行选择。通常全顺式应用于 120 墙，两平一侧式应用于 180 墙，一顺一丁式应用于 240 墙、370 墙。如图 10.4 所示。

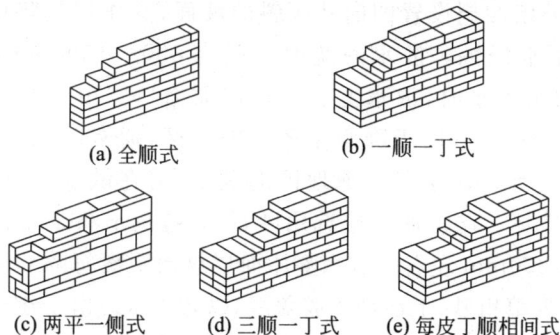

(a) 全顺式 (b) 一顺一丁式

(c) 两平一侧式 (d) 三顺一丁式 (e) 每皮丁顺相间式

图 10.4 砖墙筑方式

2. 填充墙

填充墙是框架结构、框剪结构、剪力墙结构中的砌体墙。砌体墙是砌块与胶结材料砌筑而成的墙体,其主要材料是砌块和砂浆。砌块主要有混凝土小型空心砌块、蒸压加气混凝土砌块。

(1)《蒸压加气混凝土砌块》(GB/T 11968—2020)规定了蒸压加气混凝土砌块规格,如表 10.3 所示。

表 10.3　蒸压加气混凝土砌块规格尺寸　　　　　　　　单位:mm

长度 L	宽度 B									高度 H			
600	100	120	125	150	180	200	240	250	300	200	240	250	300

注:① 如需其他规格,可由购货单位与生产厂协调确定。

② 砂浆,蒸压加气混凝土砌块有专用的砌筑砂浆。

③ 砌块的组砌方式,砌块上下皮错缝设计,搭接长度不宜小于砌块长的 1/3,且不小于 150mm。

(2)《普通混凝土小型空心砌块》(GB/T 8239—1997)规定了混凝土小型空心砌块规格,如表 10.4 所示。

表 10.4　混凝土小型空心砌块规格尺寸　　　　　　　　单位:mm

长度 L			宽度 B	高度 H
190	290	390	190	190
190	290	390	90	190
190	290	390	280 保温砌块	190

注:① 砂浆,用 Mb 标记,表上(混凝土小型空心砌块砌筑砂浆)。

② 砌块的组砌方式,小砌块的组合应尽量采用 390 长的主砌块,少用辅助砌块。上下皮错缝搭砌,搭接长度为 200,每两皮为一循环;当墙体净长度为奇数时,宜用 290 长的辅助块调整,此时搭接长度为 90。

③ 混凝土小型空心砌块的平面模数宜采用 3M 或 2M,竖向模数宜采用 1M。

10.3.3　墙的细部构造

1. 散水与明沟

散水是沿建筑物外墙四周设置的向外倾斜的坡面,其作用是将屋面下落的雨水排到远处,保护墙基避免雨水侵蚀。散水的宽度一般为 600～1000mm,散水的坡度一般为 3%～5%,当屋面为自由落水时,散水宽度应比屋面檐口宽出 200mm 左右,以保证屋面雨水能够落在散水上。散水适用于降雨量较小的地区,通常的做法有:砖砌、砖铺、块石碎石、水泥砂浆、混凝土等。在季节冰冻地区的散水,需在散水垫层下加设防冻胀层,以免散水被土壤冻胀而破坏。防冻胀层应选用砂石、炉渣灰土和非冻胀材料,其厚度可结合当地经验确定,通常在 300mm 左右。散水整体面层纵向距离每隔 6～12m 做一道伸缩缝,缝宽为 20～30mm,缝内填粗砂,上嵌沥青胶盖缝,以防渗水。由于建筑物的沉降、勒脚与散水施工时间的差异,在勒脚与散水交接处应留有缝隙,缝内处理一般用沥青麻丝灌缝,如图 10.5 所示。

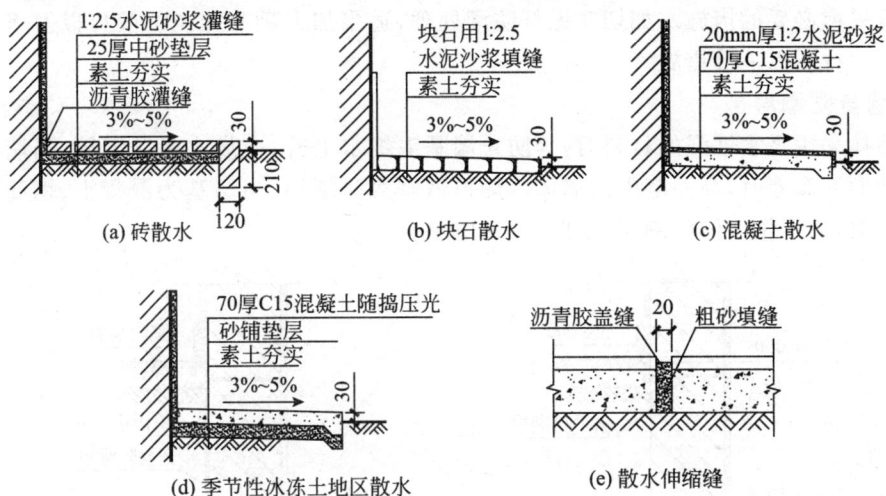

图 10.5 散水构造

明沟又称阳沟、排水沟,设置在建筑物的外墙四周,以便将屋面落水和地面积水有组织地导向地下排水井,然后流入排水系统,保护外墙基础。明沟一般采用混凝土浇筑,或用砖、石筑成宽不少于 180mm,深不少于 150mm 的沟槽,然后用水泥砂浆抹面。为保证水流通畅,沟底应有不少于 1‰的纵向坡度。明沟适用于降雨量较大的南方地区,其构造如图 10.6 所示。

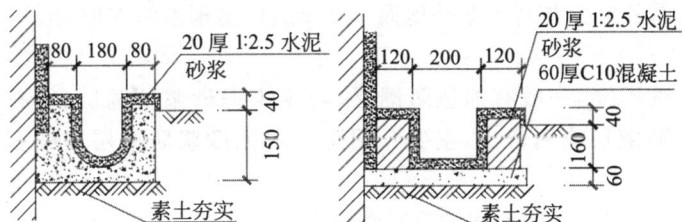

图 10.6 明沟构造

2. 勒脚

如图 10.7 所示,勒脚是指室内地平以下、室外地面以上的这段墙体。作用是保护建筑物免受外界环境中的雨、雪和地表水的侵蚀,或人为因素的碰撞破坏等,而且能使建筑立面更加美观。所以要求勒脚坚固、防水和美观。勒脚高度一般为室内地坪与室外地坪之高差,也可根据立面需要提高到底层窗台位置。勒脚的做法常有以下几种:①对一般建筑,采用水泥浆抹面;②标准较高的建筑,可贴墙面砖或镶贴天然、人工石材,如花岗石、水磨石等。为了避免勒脚抹灰常出现的表皮脱壳现象,勒脚施工时应严格遵守操作规程,在

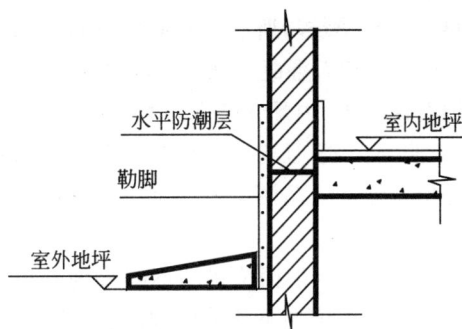

图 10.7 勒脚

构造上应采取必要的措施。如切实做好防潮处理,适当加大勒脚抹灰的咬口以及将勒脚抹灰伸入散水抹灰以下等措施。

3. 墙身防潮层

当墙体采用吸水性强的材料时,为防止墙基毛细水上升,应设水平防潮层;当墙体两侧的室内地面有高差时,高差范围的墙体内侧再做垂直防潮层;当墙基为混凝土、钢筋混凝土或石砌体时,可不做墙体防潮层,如图 10.8 所示。

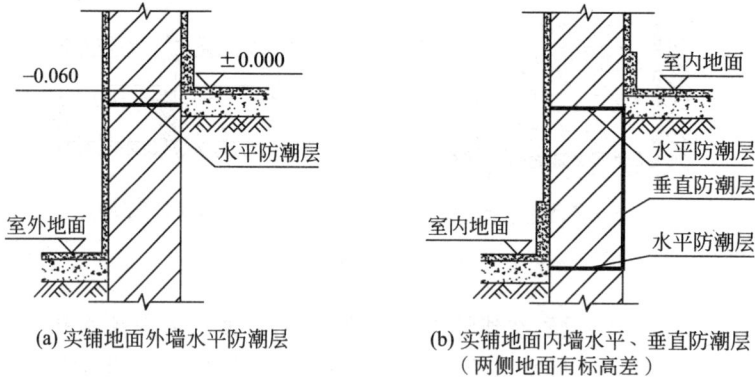

(a) 实铺地面外墙水平防潮层   (b) 实铺地面内墙水平、垂直防潮层
(两侧地面有标高差)

图 10.8 防潮层的位置

1)防潮层的位置

水平防潮层与勒脚、室内地面不透水整层(如土层)形成一个封闭的隔层,通常在 −0.060m 标高处设置,而且至少要高于室外地面 150mm,以防雨水溅湿墙身。

2)防潮层的做法

防潮层按所用材料的不同,一般有油毡防潮层、防水水泥砂浆防潮层、细石混凝土防潮层等做法。其中油毡防潮层应用较少,主要介绍防水水泥砂浆防潮层和细石混凝土防潮层。

(1)防水水泥砂浆防潮层。防水水泥砂浆防潮层是在防潮层部位抹 20mm 厚掺入防水剂的 1∶3 水泥砂浆,防水剂的掺入量一般为水泥用量的 3%~5%。或者在防潮层部位用防水砂浆砌筑 4~6 皮砖,同样可以起到防潮层的作用。防水水泥砂浆防潮层目前在实际工程中应用较多,特别适用于抗震地区、独立砖柱和扰动较大的砖砌体中。但砂浆属于刚性材料,易产生裂缝,所以在基础沉降量大或有较大振动的建筑中应慎重使用。

(2)细石混凝土防潮层。细石混凝土防潮层是在防潮层部位铺设 60mm 厚 C15 或 C20 细石混凝土,内配 3φ6 或 3φ8 钢筋以抗裂。由于内配钢筋的混凝土密实性和抗裂性好,防水、防潮性强,且与砖砌体结合紧密,整体性好,故适用于整体刚度要求较高的建筑中,特别是抗震地区。防潮层做法如图 10.9 所示。

4. 窗台

(1)窗台根据位置的不同分为外窗台和内窗台两种。外窗台的主要作用是排水、避免室外雨水沿窗向下流淌时,积聚在窗洞下部并沿窗下框向室内渗透。同时外窗台也是窗台立面细部的重要组成部分。外窗台应有不透水的面层,并向外形成一定的坡度。外窗台有悬挑和不悬挑两种,悬挑窗台底部边缘处抹灰时应做滴水线或滴水槽,避免排水时雨水沿窗台流至下部墙体污染墙面。

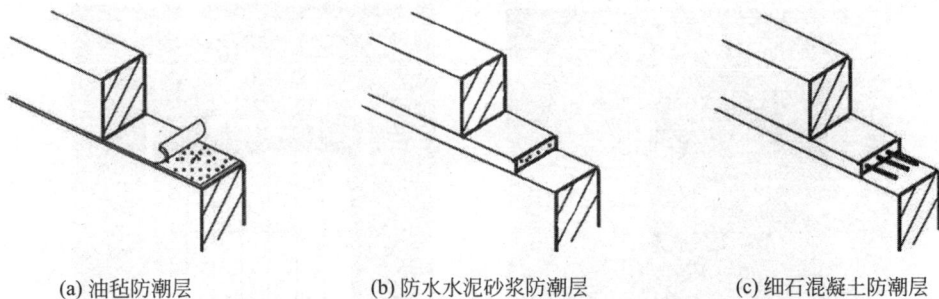

(a) 油毡防潮层　　　　　(b) 防水水泥砂浆防潮层　　　　　(c) 细石混凝土防潮层

图 10.9　墙身水平防潮层

《砌体结构设计规范》(GB 50003—2011)规定了现在砌体结构中窗台常见做法:设置通长钢筋混凝土窗台梁,窗台梁高宜为块材高度的模数,梁内纵筋不少于 4 根,直径不小于 10mm,箍筋直径不小于 6mm,间距不大于 200mm,混凝土强度等级不低于 C20。既起到窗台的作用,又可以增加墙体的整体性,防止墙体开裂。或者设置不通长窗台,但窗台嵌入墙体长度不小于600mm,外窗台可以材料找坡,也可结构找坡,坡度大于等于 10%,如图 10.10 所示。

(a) 通长窗台　　　　　(b) 不通长窗台　　　　　(c) 悬挑窗台

图 10.10　窗台

内窗台常常结合室内装饰做成砂浆抹灰、水磨石、贴面砖或天然石板等多种饰面形式。

(2)《民用建筑设计统一标准》(GB 50352—2019)中指出:①临空的窗台高度应不低于0.8m(住宅为 0.9m),低于规定窗台高度的窗台应采取防护措施,防护设施高度由地面起算,当室内外高差小于或等于 0.6m 时,首层的低窗台可不加防护措施;②公共走道窗台高度不低于 2.0m;③当凸窗窗台高度≤0.45m 时,其防护高度从窗台面起算不低于 0.9m;当凸窗窗台高于 0.45m 时,其防护高度从窗台面起算不低于 0.6m;落地窗窗台高出地面 0.2m。

5. 门窗过梁

当墙体上要开设门窗洞口时,为了承担洞口上部砌体传来的荷载,并把这些荷载传递给洞口两侧的墙体,常在门窗洞口上设置门窗过梁。对有较大振动荷载或可能产生不均匀沉降的房屋,应采用混凝土过梁。《砌体结构设计规范》指出:当过梁的跨度不大于 1.5m 时,可采用钢筋砖过梁;不大于 1.2m 时,可采用砖砌平拱过梁。

1) 砖拱过梁

砖拱过梁如图 10.11 所示。

(a) 砖弧拱过梁　　　　　　　　　　　(b) 砖平拱过梁

图 10.11　砖拱过梁

2) 钢筋砖过梁

钢筋砖过梁是由平砖砌筑,并在砖缝中加设适量钢筋而形成的过梁。该梁的跨度适为 1.5m 左右,且施工简单,所以在无集中荷载的门窗洞口上应用比较广泛。

钢筋砖过梁的构造要求是:①应用强度等级不低于 MU7.5 的砖和不低于 M5 的砂浆砌筑;②过梁的高度应在 5 皮砖以上,且不小于洞口跨度的 1/4;③ϕ6 钢筋放置于洞口上部的砂浆层内,砂浆层为 30mm 厚的 1∶3 水泥砂浆,也可以放置于洞口上部第一皮砖和第二皮砖之间,钢筋两端伸墙内不少于 240mm,并做 60mm 高的垂直弯钩,钢筋直径不小于 ϕ5,根数不少于 2 根,间距小于或等于 120mm。钢筋砖过梁的构造如图 10.12 所示。

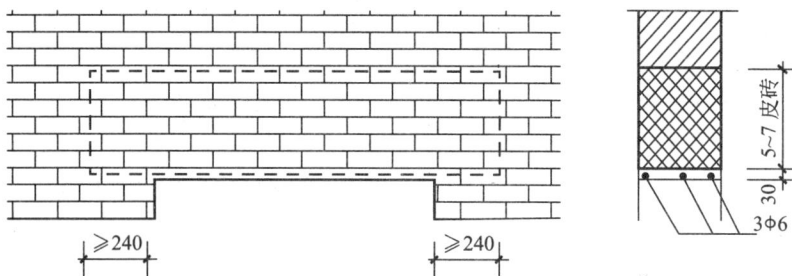

图 10.12　钢筋砖过梁

3) 钢筋混凝土过梁

钢筋混凝土过梁承载能力强,跨度可超过 2m,施工简便,目前被广泛采用。框架、剪力墙结构中过梁的高度、与墙的搭接尺寸和洞口尺寸有关;在砌体结构中钢筋混凝土过梁的高度与砖的皮数匹配,与墙的搭接尺寸不小于 240mm。

通常过梁有矩形和 L 形两种截面,如图 10.13 所示。从热桥效应考虑,当在外墙做保温措施时,矩形截面就可以不再考虑内壁结露,而且施工简单,在工程中常用。

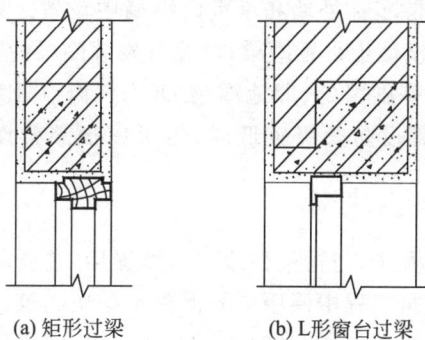

(a) 矩形过梁　　　　　　(b) L形窗台过梁

图 10.13　钢筋混凝土过梁

6. 圈梁

砖混结构圈梁是沿建筑物外墙及部分内墙设置的连续水平闭合的梁。圈梁与构造柱共同作用,增强建筑的空间刚度和整体性,对建筑起到腰箍的作用,防止由于地基不均匀沉降、振动引起的墙体开裂。在抗震设防地区,圈梁与构造柱一起形成骨架,可提高房屋的抗震能力。

圈梁有钢筋和钢筋混凝土圈梁两种。钢筋混凝土圈梁的高度应与砖的皮数相合,以方便墙体的连续砌筑,一般不小于 120mm。圈梁的宽度宜与墙体的厚度相同,且不小于 180mm,在寒冷地区可略小于墙厚,但不得小于墙厚的 2/3。圈梁按构造要求配置钢筋,通常纵向钢筋不小于 4φ10,而且要对称布置,箍筋间距不大于 300mm。圈梁应该在同一水平面上连续、封闭,当被门窗洞口截断时,应就近在洞口上部或下部设置附加圈梁,其配筋和混凝土强度等级不变。其构造尺寸如图 10.14 所示。地震设防地区的圈梁应当完全封闭,不宜被洞口截断。

(a) 圈梁的位置

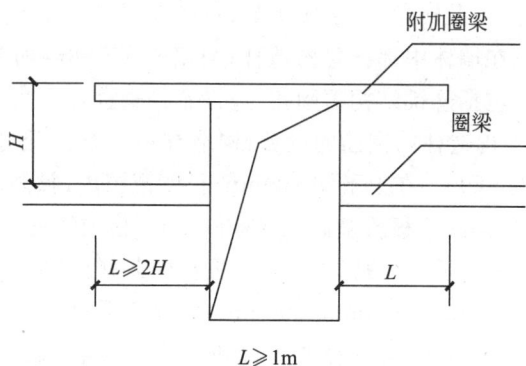

(b) 附加圈梁

图 10.14　圈梁

圈梁在建筑中设置的数量应结合建筑的高度、层数、地基情况和抗震设防要求等因素综合考虑。单层建筑至少设置一道圈梁,多层建筑一般隔层设置一道圈梁,在地震设防地区,往往要层层设置圈梁。圈梁除了在外墙和承重内纵墙中设置之外,还应根据建筑的结构及防震要求,每隔 16～32m 在横墙中设置圈梁,以充分发挥圈梁的腰箍作用。

圈梁通常设置在建筑的基础墙处(即地圈梁 DQL)、檐口处和楼板处,当屋面板或楼板与窗洞口间距较小,而且抗震设防等级较低时,也可以把圈梁设在窗洞口上皮,兼作过梁使用。

7. 水平系梁

水平系梁的作用类似于圈梁,与框架柱或剪力墙连接,主要起抗震作用和防止砌体结构太高产生不均匀沉降。当建筑工程中使用空心混凝土砌块砌筑,墙体高度超过 4m 时,宜在墙高中部设置与柱连接的水平系梁;当墙高度超过 6m 时,宜沿墙高每隔 2m 设置与柱连接的水平系梁。梁的截面高度不小于 60mm,如图 10.15 所示。

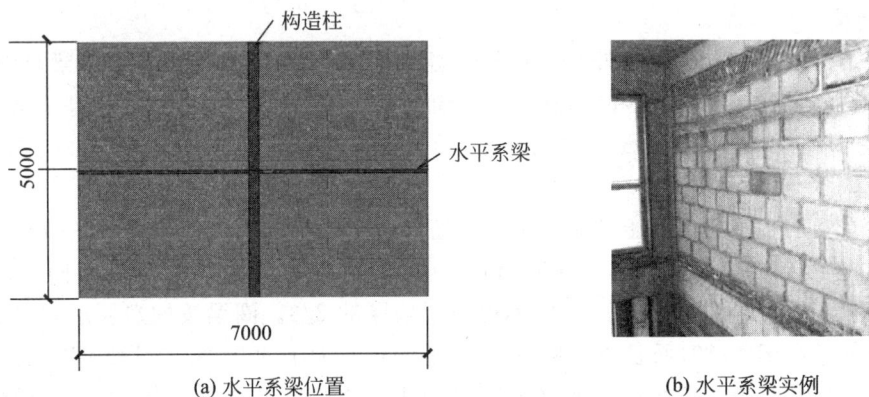

(a) 水平系梁位置   (b) 水平系梁实例

图 10.15 水平系梁

8. 构造柱

构造柱是设置在墙中,增加建筑的整体性和稳定性的非承重构件。

(1) 钢筋混凝土结构中的砌体填充墙、墙内构造柱的设置原则:砌体墙的端部(无混凝土墙、柱时)及转角、丁字接头处;宽度大于等于 2.1m 洞口的两侧;当墙长大于 5m 或 2 倍层高时,应在墙体中部设置构造柱;当墙长大于 8m 时每隔 3～3.5m 设置构造柱;外围护角墙的阳角(包括悬挑结构的阳角)应设置构造柱。

(2) 构造柱内钢筋的设置:构造柱最小截面尺寸为 180mm×240mm,纵筋为 4φ12,箍筋为 φ6@200。在上下端 600mm 长度范围内,箍筋间距加密,加密间距为 100mm。构造柱的钢筋应锚入梁板或基础内各 500mm。柱内钢筋的设置如图 10.16 所示。

(3)《蒸压加气混凝土砌块、板材构造》(13J104)规定了拉结筋的设置原则:①拉结筋的设置沿柱高每隔 500mm(600mm)配置 2 根直径 6mm 的拉结钢筋(墙厚大于 250mm 时配置 3 根直径 6mm),钢筋伸入砌块墙内长度在抗震设防烈度 6 度及 6 度以下时不宜小于 700mm,多层建筑 7 度时宜沿墙全长贯通,7 度高层建筑及 8 度时应沿墙全长贯通;②当拉结筋采用 HRB335 或 HRB400 钢筋时,拉结筋末端不设 180°弯钩。图 10.16 所示为拉结筋的设置。

(4) 马牙槎:是砖墙留槎处的一种砌筑方法,先退后进,增加构造柱与砌块的接触面积,以保持砌体的整体性与稳定性,如图 10.17 所示。

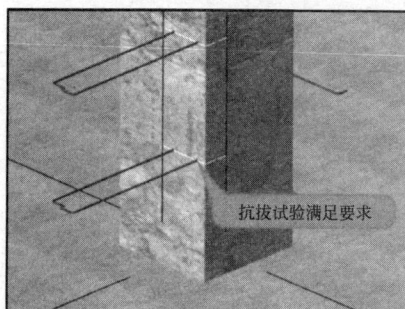

图 10.16 框架柱预留墙拉结筋

图 10.17 构造柱的马牙槎

9. 墙垫与压顶

为了增加墙体的整体性、稳定性,砌块墙砌筑过程中要做一些墙垫等构造措施,如图 10.18 所示。砖墙压顶的作用是防止墙顶砌块(如砖)因砌筑砂浆风化或遭振动(如风力或地震)、碰撞而松动掉落。

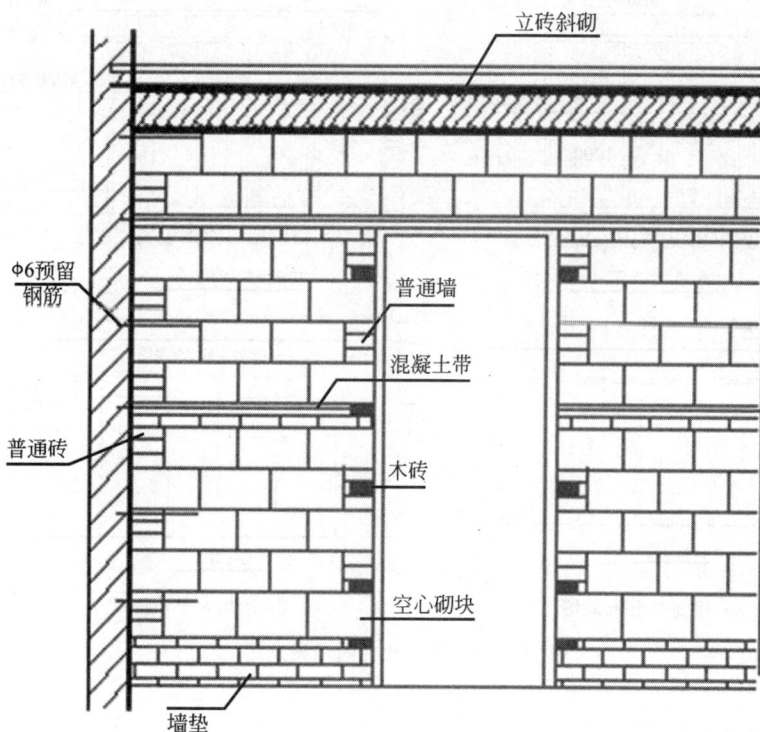

图 10.18 填充墙

(1) 墙垫:由于砌块强度低,孔隙率大,吸湿性强,在砌块墙下应砌 3~5 皮实心砖保护墙体。厨房、卫生间浴室等现浇高度不小于 150mm 的混凝土坎台,用于墙身防潮。如图 10.18 所示。

(2) 普通墙(可以是预制混凝土块)及其内木砖:固定门窗框。

（3）预留钢筋：拉结墙柱整体性。

（4）普通砖：砌块长度不足时，用来补缝。

（5）混凝土带：增加墙体整体性、防开裂。

（6）立砖斜砌：墙体施工完两周后砂浆收缩、砌体沉降稳定（加气块），压顶砖（普通砖）倾斜砌筑。

10.4　其他隔墙构造

10.4.1　立筋隔墙

立筋隔墙由骨架和面板两部分组成，一般采用木材、铝合金或薄壁型钢等做成骨架，然后将面板钉结或粘贴在骨架上形成。常用的面板有钢丝网抹灰、纸面石膏板、纤维板、吸声板等。这种隔墙自重轻、厚度薄、安装与拆卸方便，在建筑中应用较广泛，如图10.19所示。

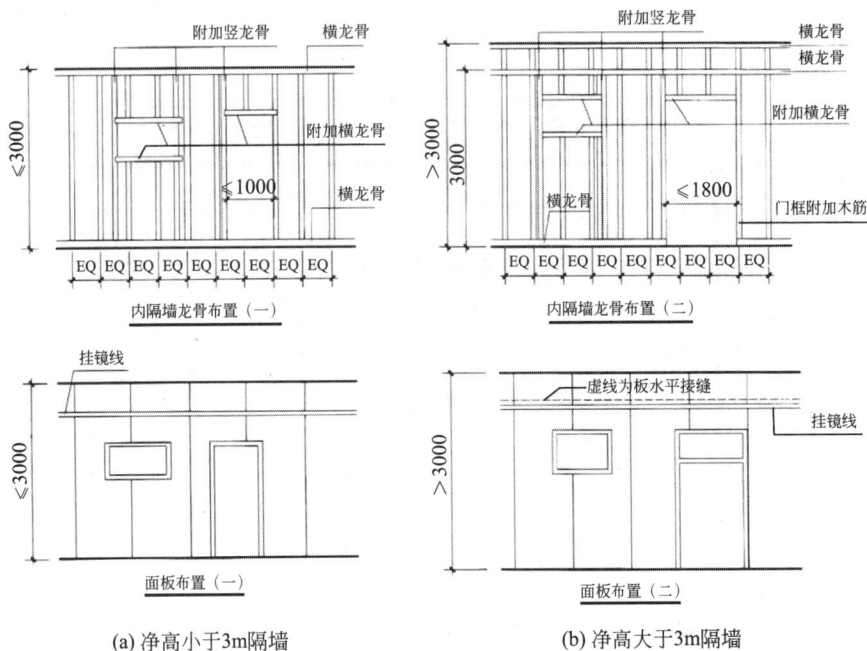

(a) 净高小于3m隔墙　　　　　　　　　(b) 净高大于3m隔墙

图10.19　轻钢龙骨隔墙构造

10.4.2　板材隔墙

板材隔墙是采用轻质大型板材直接在现场装配而成。板材的高度相当于房间的净高，不需要依赖骨架。常用的板材有石膏空心条板、加气混凝土条板、碳化石灰板、水泥玻璃纤维空心条板等。这种隔墙具有自重轻，装配性好，施工速度快，工业化程度高，防火性能好等特点。条板的长度略小于房间净高，宽度多为600～1000mm，厚度多为60～100mm。

　　安装条板时,在楼板上采用木楔将条板楔紧,然后用砂浆将空隙堵严,条板之间的缝隙用胶黏剂或黏结砂浆进行黏结,常用的有水玻璃胶黏剂(水玻璃∶细矿渣∶细砂∶泡沫剂＝1∶1∶1.5∶0.01)或加入108胶的聚合物水泥砂浆,安装完毕可根据需要进行表面装饰。

10.5　墙面装饰构造

　　墙面装饰的作用是保护墙体、改善墙体的物理性能以及丰富建筑的艺术形象。墙面装饰按材料及施工方式不同可分为抹灰类、贴面类、涂刷类、裱糊类、铺钉类和其他类(清水墙)。

1. 抹灰类墙面装饰

　　抹灰用的各种砂浆,往往在硬化过程中随着水分的蒸发,发生体积收缩的现象。当抹灰层厚度过大时,会因体积收缩而产生裂缝。为保证抹灰牢固、平整、颜色均匀、避免出现色裂、脱落,抹灰要分层操作。抹灰的构造层次通常由底层、中间层、面层三部分组成。底层5～15mm,主要起与墙体基层初步找平的作用;中层厚5～12mm,主要起进一步找平和弥补底层砂浆的干缩裂缝的作用;面层抹灰厚3～8mm,表面应平整、均匀、光洁,以取得良好的装饰效果。抹灰层的总厚度依位置不同而不同,外墙抹灰为20～25mm,内墙抹灰为15～20mm。按建筑标准及不同墙体,抹灰可分为三种标准。

　　普通抹灰:一层底灰,一层面灰或不分层一次完成。

　　中级抹灰:一层底灰,一层中灰,一层面灰。

　　高级抹灰:一层底灰,一层或数层中灰,一层面灰。

　　不同的墙体基层,抹灰底层的操作有所不同,以保证饰面层与墙体的连接牢固及饰面层的平整度。砖、石砌筑的墙体,表面一般较为粗糙,对抹灰层的黏结较有利,可直接抹灰;混凝土墙体表面较为光滑,甚至残留有脱模油,需先进行除油垢、凿毛、甩浆、划纹等,再抹灰;轻质块砌的表面孔隙大、吸水性极强,需先在整个墙面上涂刷一层108建筑胶封闭基层,再进行抹灰。

　　如图10.20所示,室内抹灰砂浆的强度较差,阳角位置容易碰撞损坏,因此,通常在抹灰前先在内墙阳角、柱子四角、门转角等处,用强度较高的1∶2水泥砂浆抹出护角或预埋角做成护角。护角高度从地直起约1.5～2.0m。

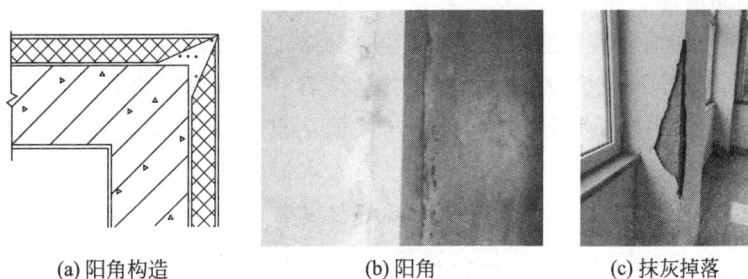

(a) 阳角构造　　　　　(b) 阳角　　　　　(c) 抹灰掉落

图10.20　墙面抹灰

　　在室内抹灰中,卫生间、厨房、洗衣房等常受到摩擦、潮湿的影响以及人为损坏,为保护这些部位,通常做墙裙处理,如用水泥砂浆、水磨石、瓷砖、大理石等进行饰面,高度一般为

1.2～1.8m,有些将高度提高到天棚底。

2. 贴面类墙面装饰

常用的贴面材料可分为三类:天然石材,如花岗岩、大理石等;陶瓷制品,如瓷砖、面砖、陶瓷锦砖等;预制块材,如仿大理石板、水磨石、水刷石等。

由于材料的形状、重量、适用部位不同,装饰的构造方法也有一定的差异,轻而小的块材可以直接镶贴,大而厚的块材则必须采用挂贴的方式以保证它们与主体结构连接牢固。

1) 天然石板及人造石板墙面装饰

花岗岩属于酸性石材,可以用于高级、重要建筑内外墙装饰;大理石属于碱性石材,只能用于高级、重要建筑内墙装饰;人造石板既具有天然石材的花纹和质感,又可以避免天然石材昂贵、耐酸碱性等缺点。

目前常采用的施工方法是干挂法。在饰面石材上直接打孔或开槽,用各种形式的连接件(干挂构件)与结构基体上的膨胀螺栓或钢架相连接而不需要灌注水泥砂浆,使饰面石材与墙体间形成 80～150mm 宽的空气层的施工方法。其施工工艺是:型钢骨架(角钢)制作安装→干挂件安装→石材安装→清缝打胶。图 10.21 所示为石材干挂法构造。

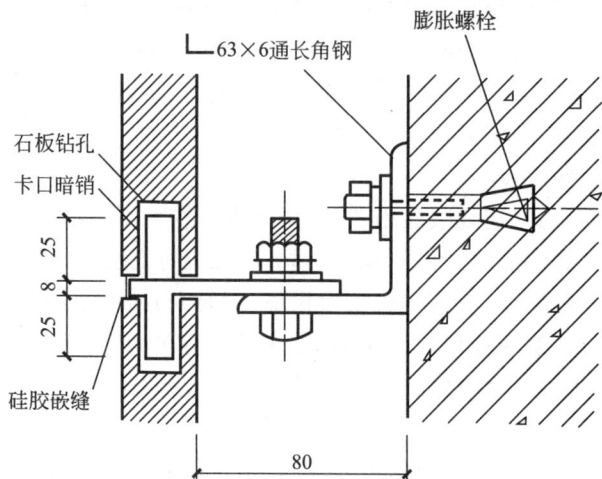

图 10.21　石材干挂法构造

2) 陶瓷制品墙面装饰

(1) 外墙面砖饰面。其构造做法是,在基层上抹 1∶3 水泥砂浆找平层 15～20mm,宜分层施工,以防出现空鼓或裂缝,然后划出纹道,接着利用胶黏剂将水中浸泡过并晾干或擦干的面砖贴于墙上,用木槌轻轻敲实,使其与底面粘牢,面砖之间留缝隙,以利于湿气的排除,缝隙用 1∶1 水泥砂浆勾缝。胶黏剂可以是素水泥浆或 1∶2.5 水泥细石砂浆,若采用108 胶(水泥重 5%～10%)的水泥砂浆效果更好。

(2) 釉面砖饰面。又称瓷砖或釉面瓷砖,易吸水,主要用于室内。其构造做法是,在基层上抹 15mm 厚 1∶3 水泥砂浆找平层,并划出纹道,以 2～4mm 厚的水泥胶或水泥细砂砂浆(掺入水泥重的 5%～10% 的 108 胶黏结效果更好)黏结浸泡过水的釉面砖。为便于清洗和防水,面砖之间不应留灰,用白水泥擦平。

（3）马赛克。建筑术语为锦砖，分玻璃锦砖（拼贴在 300mm×300mm 牛皮纸上）和非玻璃类锦砖（拼贴在 325mm×325mm 牛皮纸上）。两种砖的装饰方法基本相同：在基层上用 12～15mm 厚 1∶3 水泥砂浆找平，并划出纹道，用 3～4mm 厚白水胶（掺入水泥重的 5%～10% 的 108 胶）满刮在锦砖背面，然后整张纸应贴在找平层上，用木板轻轻挤压，使其粘牢，然后用湿水洗去牛皮纸，再用白水泥擦缝。

3. 涂刷类墙面装饰

涂料按其主要成膜物质的不同可分为无机涂料和有机涂料两大类。

1）无机涂料

无机涂料有普通无机涂料和无机高分子涂料。

普通无机涂料有石灰浆、大白浆、可赛银浆、白粉等水质涂料，适用于标准的室内刷浆装修。无机高分子涂料有 JH80-1 型、JH80-2 型、JHN84-1 型、F8-32 型、LH-82 型、HT-1 型等，主要用于外墙面装饰和有耐擦洗要求的内墙面装饰。

2）有机涂料

有机涂料分为溶剂型、水溶性和乳液三大类，多用于内墙装饰。

有机涂料类装饰构造的做法是，平整基层后满刮腻子，对墙面找平、用砂纸磨光，然后再用第二遍腻子进行修整，保证坚实牢固、平整、光滑、无裂纹，潮湿房间的墙面可适当增加腻子的胶用量或选用耐水性好的腻子或加一遍底漆。待墙面干后便进行施涂，涂刷遍数一般为两遍（单色），如果是彩色涂料可多涂一遍，颜色要均匀一致。在同一墙面应用同一批号的涂料。每遍涂料施涂厚度应均匀，且后一遍应在前一遍干燥后进行，以保证各层结合牢固，不发生皱皮、开裂。

4. 裱糊类墙面装饰

裱糊类墙面装饰是将墙纸、墙布、织锦等各种装饰性的卷材材料裱糊在墙面上形成装饰面层。经常被用于餐厅、会议室、高级宾馆客房和居住建筑中的内墙装饰。

裱糊类墙面装饰的构造做法是，墙纸、墙布均可直接粘贴在墙面的抹灰层上。粘贴前先清扫墙面、满刮腻子，干燥后用砂纸打磨光滑。墙纸裱糊前应先进行胀水处理，即先将墙纸在水槽中浸泡 2～3 分钟，取出后抖掉多余的水，再静置 15 分钟，然后刷胶裱糊。这样纸基遇水充分涨开、粘贴到基层表面上后，纸基壁纸随水分的蒸发而收缩、绷紧。复合纸质壁纸耐湿性较差，不能进行胀水处理。纸基塑料壁纸刷胶时，可只刷墙基或纸基背面；裱糊顶棚或裱糊较厚重的墙纸墙布，如植物纤维壁纸、化纤贴墙布等，可在基层和饰材背面双面刷胶，以增加黏结能力。

玻璃纤维墙布和无纺贴墙布不需要胀水处理。将胶黏剂刷在墙基上，与纸基不同，用的胶黏剂是聚酸乙烯浮液，可掺入一定量的淀粉糊。由于它们的盖底力稍差，当基层表面颜色较深时，可满刮石膏腻或在胶黏剂中掺入 10% 的白涂料，如白乳胶漆等。

丝绒和锦缎饰面的施工技术和工艺要求较高。为了更好地防潮、防腐，通常做法是在墙面基层上用水泥砂浆找平，待底干燥后刷冷底子油，再做一毡二油防潮层，然后固定木龙骨，将胶合板钉在龙骨上，最后利用 108 胶、化学糨糊、墙纸胶等胶黏剂裱糊饰面卷材。

裱糊的原则：先垂直面，后水平面；先细部，后大面；先保证垂直，后对花拼缝；垂直面是先上后下，先长墙面后短墙面；水平面是先高后低。粘贴时，要防止出现气泡，并对拼缝处压实。

5. 铺钉类墙面装饰

铺钉类墙面装饰是指将各种装饰面板通过镶、钉、拼贴等构造手法固定于骨架上所构成的墙面装饰,常用的面板有木质板、金属薄板和皮革等。骨架有木骨架和金属骨架。

1) 木质板饰面

木质板饰面的构造做法:在墙面上钉立木骨架,木骨架由竖筋和横筋组成,竖筋的间距为400~600mm,横筋的间距视面板规格而定,然后钉装木面板。为了防止墙体的潮气对面板的影响,往往采取防潮构造措施,可先在墙面上做一层防潮层或在装饰时面板与墙面之间留缝。如果是吸声墙面,则必须要先在墙面上做一层防潮层再钉装,如果在墙面与吸声面板之间填充矿棉、玻璃棉等吸声材料,则吸声效果更佳,如图10.22所示。

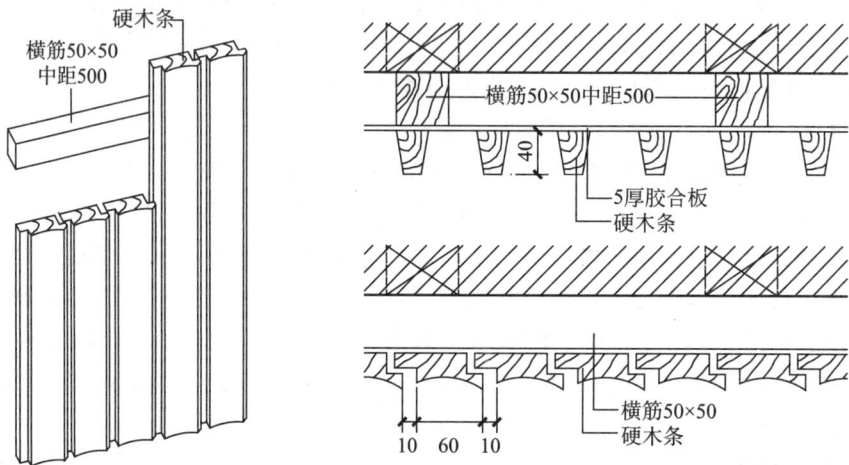

图10.22　木质面板墙面装饰构造

2) 金属薄板饰面

金属薄板饰面的构造做法在墙基上用膨胀铆钉固定金属骨架,间距为600~900mm,然后用自攻螺丝或膨胀铆钉将金属面板固定,有些内墙装饰是将金属薄板压卡在特制的龙骨上。金属骨架多数采用型钢。金属薄板固定后,还要进行盖缝或填缝处理,以达到防渗漏和美观要求。

3) 皮革和人造革饰面

皮革和人造革饰面的做法与木护壁相似。墙面先用20mm厚1:3水泥砂浆找平,涂刷冷底子油一道,再粘贴油毡,然后再通过预埋木砖立木龙骨,间距按皮革面分块,钉胶合板衬底,最后将皮革铺钉或铺贴成饰面。往往皮革里衬泡沫塑料做硬底,或棕丝、玻璃棉、矿棉等材料做成软底。

6. 清水墙饰面

清水墙饰面是指墙面不加其他覆盖性装饰面层,只是在原结构砖墙或混凝土墙的表面进行勾缝或模纹处理,利用墙体材料的质感和颜色以取得装饰效果的一种墙体装饰方法。清水砖墙的砌筑工艺讲究,灰缝要一致,阴阳角要锯砖磨边,接槎严密,主要是勾缝处理。清水砖墙勾缝的处理形式主要有平缝、斜缝、凹缝、圆弧凹缝等形式。勾缝常用1:1.5的水泥砂浆,可根据需要在勾缝砂浆中掺入一定量颜料。也可以在勾缝之前涂刷颜色或喷色,色浆由石灰浆加入颜料(氯化铁红、氯化铁黄等)、胶黏剂制成。图10.23所示为清水墙实例。

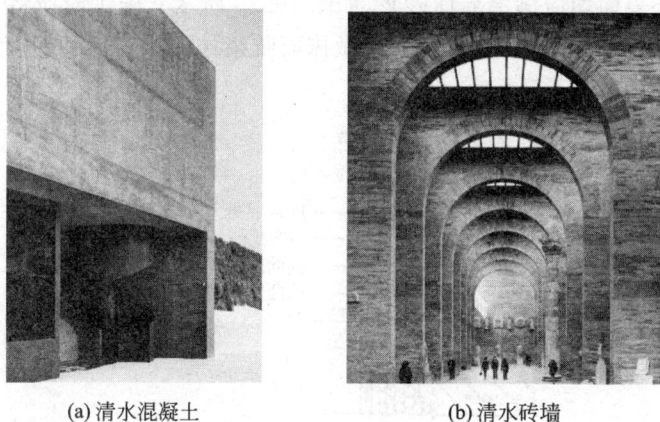

(a) 清水混凝土　　　　　(b) 清水砖墙

图10.23　清水墙

10.6　墙体的保温与隔热

10.6.1　墙体的保温

建筑的外墙应具有良好的保温能力,减少热损失,可以从以下几个方面采取措施。

(1) 通过对材料的选择,提高外墙保温能力以减少热损失。

① 增加外墙厚度,使传热过程延缓,达到保温目的。

② 选用孔隙率高、重量轻的材料做外墙,如加气混凝土等。

③ 采用多种材料的组合墙,形成保温构造系统解决保温和承重双重问题。

外贴保温材料,以布置在围护结构靠低温的一侧为好,而将外观密度大,其蓄热系数也大的材料布置在靠高温的一侧为佳。外墙保温系统根据保温材料与承重材料的位置关系,有外墙外保温、外墙内保温和夹芯保温几种方式,如图10.24所示。目前应用较多的保温材料为EPS(模塑聚苯乙烯泡沫塑料)板或颗粒,此外,岩棉、膨胀珍珠岩、加气混凝土等也是可供选择的保温材料。

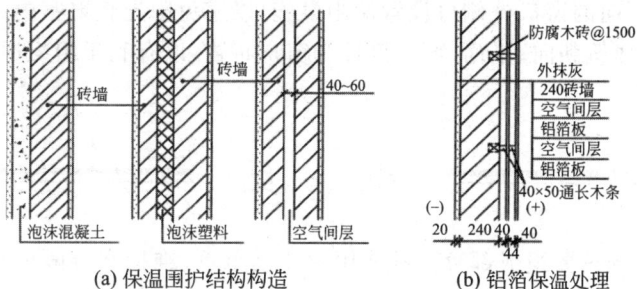

(a) 保温围护结构构造　　　　(b) 铝箔保温处理

图10.24　保温复合墙构造

《外墙外保温工程技术规程》(JGJ 144—2019)中指出,EPS板现浇混凝土外保温系统应以现浇混凝土外墙作为基层墙体,EPS板为保温层,EPS板内表面(与现浇混凝土接触的表面)应有凹槽,内外表面均应满涂界面砂浆,如图10.25所示。施工时应将EPS板置于外模板内侧,并安装辅助固定件。EPS板表面应做抹面胶浆抹面层,抹面层中满铺玻纤网,饰面层可为涂料或饰面砂浆。

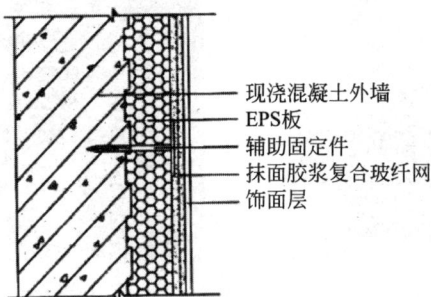

现浇混凝土外墙
EPS板
辅助固定件
抹面胶浆复合玻纤网
饰面层

图10.25　EPS板现浇混凝土外保温系统

(2) 防止外墙中出现凝结水。在靠室内高温一侧,设置隔蒸汽层,阻止水蒸气进入墙体。隔蒸汽层常用卷材、防水涂料或薄膜等材料。

(3) 防止外墙出现空气渗透。墙体材料一般都不够密实,有很多微小的孔洞。以及门窗等构件安装不严密或材料收缩等,会产生一些贯通性缝隙。由于这些孔洞和缝隙的存在,室外风压和室内热压使外墙出现了空气渗透。为了防止外墙出现空气渗透,一般采取以下措施:选择密实度高的墙体材料,墙体内外加抹灰层,加强构件间的缝隙处理等。

(4) 采用具有复合空腔构造的外墙形式,使墙体根据需要具有热工调节性能。

10.6.2　墙体的隔热

要求建筑的外墙应具有良好的隔热能力,以阻隔太阳辐射热传入室内,维持室内的舒适程度。应采取绿化环境、加强自然通风、遮阳及围护结构隔热等综合措施实现墙体隔热。

墙体隔热的通常做法如下。

(1) 房屋的墙体采用导热系数小的材料或采用中空墙体以减少热量的传导。

(2) 外墙采用浅色而平滑的外饰面,以减少墙体对太阳辐射热的吸收。

(3) 房屋东、西向的窗口外侧可设置遮阳设施,以避免阳光直射室内。

(4) 合理选择建筑朝向、平面、剖面设计和窗户布置,以有利于组织通风。

小　　结

墙体是建筑物的重要组成部分。其作用主要是承重、维护和分隔内部空间,此外,还可以增加建筑艺术效果。墙体按承重情况可分为承重墙和非承重墙两类;按照墙体材料分为砖墙、石墙、混凝土墙等;按位置分为纵墙、横墙、外墙、内墙等;按施工方式分为块材墙、板筑墙和板材墙。

　　墙体的细部构造有散水、明沟、勒脚、墙身防潮、过梁、窗台、圈梁与构造柱等。

　　隔墙有块材隔墙、立筋隔墙和板材隔墙。

　　墙面装饰可以改善墙体物理性能,提高建筑艺术效果,按材料及施工方式的不同,通常分为抹灰类、贴面类、涂刷类、裱糊类、铺钉类和清水墙面。

学习单元 10 习题

学习单元 11 楼地层

11.1　楼地层的组成与类型

楼板层与底层地坪层统称楼地层,它们是房屋的重要组成部分。

楼板层是建筑物中分隔上下楼层的水平构件,它不仅承受自重和其上的使用荷载,并将其传递给墙或柱,而且对墙体也起着水平支撑的作用。此外,建筑物中的各种水平管线也可敷设在楼板层内。

地层是建筑物中与土壤直接接触的水平构件,承受作用在它上面的各种荷载,并将其传给地基。

地面是指楼板层和地层的面层部分,它直接承受上部荷载的作用,并将荷载传给下部的结构层和垫层,同时对室内又有一定的装饰作用。

11.1.1　楼板层的组成

为满足各种使用功能的要求,楼板采用多层构造的做法,总厚度取决于每一构造层的厚度。楼板层主要由面层、结构层和顶棚层组成,如图 11.1 所示。根据使用要求和构造做法的不同,楼板层有时还需设置找平层、结合层、防水层、隔声层、隔热层等附加构造层。

（1）面层又称楼面，是楼板层最上面的层次，是人和家具设备直接接触的部分。起着保护结构层、装饰室内和方便清洁等作用。

（2）结构层又称楼板，位于楼板层的中部，是楼板层的承重构件，承受楼板层上的全部荷载，并将其传给墙或柱，同时对墙体起水平支撑的作用，增强建筑物的整体刚度和墙体的稳定性。

（3）顶棚层又称天花板或天棚。它是楼板层下表面的面层。也是室内空间的顶界面，其主要功能是保护楼板、装饰室内、敷设管线及改善或弥补楼板在功能上的某些不足。

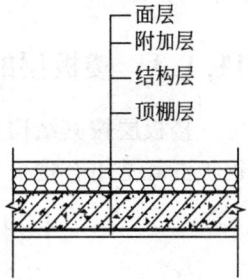

图 11.1　楼板层构造组成

11.1.2　地坪层的构造组成

地坪层主要由面层、垫层和基层组成，也可以根据实际需要设置附加层，如图 11.2 所示。

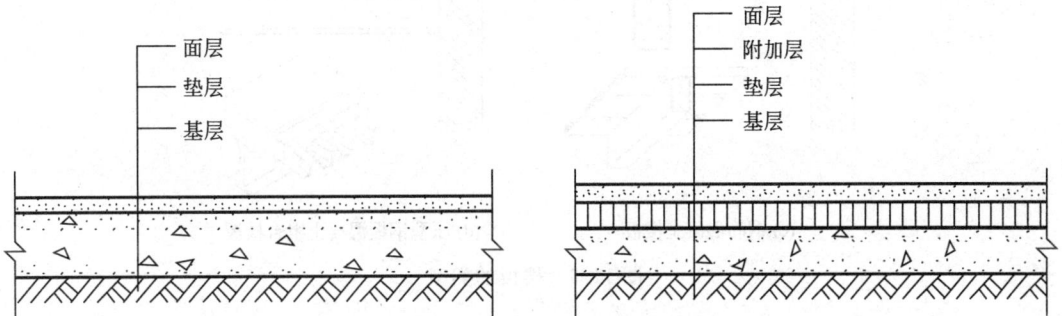

图 11.2　地坪层构造组成

（1）面层作用与楼面基本相同，是室内空间下部的装修层，又称地面。

（2）垫层是地坪层的承重层，也称结构层。它必须有足够的强度和刚度，以承受面层传递的荷载并将荷载均匀地传给垫层下面的土层。垫层有刚性垫层和非刚性垫层之分，刚性垫层常用 C15 混凝土，其厚度为 80～100mm；非刚性垫层常用 80～100mm 厚碎石灌水泥砂浆、60～100mm 厚石灰炉渣或 100～150mm 厚三合土。

刚性垫层多用于整体性强、防潮防水要求较高的地坪，材料薄而脆的整体面层（如水泥砂浆地面、水磨石地面、木地面等）或陶瓷板块面层（陶瓷锦砖、缸砖、陶瓷彩釉砖和瓷质无釉砖等）；非刚性垫层多用于厚而不易脆断的混凝土、石板等块料面层下。

当地面荷载较大且地基土质又较差时，多在地基上先做非刚性垫层，其上再做一层刚性垫层，这种由非刚性和刚性垫层叠加的垫层称为复合垫层。

（3）基层是垫层下面的支承土层，又称地基，它也必须有足够的强度和刚度，以承受垫层传下来的荷载。对于土质较好的土层，一般采用原土夯实，也称素土夯实；当地面荷载较大、土层较差时，可用换土或加入碎砖、碎石等方法对基层土进行加固处理。

（4）附加层是指为满足某些特殊使用要求而设置的构造层次，如在楼地层中起隔声、保温、找坡和暗敷管线等作用的构造层。

11.1.3　楼板层的类型

楼板层按其结构层所用材料的不同,可分为木楼板、砖拱楼板、钢筋混凝土楼板及压型钢板混凝土组合楼板等多种形式,如图 11.3 所示。

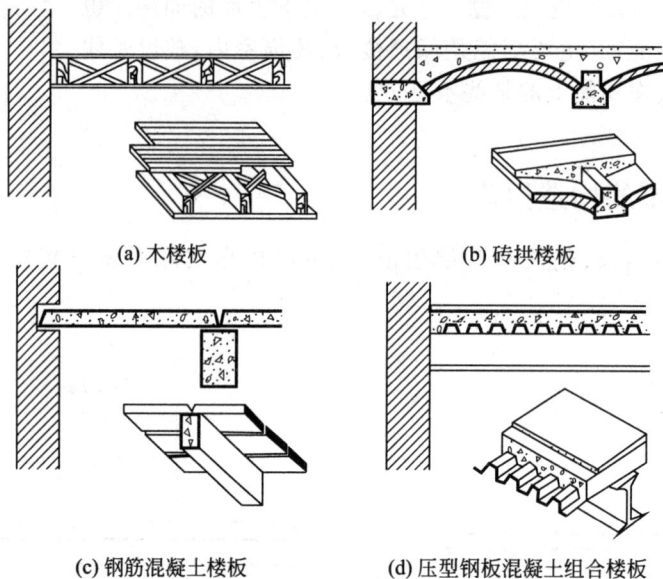

(a) 木楼板　　　　　　　　　　(b) 砖拱楼板

(c) 钢筋混凝土楼板　　　　(d) 压型钢板混凝土组合楼板

图 11.3　楼板的类型

在我国木楼板是楼板层的传统做法。虽然木楼板具有自重轻、构造简单、吸热指数小等优点,但其隔声、耐久和耐火性能较差,且耗木材量大。因此,除林区外,一般极少采用。

砖拱楼板虽可节约钢材、木材、水泥,但其自重大,承载力及抗震性能较差,且施工较复杂,因此目前也很少采用。

钢筋混凝土楼板强度高、刚度好,耐久、耐火、耐水性好,且具有良好的可塑性,目前被广泛采用。

压型钢板混凝土组合楼板是以压型钢板为衬板与混凝土浇筑在一起而构成的楼板。这种楼板的承载能力大、抗震性能好,既有利于各种管线的敷设,又省掉支模、拆模的复杂工序,加快了施工进度。目前广泛应用于大空间、高层民用建筑和大跨度工业厂房。

11.1.4　楼地层的构造要求

为保证楼板层和地坪层在使用过程中的安全性和使用质量,楼地层的构造设计应满足以下要求。

(1) 具有足够的强度和刚度,以保证结构的安全性和正常使用。

(2) 根据不同的使用要求和建筑质量等级,楼地层须具有不同程度的隔声、防火、防水、防潮、保温、隔热等性能。现行的《建筑设计防火规范》(GB 50016—2014)(2018 年版)对于多层建筑楼板的耐火极限作了明确规定。

（3）便于在楼地层中敷设各种管线。

（4）满足建筑经济的要求。

（5）尽量为建筑工业化创造条件，提高建筑质量和加快施工进度。

11.2　钢筋混凝土楼板

钢筋混凝土楼板在当前的工程中主要有现浇钢筋混凝土楼板和装配式建筑叠合楼盖。现浇钢筋混凝土楼板是指在现场支模、绑扎钢筋、浇捣混凝土，经养护而成的楼板。这种楼板具有成型自由、整体性和防水性好的优点，但模板用量大、工期长、工人劳动强度大，且受施工季节的影响较大。钢筋混凝土楼板适用于地震区及平面形状不规则或防水要求较高的房间。装配式建筑叠合楼盖包括普通叠合楼板、带肋预应力叠合楼板、空心预应力叠合板、双 T 形预应力叠合楼板。全预制楼盖主要包括空心板和预应力空心板（SP）。本学习单元主要介绍现浇钢筋混凝土楼板构造，装配式叠合板楼盖放到学习单元 16 介绍。

现浇钢筋混凝土楼板根据受力和传力情况不同，分为板式楼板、梁板式楼板、无梁式楼板和压型钢板组合楼板等。

11.2.1　板式楼板

板内不设梁，板直接搁置在四周墙上的楼板称为板式楼板。板式楼板根据受力和支撑情况，有单向板和双向板之分，如图 11.4 所示。当板的长边与短边之比大于 2 时，板基本上沿短边单方向传递荷载，这种板称为单向板；当板的长边与短边之比小于或等于 2 时，作用于板上的荷载沿双向传递，在两个方向产生弯曲，称为双向板。板的厚度由结构计算和构造要求决定，通常为 100mm 左右。单向板的跨度一般不宜超过 2.5m，双向板的跨度一般为 3～4m。双向板较单向板的刚度好，且可节约材料和充分发挥钢筋的受力作用。

板式楼板具有整体性好、所占建筑空间小、顶棚平整和施工支模简单等优点。由于板式楼板的跨度较小，因此多用于居住建筑中的居室、厨房、卫生间、走廊等小跨度的房间。

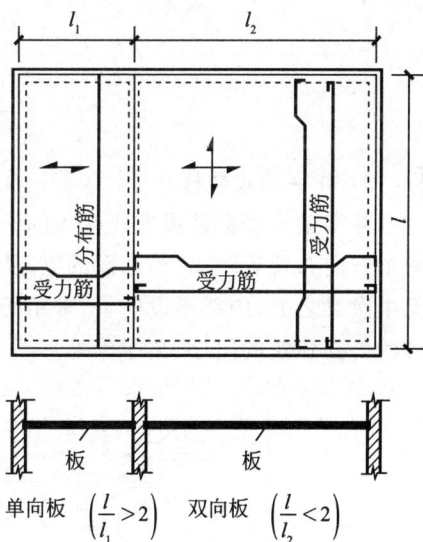

图 11.4　单向板和双向板

11.2.2　梁板式楼板

由板、梁组合而成的楼板称为梁板式楼板（也称肋形楼板）。根据梁的构造情况可分为单梁式、复梁式和井字梁式楼板。

1）单梁式楼板

当房间尺寸不大时,仅在一个方向设梁,梁直接支承在墙上的楼板称为单梁式楼板,如图 11.5 所示。这种楼板适用于民用建筑中的教学楼、办公楼等建筑。

2）复梁式楼板

当房间平面尺寸较大时,为使楼板的受力与传力更合理,广泛采用复梁式楼板,沿房间两个方向设梁,其中一向为主梁,另一向为次梁,如图 11.6 所示。主梁一般沿房间的短跨布置,经济跨度为 5～8m,由墙或柱支承。次梁垂直于主梁布置,经济跨度为 4～6m,由主梁支承。板支承于次梁上,跨度一般为 1.7～2.5m,板的厚度与其跨度和支承情况有关,一般根据结构设计确定。在《混凝土结构设计规范》(GB 50010—2010)(2015 年版)中规定了现浇钢筋混凝土板的最小厚度。

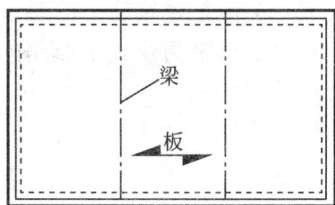

图 11.5　单梁式楼板

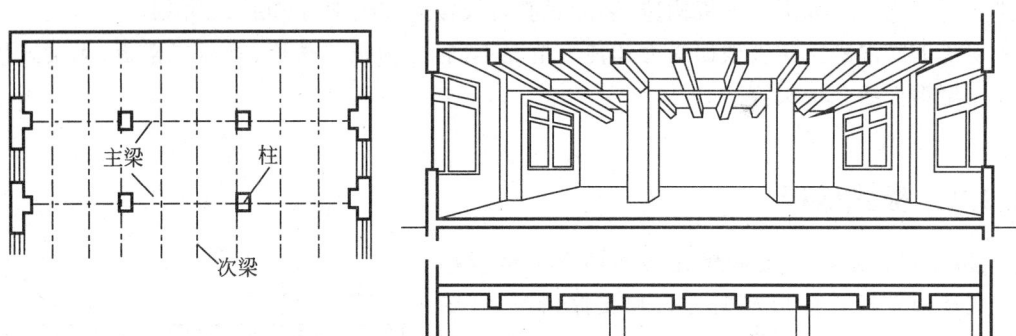

图 11.6　复梁式楼板

3）井字梁式楼板

井字梁式楼板是梁板式楼板的一种特殊形式。当房间尺寸较大,并接近正方形时,常沿两个方向布置等距离、等截面的梁,从而形成井格式的梁板结构如图 11.7 所示。这种结构无主次梁之分,中部不设柱子,常用于跨度为 10m 左右,长短边之比小于 1.5 的形状近似方形的公共建筑的门厅、大厅等处。

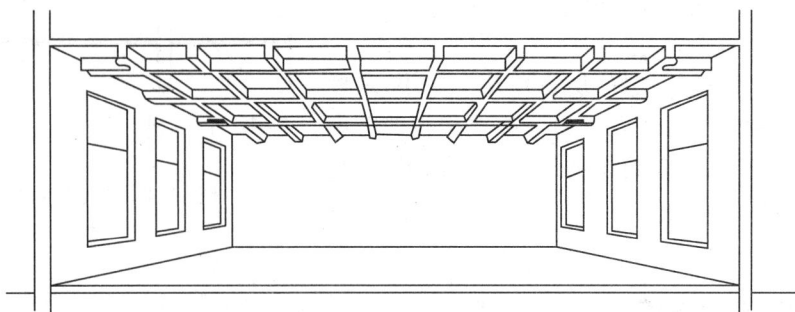

图 11.7　井字梁式楼板

11.2.3 无梁楼板

框架结构中将板直接支承在柱上,且不设梁的楼板称为无梁楼板,其分为有柱帽和无柱帽两种。当楼面荷载较小时,可采用无柱帽的无梁楼板;当荷载较大时,为提高楼板的承载能力及其刚度,增加柱对板的支托面积并减小板跨,一般在柱顶加设柱帽或托板,如图 11.8 所示。无梁楼板的柱网一般布置为方形或矩形,柱距以 6m 左右较为经济。由于板跨较大,无梁楼板的板厚不宜小于 150mm。

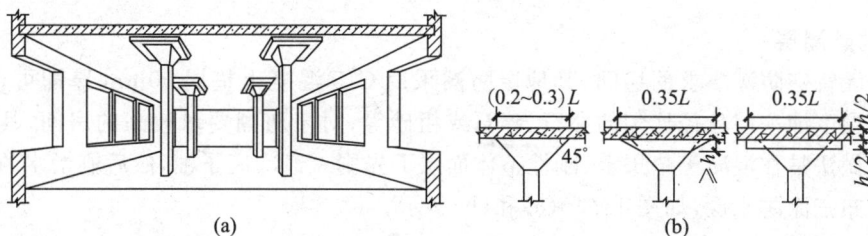

图 11.8 无梁楼板

无梁楼板顶棚平整,室内净空大,采光、通风和卫生条件好,便于工业化(升板法)施工,适用于楼层荷载较大的商场、仓库、展览馆等建筑。在给水工程中的清水池的底板和顶板也常采用无梁楼板。

11.2.4 压型钢板混凝土组合楼板

以压形钢板为衬板,与混凝土浇筑在一起,搁置在钢梁上构成的整体式楼板称为压形钢板混凝土组合楼板。这种楼板主要由楼面层、组合板(包括现浇混凝土与钢衬板)及钢梁等几部分组成,如图 11.9 所示。其特点是压型钢板既起到了现浇混凝土的永久性模板和受拉钢筋的双重作用,同时又是施工的台板,简化了施工程序,加快了施工进度。另外,还可利用压型钢板肋间的空间敷设电力管线或通风管道。目前压型钢板混凝土组合楼板已应用在大空间建筑和高层建筑。

压型钢板组合楼板实例及发展

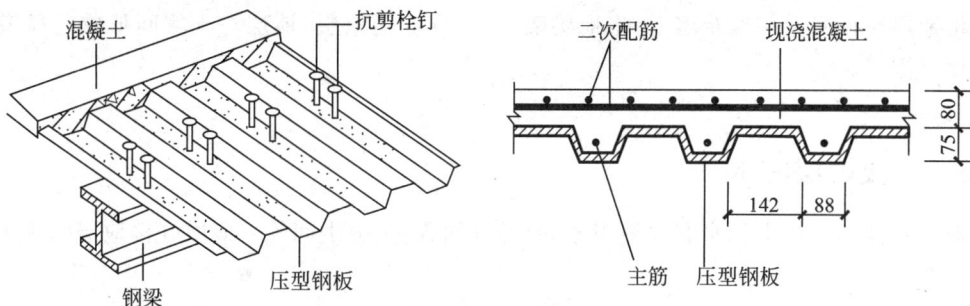

图 11.9 压型钢板混凝土组合楼板

11.3　楼地层构造

11.3.1　地层的防潮构造

地层与土壤直接接触,土壤中的潮气易侵蚀地层,使房间湿度增大,甚至造成地面、墙面和家具的霉变,严重影响房间的卫生状况和结构的耐久性。因此,必须对地层进行必要的防潮处理。

1. 设防潮层

对于无特殊防潮要求的房间,其地层防潮采用 C15 混凝土垫层 60mm 厚即可,也可在混凝土垫层下铺一层粒径均匀的卵石、碎石或粗砂等;对于防潮要求较高的房间,其地层防潮的具体做法是在混凝土垫层上、刚性整体面层下先刷一道冷底子油,然后刷憎水的热沥青两道或二布三涂防水层,如图 11.10(a)和(b)所示。

2. 设保温层

室内潮气大多是因为室内与地层温差大所致,设保温层可以降低温差,对防潮也起一定的作用。设保温层有两种做法:一种是对于地下水位低、土壤较干燥的地层,可在垫层下铺一层 1∶3 水泥炉渣或其他工业废料做保温层;另一种是对于地下水位较高的地区,可在面层与混凝土垫层间设保温层,并在保温层下做防水层,如图 11.10(c)和(d)所示。

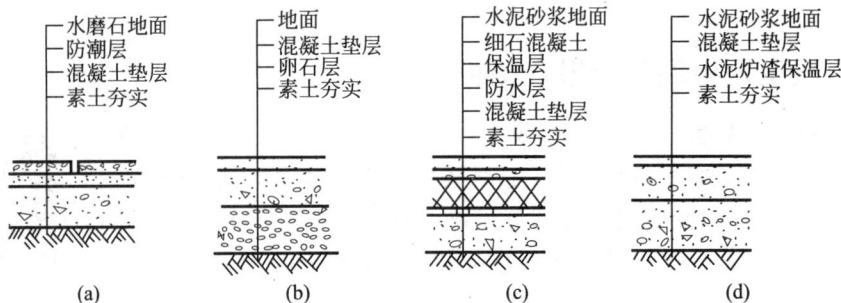

图 11.10　地层防潮构造

3. 架空地层

将地层底板搁置在地垄墙上,将地层架空,形成空铺地层,地层与土壤间形成通风道可带走地下潮气。

11.3.2　楼地层防水

对于室内容易产生积水和渗漏现象的房间(如厨房、卫生间等),应做好楼地层的排水和防水构造。

1. 楼面排水

为便于排水,首先要设置地漏,并使地面由四周向地漏有一定的坡度,从而引导水流入地漏。地面排水坡度一般为 1%～1.5%。另外,有水房间的地面标高应比其他房间或走道低30~50mm,当不能实现标高差时,也可在门口做30~50mm高的门槛,以防水多时或地漏不畅通时发生积水外溢。

2. 楼层防水

有防水要求的楼层,其结构应以现浇钢筋混凝土楼板为好。面层也宜采用水泥砂浆、水磨石地面或缸砖、瓷砖、陶瓷锦砖等防水性能好的材料。为了提高防水性能,可在结构层或垫层与面层间设防水层一道,常见的防水材料有防水卷材、防水砂浆和防水涂料等。此外,还应将防水层沿房间四周墙体延伸至踢脚内至少150mm,以防墙体受水侵蚀。门口处应将防水层铺出门外至少250mm,如图11.11(a)和(b)所示。

竖向管道穿越的地方是楼层防水的薄弱区域。工程上有两种处理方法:一种是普通管道穿越的周围,用C20干硬性混凝土填充捣密,再用两布两油橡胶酸性沥青防水涂料做密封处理,如图11.11(c)所示;另一种是热力管穿越楼层时,先在楼层热力管通过处预埋管径比立管稍大的套管,套管高出地面30mm左右,套管四周用上述方法密封,如图11.11(d)所示。

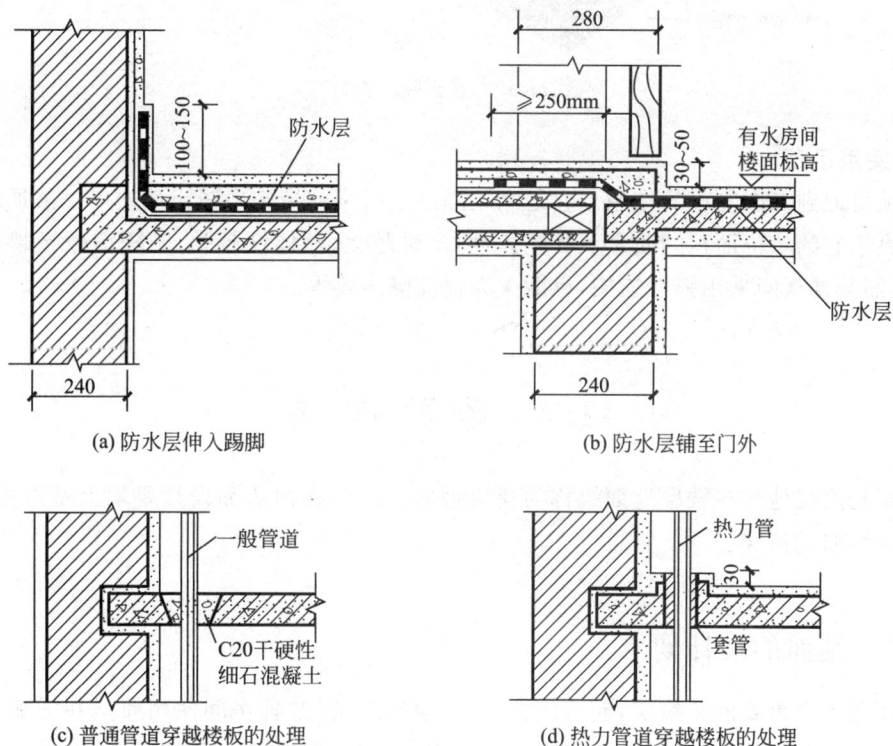

(a) 防水层伸入踢脚

(b) 防水层铺至门外

(c) 普通管道穿越楼板的处理

(d) 热力管道穿越楼板的处理

图11.11　楼板层防水及管道穿越楼板时的处理

11.3.3　楼板层隔声

楼层隔声的重点是对撞击声的隔绝,可从以下三个方面进行改善。

1. 采用弹性面层

在楼面上铺设富有弹性的材料,如地毯、橡胶地毯、塑料地毯、软木板等,可有效降低楼板的振动,使撞击声源的能量减弱。

2. 采用弹性垫层

在楼板与面层之间增设一道弹性垫层,可减弱楼板的振动,从而达到隔声的目的。弹性垫层一般为片状、条状或块状的材料,如木丝板、甘蔗板、软木板、矿棉毡等,如图 11.12 所示。这时楼面与楼板是完全隔开的,常称为浮筑楼板。浮筑楼板要保证结构层与板面完全脱离,防止"声桥"产生。

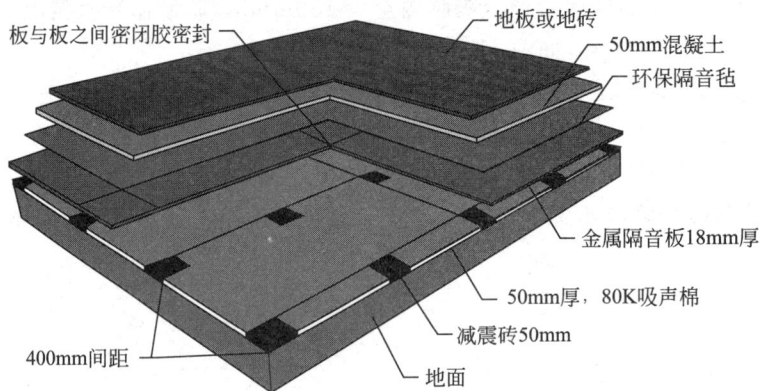

图 11.12　楼板隔声构造

3. 采用吊顶

吊顶可起到二次隔声的作用。它是利用隔绝空气声的措施来减小撞击声。吊顶的隔声能力取决于它的单位面积的质量及其整体性,质量越大、整体性越强,其隔声效果越好。此外,若吊筋与楼板间采用弹性连接,也能大大提高隔声效果。

11.4　地　面　构　造

建筑物底层地面与楼层地面统称为建筑地面。二者在构造和设计要求上基本相同,均属于室内装修的范畴。

11.4.1　地面的设计要求

地面是室内重要的装修层,起着保护楼板、地层结构,改善房间使用质量和增加美观的作用。与墙面装修相比,它与人、家具、设备等直接接触,承受荷载并经常受到磨损、撞击和洗刷,设计时应满足下列要求。

(1) 具有足够的坚固性。要求地面在外力作用下不易被磨损、破坏,且表面应平整、光洁、易清洗和不起灰。

(2) 具有良好的保温性能。要求所用材料的导热系数小,以便人在寒冷季节与其接触时不感到寒冷。

（3）具有一定的弹性。好的弹性面层不仅有利于隔绝人或家具与地面产生的撞击声，更会使人在驻足或行走时有舒适感。

（4）具有较强的装饰性。设计时要结合空间形态、家具饰品的布置、人的活动状况和心理感受、色彩环境、图案要求、质感效果及该建筑的使用性质等因素综合考虑，妥善处理好楼地面的装饰效果和功能要求之间的关系。

（5）兼顾经济性。在满足功能要求和美观的前提下，尽量选择经济的材料和构造方式，尽可能就地取材。

11.4.2　地面的类型及构造

根据面层的材料和施工工艺的不同将地面分为现浇整体地面、块材镶铺地面、卷材类地面及木地面等，常见地面的构造举例如下。

1. 水泥砂浆地面

水泥砂浆地面构造简单，坚固耐磨，造价低廉，是应用比较广泛的一种低档地面做法。当空气中湿度较大时，它具有容易返潮、起灰、无弹性、热传导高、不容易清洁等缺点。水泥砂浆地面有单层做法和双层做法两种。单层做法是直接抹 15～20mm 的 1∶2 水泥砂浆；双层做法是先用 15～20mm 的 1∶3 水泥砂浆打底，再用 5～10mm 的 1∶2 水泥砂浆抹面。双层做法抹面质量高，不易开裂。

2. 水磨石地面

水磨石地面是目前一种常用的地面，其质地光洁美观，耐磨性、耐久性好，容易清洁，且不易起灰，装饰效果好，常用作公共建筑的门厅、大厅、楼梯和主要房间等的地面。

水磨石地面采用分层构造，如图 11.13 所示。结构层上做 10～15mm 厚的 1∶3 水泥砂浆找平，面层采用 10～15mm 厚的 1∶1.5～1∶2 的水泥石碴。水泥和石碴可以用白色的，也可以用彩色的，彩色水磨石可形成美观的图案，装饰效果较好，但造价比普通水磨石高。因为面层要进行打磨，石碴要求颜色美观，中等耐磨度，所以常用白云石或者大理石石碴。在做好的找平层上按设计好的方格用 1∶1 水泥砂浆嵌固 10mm 高的分格条（铜条、铝条、玻璃条、塑料条），铺入拌和好的水泥石屑，压实，浇水养护 6～7 天后用磨光机磨光，再用草酸溶液搓洗，最后打蜡抛光。

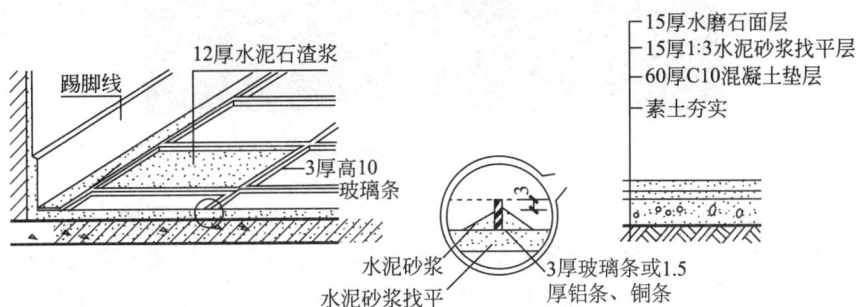

踢脚线
12厚水泥石渣浆
3厚高10玻璃条
水泥砂浆
水泥砂浆找平
3厚玻璃条或1.5厚铝条、铜条

15厚水磨石面层
15厚1:3水泥砂浆找平层
60厚C10混凝土垫层
素土夯实

图 11.13　水磨石地面及其分层构造图

3. 陶瓷地砖、陶瓷锦砖地面

陶瓷地砖一般厚度为 6~10mm,有多种规格。一般情况下,陶瓷地砖的规格越大,装饰效果越好,价格也越高。陶瓷彩釉砖和瓷质无釉砖是理想的地面装修材料,规格尺寸一般较大。地砖的性能优越,色彩丰富,多用于高档地面的装修,施工方法是在找平层上用 5~10mm 的水泥砂浆粘贴,用素水泥浆擦缝。

陶瓷锦砖是马赛克的一种,具有质地坚硬、色彩丰富多样、耐磨、耐水、耐腐蚀、容易清洁等优点,常用于卫生间、浴室等房间的地面。构造做法为 15~20mm 厚 1:3 水泥砂浆找平,再用 5mm 厚水泥砂浆粘贴拼贴在牛皮纸上的陶瓷锦砖,压平后洗去牛皮纸,再用素水泥浆擦缝。

4. 石材地面

石材地面包括天然石材地面和人造石材地面。

建筑装饰用的天然石材主要有大理石和花岗石两种。大理石原指产于云南省大理的白色带有黑色花纹的石灰岩,剖面可以形成一幅天然的水墨山水画,古代常选取具有花纹的大理石用来制作画屏或镶嵌画。在商业上,大理石指以大理岩为代表的一类装饰石材,包括碳酸盐岩和与其有关的变质岩,主要成分为碳酸盐矿物,一般质地较软。在商业上,花岗石指以花岗岩为代表的一类装饰石材,包括各类岩浆岩和花岗质的变质岩,一般质地较硬。

磨光的花岗石材色泽亮丽,耐磨度优于大理石材,但造价较高。大理石的色泽和纹理美观,常用尺寸为(600mm×600mm)~(800mm×800mm),厚度为 20mm。大理石和花岗石均属高档地面装修材料,一般用于装修标准较高的建筑的门厅、大厅等部位,如图 11.14所示。

图 11.14　某酒店大理石地面

人造石材有人造大理石材、预制水磨石材等类型,价格低于天然石材。

由于石材尺寸较大,铺设时须预先试铺,合适后再正式粘贴。粘贴表面的平整度要求很高,其做法是在混凝土楼板(或地面)上先用 20~30mm 厚(1:3)~(1:4)干硬性水泥砂浆找平,再用 5~10mm 厚 1:1 水泥砂浆铺贴石材,缝中灌稀水泥砂浆擦缝。

5. 卷材地面

常见地面的卷材有聚氯乙烯塑料地毡、橡胶地毡及各种地毯等。卷材地面弹性好,消声性能也好,适用于公共建筑和居住建筑。

聚氯乙烯塑料地毡和橡胶地毡铺贴方便,可以干铺,也可以用胶黏剂粘贴在其找平层上。塑料地毡具有步感舒适、防滑、防水、耐磨、隔声、美观等特点,且价格低廉。

地毯分为羊毛地毯和化纤地毯两种。羊毛地毯图案典雅大方、美观豪华,一般只在建筑物局部使用作为装饰用途。地面广泛使用的是化纤地毯,其铺设方法有活动式和固定式。固定地毯有两种方法:一种是用胶黏剂将地毯四周与房间地面粘贴;另一种是将地毯背面固定在安设在地面上的倒刺板上。

6. 木地面

木地面一般由木板粘贴或者铺钉而成,有普通木地板、硬木条地板、拼花木地面。木地板的特点是保温性好、弹性好、易清洁、不易起灰等。常用于剧院、宾馆、健身房等建筑中,近年来也广泛应用于家庭装修中。木地面按照构造方法分为空铺、实铺、粘贴三种。空铺木地面构造复杂,耗费木材较多,现已较少采用。

1)铺钉式木地面

铺钉式木地面是将木地板搁置在木格栅上,木格栅固定在基层上。固定的方法很多,如在基层上预埋钢筋,通过镀锌铁丝将钢筋和木格栅连接固定,或者在基层上预埋U形铁件嵌固木格栅。木格栅的断面一般为 $50mm \times 50mm$,中距为 $400mm$。木板通常采用企口形,以增强整体性。为了防止木板受潮,可在找平层上做防潮层,如涂刷冷底子油、热沥青或者做一毡二油防潮层等;另外,在踢脚板上预设通风孔,以加强通风。铺钉式木地面的构造做法如图 11.15(a)所示。

2)粘贴式木地面

粘贴式木地面是用环氧树脂胶等材料将木地板直接粘贴在找平层上。粘贴式木地面的优点是节省材料、施工方便、造价低,应用较多;缺点是但木地板受潮时会发生翘曲,施工中应保证粘贴质量。粘贴式木地面的构造做法如图 11.15(b)所示。

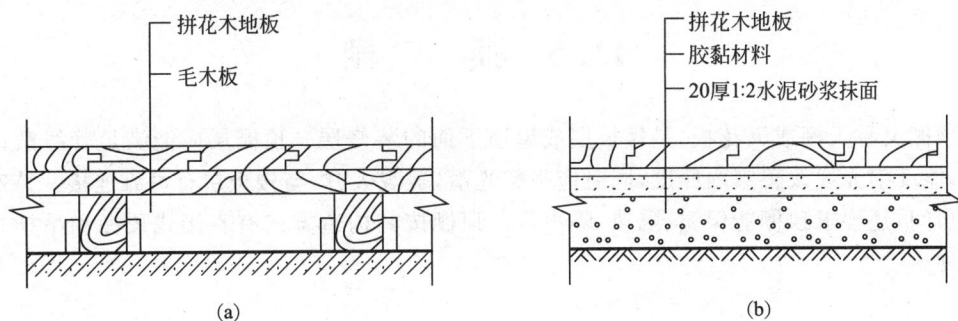

图 11.15 木地面构造

7. 涂料地面

涂料的主要功能是装饰和保护室内地面,使地面清洁美观,为人们创造一种优雅的室内环境。地面涂料应该具有以下特点:耐碱性良好,因为地面涂料主要涂刷在带碱性的水泥砂浆基层上;与水泥砂浆有较好的黏结性能;有良好的耐水性、耐擦洗性;有良好的耐磨性;有良好的抗冲击能力;涂刷施工方便;价格合理。

按照地面涂料的主要成膜物质来分,涂料产品主要有环氧树脂地面涂料、聚氨酯树脂涂料、不饱和聚酯树脂涂料、亚克力休闲场涂料等,本节主要介绍前两种。

1）环氧树脂地面涂料

环氧树脂地面涂料是一种高强度、耐磨损、美观的地板,具有无接缝、质地坚实、耐药性佳、防腐、防尘、保养方便、维护费用低等优点。

2）聚氨酯树脂涂料

聚氨酯树脂涂料属于高固体厚质涂料,它具有优良的防腐蚀性能和绝缘性能,特别是有较全面的耐酸碱盐的性能,有较强的强度和弹性,对金属和非金属混凝土的基层表面有较好的黏结力,涂铺的地面光洁不滑,弹性好,耐磨、耐压、耐水,美观大方,行走舒适,不起尘,易清扫,不需要打蜡,可代替地毯使用。聚氨酯树脂涂料既适用于会议室、放映厅、图书馆等人流较多的场合做弹性装饰地面,也适用于工业厂房、车间和精密机房的耐磨、耐油、耐腐蚀地面及地下室、卫生间的防水装饰地面。

11.4.3 踢脚和墙裙

踢脚是地面与墙面交接处的构造,其主要作用是遮盖墙面与地面的接缝,保护墙面,防止外界的碰撞损坏和清洗地面时的污染。踢脚在构造上通常按地面的延伸部分来处理,高度一般为 100～150mm。常用的踢脚板有水泥砂浆、水磨石、釉面砖、木板等。

在墙体的内墙面所做的保护处理称为墙裙（又称台度）。一般居室内的墙裙主要起装饰作用,常用木板、大理石板等板材制作,高度为 900～1200mm。卫生间、厨房的墙裙的作用是防水和便于清洗,多用水泥砂浆、釉面瓷砖制作,高度为 900～2000mm。

下沉式
卫生间构造

11.5 顶 棚

顶棚又称天棚或天花板,是楼板层或屋顶下面的装修层。顶棚层应能满足管线敷设的需要,能反射光线改善室内照度,同时应平整光滑,美观大方,与楼板层有可靠连接。特殊要求的房间,还要求顶棚能保温、隔热、隔声等。顶棚按其构造方式有直接式顶棚和吊挂式顶棚两种。

11.5.1 直接式顶棚

直接式顶棚是指在钢筋混凝土楼板下直接喷刷涂料、抹灰或粘贴饰面材料的构造做法。多用于大量性的民用建筑中,常有以下几种做法。

(1) 直接喷刷涂料的顶棚。当板底面平整、室内装修要求不高时,可直接或稍加修补刮平后在其下喷刷大白浆或涂料等。

(2) 抹灰顶棚。当板底面不够平整或室内装修要求较高时,可在底面先抹灰后再喷刷各种涂料。顶棚抹灰所用的材料主要为水泥砂浆、混合砂浆、纸筋灰等。抹灰前板底打毛,可一次成活,也可分几次抹成,抹灰厚度一般控制在 10mm 左右,如图 11.16(a)所示。水泥砂浆抹灰的做法是先在板底刷素水泥浆一道,再用 5mm 厚 1∶3 水泥砂浆打底,5mm 厚 1∶2.5 水泥砂浆抹面,最后喷刷涂料。

(3) 贴面顶棚。对一些装修要求较高或有保温、隔热、吸音等要求的房间,可在板底粘贴壁纸、壁布及装饰吸音板材,如石膏板、矿棉板等,如图 11.16(b)所示。

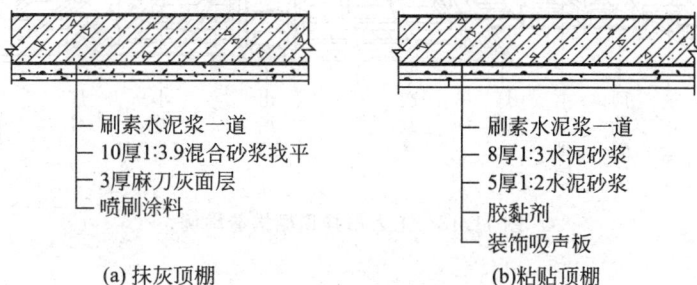

(a) 抹灰顶棚　　　　(b)粘贴顶棚

图 11.16　直接式顶棚构造

11.5.2　吊挂式顶棚

吊挂式顶棚简称吊顶,是指顶棚的装修表面与屋面板或楼板之间留有一定距离,这段距离形成的空腔,可以将设备管线和结构隐藏起来,也可使顶棚在这段空间高度上产生变化,形成一定的立体感,增强装饰效果。吊顶一般由吊筋、骨架和面层三部分组成。

(1) 吊筋。吊筋是连接骨架(吊顶基层)与承重结构层(屋面板、楼板、大梁等)的承重传力构件。其形式和材料的选择与吊顶的自重及骨架的形式和材料有关,常用 φ6～8 钢筋、8 号铅丝或 φ8 螺栓。吊筋与钢筋混凝土楼板的固定方法有预埋件锚固、预埋筋锚固、膨胀螺栓锚固和射钉锚固,如图 11.17 所示。

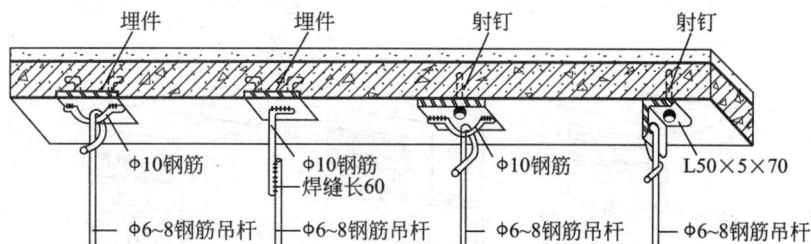

图 11.17　吊筋与楼板的固定

(2) 骨架。骨架主要由主、次龙骨组成,其作用是承受顶棚荷载并由吊筋传递给屋顶或楼板结构层。按材料分为木骨架和金属骨架两类。为节约木材和提高建筑物的耐火等级,应避免选用木制龙骨,提倡选用轻钢龙骨和铝合金龙骨。龙骨断面大小应根据龙骨材料、顶棚荷载、面层做法等来确定。

(3) 面层。面层的作用是装饰室内空间,同时起一些特殊作用(如吸声、反射光等)。构造做法一般分为抹灰类(如板条抹灰、钢板网抹灰、苇箔抹灰等)、板材类(如纸面石膏板、穿孔石膏吸声板、钙塑板、铝合金板等)。在设计和施工时要结合灯具、风口布置等一起进行,如图 11.18 所示。

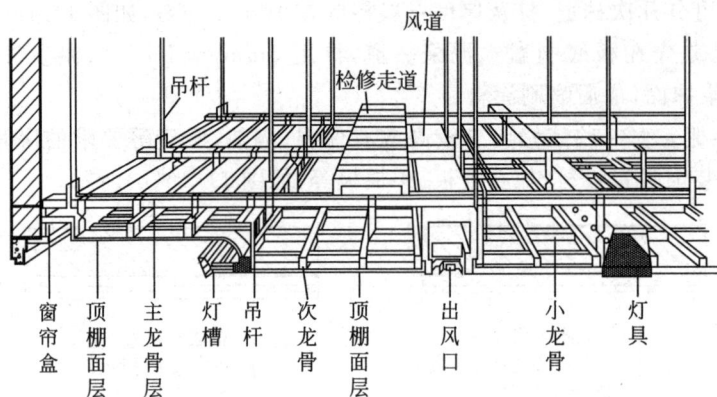

图 11.18　上人吊挂顶棚构造举例

11.6　阳台与雨篷

11.6.1　阳台

阳台是多层及高层建筑中供人们室外活动的平台,有生活阳台和服务阳台之分。生活阳台设在阳面或主立面,主要供人们休息、活动、晾晒衣物;服务阳台多与厨房相连,主要供人们从事家庭服务操作与存放杂物。阳台的设置大大改善了楼房的居住条件,同时又可以点缀和装饰建筑立面。

阳台按其与外墙的相对位置分为凸阳台、凹阳台和半凸半凹阳台,如图 11.19 所示。凹阳台为楼板层的一部分,构造与楼板层相同,而凸阳台的受力构件为悬挑构件,其挑出长度和构造做法必须满足结构抗倾覆的要求。阳台按施工方法不同,又可分为现浇阳台和预制阳台。

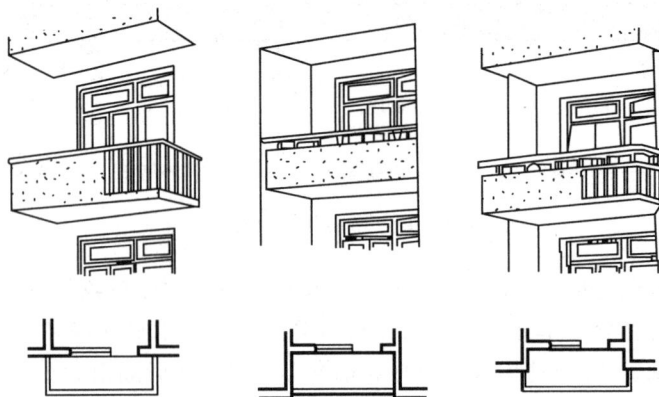

图 11.19　阳台类型

阳台的承重构件目前都采用钢筋混凝土结构。凸阳台属于结构上的悬挑构件,是建筑物立面构图的一个重要元素,因此要满足安全适用、坚固耐久、排水顺畅等设计要求。

1. 凸阳台的结构布置方式

现浇钢筋混凝土凸阳台有三种结构类型,如图 11.20 所示。挑板式凸阳台是将楼板直接悬挑出外墙形成,板底平整美观,构造简单,阳台板可形成半圆形、弧形等丰富的形状,如图 11.20(a)所示,挑板式阳台悬挑长度一般不超过 1.2m。压梁式凸阳台是将阳台板与墙梁现浇在一起,墙梁由它上部的墙体获得压重来防止阳台发生倾覆,如图 11.20(b)所示,压梁式阳台悬挑长度不宜超过 1.2m。挑梁式凸阳台应用广泛,一般由横墙伸出挑梁搁置阳台板如图 11.20(c)所示。多数建筑中挑梁与阳台板可以一起现浇筑成整体,悬挑长度可达1.8m。为防止阳台发生倾覆破坏,悬挑长度不宜过大,最常见的为 1.2m,挑梁压入墙内的长度不小于悬挑长度的 1.5 倍。

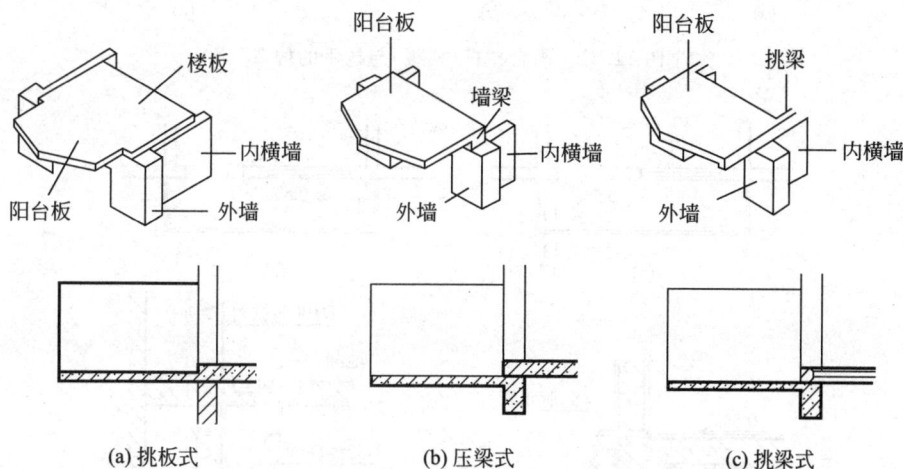

图 11.20 现浇钢筋混凝土凸阳台

2. 栏杆(栏板)与扶手

栏杆(栏板)是为了保证人们在阳台上活动安全而设置的竖向构件,要求坚固可靠,舒适美观。其净高应高于人体的重心,《住宅设计规范》(GB 50096—2011)规定,六层及六层以下栏杆或栏板净高不应小于 1.05m,七层及七层以上不应低于 1.1m。中高层、高层及寒冷、严寒地区住宅的阳台宜采用实体栏板。扶手有金属扶手和混凝土扶手,金属杆件和扶手表面要进行防锈处理。

栏杆一般由金属杆或混凝土杆制作,其垂直杆件间净距不应大于 110mm,一般不设置水平杆,防止儿童攀爬。栏杆应上与扶手、下与阳台板连接牢固。金属栏杆一般由圆钢、方钢、扁钢和钢管组成,它与阳台板的连接有两种方法:一是直接插入阳台板的预留孔内,用砂浆灌注;二是与阳台板中预埋的通长扁钢焊牢。扶手与金属栏杆的连接,根据扶手材料的不同有焊接、螺丝连接等方式。预制钢筋混凝土栏杆可直接插入扶手和面梁上的预留孔中,也可通过预埋件焊接固定,如图 11.21 所示。

栏板有用钢筋混凝土栏板和玻璃栏板等。钢筋混凝土栏板可与阳台板整浇在一起,也可在地面预制成(300~600)mm³1100mm 的预制板,借预埋铁件相互焊牢及与阳台板或面梁焊牢,如图 11.22 所示。玻璃栏板具有一定的通透性和装饰性,已逐渐用于住宅建筑的阳台。

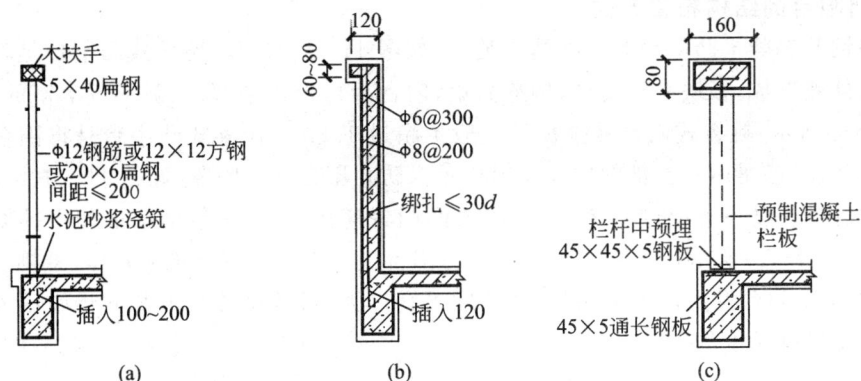

图 11.21　阳台栏杆(栏板)与扶手的构造

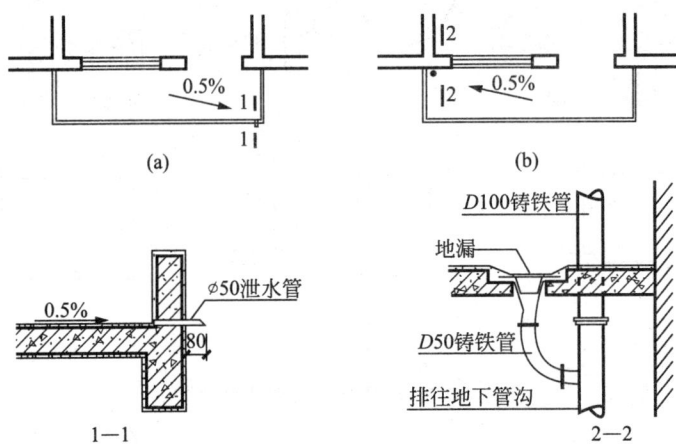

图 11.22　阳台排水构造

3. 阳台排水

　　为排除阳台上的雨水和积水,阳台必须采取一定的排水措施。阳台排水有外排水和内排水两种。阳台外排水适用于低层和多层建筑,具体做法是在阳台一侧或两侧设排水口,阳台地面向排水口做 1‰~2‰的坡,排水口内埋设 $\phi 40$~$\phi 50$ 镀锌钢管或塑料管(称水舌),外挑长度不小于 80mm,以防雨水溅到下层阳台(见图 11.22(a))。内排水适用于高层建筑和高标准建筑,具体做法是在阳台内设置排水立管和地漏,将雨水直接排入地下管网,保证建筑立面美观(见图 11.22(b))。

11.6.2　雨篷

　　雨篷是建筑入口处和顶层阳台上部用来遮挡雨雪、保护外门免受雨淋的构件。建筑入口处的雨篷还具有标识引导作用。因此,主入口雨篷设计和施工尤为重要。当代建筑的雨篷形式多样,以材料和结构分为钢筋混凝土雨篷、钢结构悬挑雨篷、玻璃采光雨篷、软面折叠多用雨篷等。

1. 钢筋混凝土雨篷

钢筋混凝土雨篷具有结构牢固、造型厚重有力、坚固耐久、不受风雨影响等特点,可分为悬挑板式和梁板式两种,如图11.23所示。

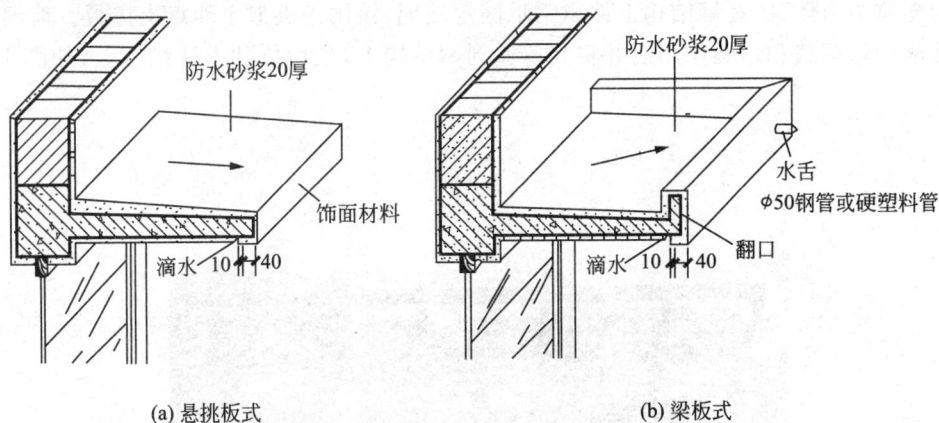

(a) 悬挑板式　　　　　　　(b) 梁板式

图11.23　钢筋混凝土雨篷

梁板式雨篷适用于当挑出长度较大时,雨篷由梁、板、柱组成,其构造与楼板相同;悬挑板式雨篷适用于当挑出长度较小时,雨篷与凸阳台一样做成悬臂构件,一般由雨篷梁和雨篷板组成(图11.24)。雨篷梁可兼做门过梁,高度一般不小于300mm,宽度同墙厚。雨篷板的悬挑长度一般为900～1500mm,宽出门洞500mm以上可形成变截面的板,但根部厚度应不小于洞口跨度的1/8,且不小于100mm,端部不小于50mm。雨篷在构造上要解决两个问题:一是抗倾覆,保证使用安全;二是立面美观和排水。通常在板边砌砖或现浇混凝土形成向上的翻口,并留出排水孔,同时板面应用防水砂浆抹面,并向排水口做1%的坡度,防水砂浆应顺墙上卷至少250mm,形成泛水。

2. 钢结构悬挑雨篷

钢结构悬挑雨篷由雨篷支撑系统、雨篷骨架系统和雨篷板面系统三部分组成。这种雨篷具有结构与造型简练、轻巧,施工便捷、灵活的特点,同时富有现代感,在现代建筑中使用越来越广泛,如图11.24所示。

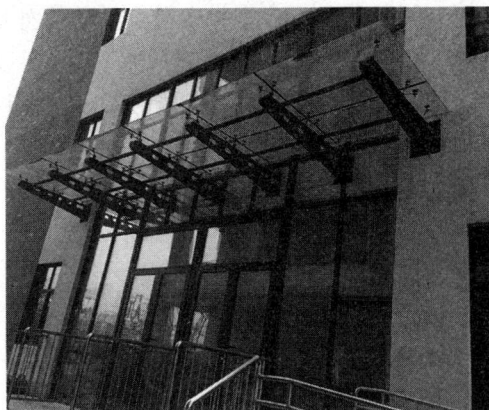

图11.24　钢结构悬挑雨篷

3. 玻璃采光雨篷

玻璃采光雨篷是用阳光板、钢化玻璃作雨篷面板的新型透光雨篷。其特点是结构轻巧、造型美观、透明、新颖、富有现代感,也是现代建筑中广泛采用的一种雨篷。其做法是用钢结构作为支撑受力体系,在钢结构上伸出钢爪固定玻璃,该雨篷类似于四点支撑板。玻璃四角的爪件承受风荷载和地震作用后并将其传递到钢结构上,最后传到土建结构上,如图 11.25 所示。

图 11.25　玻璃采光雨篷

小　结

楼板层是建筑物中分隔上、下楼层的水平构件,它承受并传递其上的使用荷载和自重,同时对墙体起着水平支撑的作用。楼地层是建筑物中与土壤直接接触的水平构件,承受作用在它上面的各种荷载,并将其传给地基。楼地层主要由面层、垫层和基层组成。地面是指楼板层和地层的面层部分,它直接承受上部荷载的作用,并将荷载传给下部的结构层和垫层,同时对室内又有一定的装饰作用。

阳台是多层及高层建筑中供人们室外活动的平台。按其与外墙的相对位置分,有凸阳台、凹阳台和半凸半凹阳台。阳台构造主要包括栏杆、栏板、扶手及阳台排水等细部处理。雨篷又称雨罩,设置在建筑物出入口处,其作用是遮挡雨雪,使人们在雨天时作短暂停留;保护外门;丰富建筑立面。

学习单元 11 习题

学习单元 12 楼 梯

学习导引

　　楼梯是建筑物主要的垂直交通设施,也是疏散通道,看似相同的楼梯,你能从专业角度区分吗?本单元带你详细认识楼梯。

学习目标

　　掌握钢筋混凝土楼梯的构造,能够识读楼梯详图;熟悉楼梯的主要尺度和台阶、坡道的构造;了解楼梯的类型、组成及电梯、扶梯的基本知识。

技能目标

　　能识读建筑物电梯、台阶等构件的定位及尺寸;能识读建筑外墙面上所有可见的构配件,如台阶、坡道等;能识读剖到的室外台阶、楼梯等构件的技术信息等;能根据任务要求,应用 CAD 软件绘制建筑详图的指定内容("1+X"建筑工程识图职业技能等级要求(中级——建筑设计类专业)1.3.1、1.4.1、1.5.2、2.4)。

思政要求

培养学生爱岗敬业、遵纪守法、开拓创新的职业品格和行为习惯。

建筑物中,为解决垂直交通和高差,常采用以下措施。

　　(1) 坡道:用于高差较小时的交通联系,常用坡度为 1/5～1/10,角度在 20°以下。

　　(2) 台阶:当坡度为 15°～45°且高差不大时,常采用踏步构成锯齿形台阶,用来联系室内与室外。

　　(3) 楼梯:用于楼层之间和高差较大时的交通联系,角度在 23°～45°之间,舒适角度为 26°34′,即高宽比为 1/2。

　　(4) 电梯:用于楼层之间的联系,角度为 90°。

　　(5) 自动扶梯:又称"滚梯",角度以 30°为宜,常用于人流量大,使用次数频繁或使用标准要求较高的场合。

　　(6) 爬梯:常用角度为 45°～90°,仅用于使用人数及使用次数较小的消防和检修等专用梯。

　　以上措施中,楼梯作为建筑物内楼层间的垂直交通设施,应用最为广泛,如图 12.1 所示。

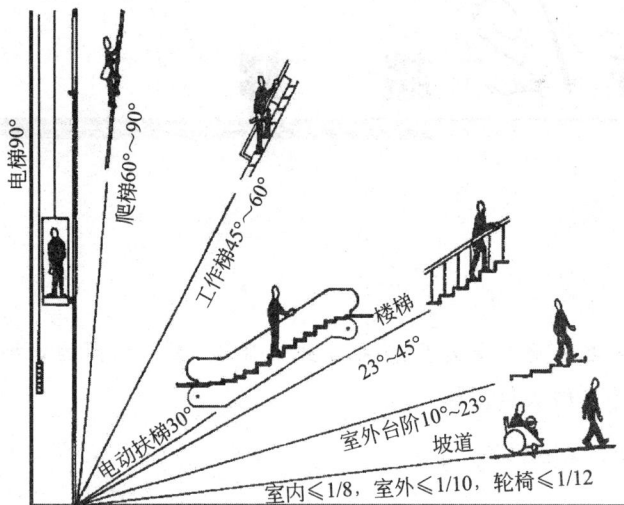

图 12.1 垂直交通设施常用坡度

12.1 楼 梯 概 述

12.1.1 楼梯的类型

（1）按楼梯在建筑物中的位置分为室内楼梯和室外楼梯。

（2）按楼梯的使用性质分为主要楼梯、辅助楼梯、消防楼梯、疏散楼梯。

（3）按楼梯的结构材料分为木楼梯、竹楼梯、钢筋混凝土楼梯、钢楼梯、混合材料楼梯等，如图 12.2 所示，其中钢筋混凝土楼梯因其坚固耐久、防火、易成型等优点，应用最为普遍。

(a) 木楼梯   (b) 钢筋混凝土楼梯   (c) 钢楼梯

图 12.2 楼梯类型

（4）按楼梯的楼梯间形式分为开敞式、封闭式、防烟楼梯间，如图 12.3 所示。

① 开敞楼梯间：《建筑设计防火规范》（GB 50016—2014）（2018 年版）规定，建筑高度不大于 21m 的住宅建筑可采用开敞楼梯间，与电梯井相邻布置的疏散楼梯应采用封闭楼梯间，当户门采用乙级防火门时，仍可采用开敞楼梯间。

② 封闭楼梯间：建筑高度大于 21m、不大于 33m 的住宅建筑应采用封闭楼梯间；当户门采用乙级防火门时，可采用开敞楼梯间。下列多层公共建筑的疏散楼梯，除与敞开式外廊直接相连的楼梯间外，均应采用封闭楼梯间：医疗建筑、旅馆、老年人建筑及类似使用功能的建筑；设置歌舞娱乐、放映、游艺场所的建筑；商店、图书馆、展览建筑、会议中心及其类似使

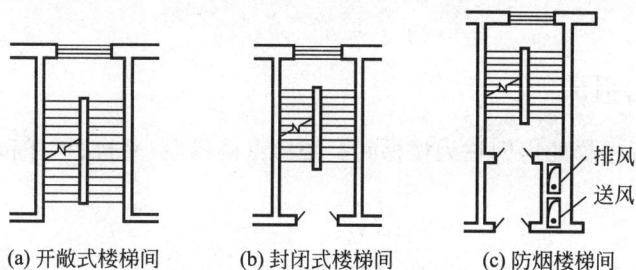

(a) 开敞式楼梯间　　　(b) 封闭式楼梯间　　　(c) 防烟楼梯间

图 12.3　楼梯间的形式

用功能的建筑;6 层及以上的其他建筑。封闭式楼梯的特点是,楼梯间应靠外墙,并应有直接的天然采光和自然通风;楼梯间应设乙级防火门,并应向疏散方向开启;底层可以做成扩大的封闭式楼梯间。

　　③ 防烟楼梯间:建筑高度超过33m 的住宅建筑应采用防烟楼梯间,户门不宜直接开向前室,确有困难时,每层开向同一前室的户门不应大于 3 樘且应采用乙级防火门。防烟楼梯间的特点是,楼梯间入口处应设前室、阳台或凹廊;公共建筑的前室面积不应小于 6m²,居住建筑不应小于 4.5m²;前室和楼梯间的门均应为乙级防火门,并应向疏散方向开启。

　　(5) 按楼梯平面形式分为直上式(直跑楼梯)、曲尺式(折角楼梯)、双折式(双跑楼梯)、多折式(多跑楼梯)、剪刀式、弧形和螺旋式等,如图 12.4 所示。

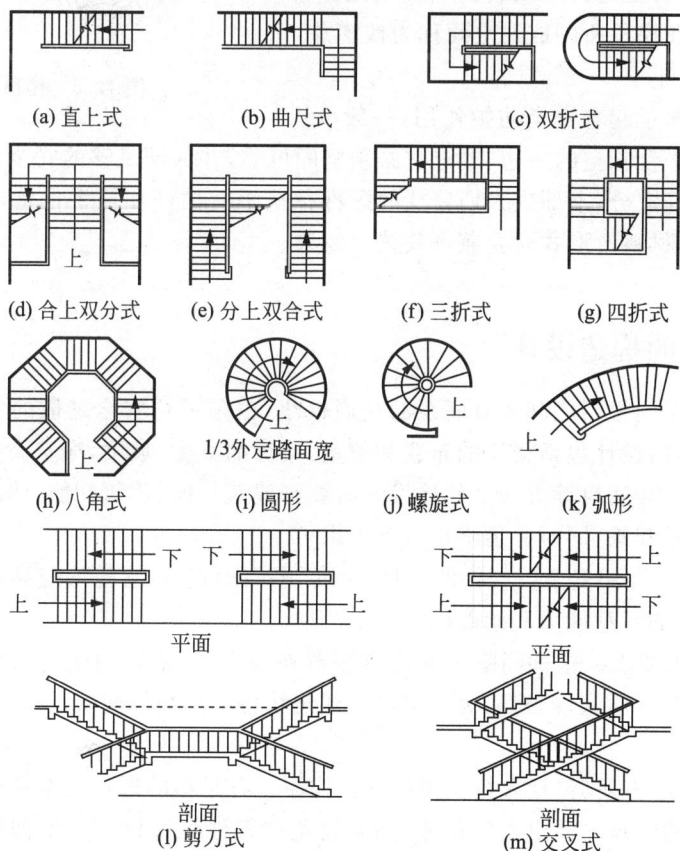

(a) 直上式　　　(b) 曲尺式　　　　　(c) 双折式

(d) 合上双分式　(e) 分上双合式　　(f) 三折式　　(g) 四折式

(h) 八角式　　(i) 圆形　　(j) 螺旋式　　(k) 弧形

1/3外定踏面宽

平面　　　　　　　　　　　平面

剖面　　　　　　　　　　　剖面
(l) 剪刀式　　　　　　　　　(m) 交叉式

图 12.4　楼梯形式

12.1.2　楼梯的组成

建筑物中,布置楼梯的房间称为楼梯间。楼梯由楼梯段、平台、栏杆和扶手四部分组成, 如图 12.5 所示。

1. 楼梯段

楼梯段简称梯段,是楼梯的主要使用和承重部分。它由若干个踏步组成,两个相邻平台之间的一个梯段称为一跑。每个踏步上供人脚踏的面称为踏面,与之垂直(或稍倾斜)的面称为踢面。踏面和踢面之间的尺寸关系决定了楼梯的坡度。为避免人们上、下楼梯过度疲劳,一个梯段的踏步数不应超过 18 级;为避免因不易觉察而使人摔倒,踏步数不应少于 3 级。

2. 平台

平台由平台梁、平台板组成,包括楼层平台和中间平台。平台可供人们上、下楼梯时稍作休息,避免过于疲劳,同时还起到梯段转折和楼层连接的作用。相邻平台和梯段所围成的空间称为楼梯井。

3. 栏杆和扶手

楼梯栏杆和扶手起着安全防护作用,一般设置在梯段的边缘及平台临空的一边,要求它必须坚固可靠,并保证足够的安全高度。栏杆有实心栏杆和镂空栏杆之分,上部供人们倚扶的配件称扶手。栏杆和扶手也是建筑内部重点装饰的地方,在选择材料及形式时要兼顾其艺术效果。

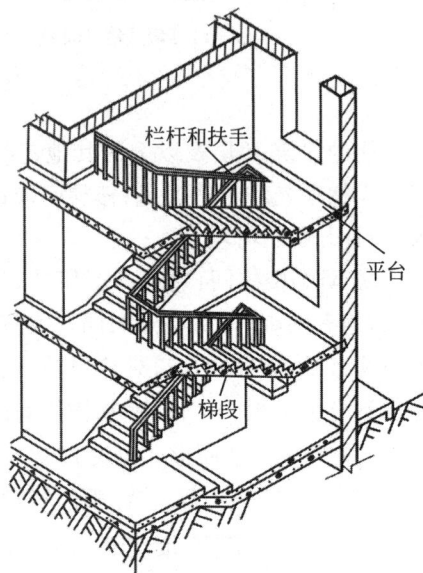

图 12.5　楼梯的组成

12.1.3　楼梯的构造设计

楼梯是解决不同楼层之间垂直联系的交通枢纽,也是进行安全疏散的主要工具。为确保使用安全,楼梯的设计包括楼梯的布置和数量,楼梯的宽度、坡度、净空高度等各部分尺度的协调,防火、采光和通风等方面。具体设计时要与建筑平面、建筑功能、建筑空间与建筑环境艺术等因素联系起来,同时必须满足以下要求。

(1)坚固耐久,适用安全。楼梯的数量、尺度、平面形式、位置等均应满足使用功能的要求,且应具有足够的承载能力和刚度的要求。

(2)满足防火要求。楼梯间除了允许直接对外采光外,不得向室内任何房间开窗。楼梯间四周墙壁必须为防火墙,对防火要求高的建筑物特别是高层建筑,应设计成封闭式楼梯或防火楼梯。

(3)上、下通行方便(包括人行及搬运家具物品),有足够的通行宽度和疏散能力。

(4)主要楼梯应与主要出入口相邻,同时避免和其他交通设施产生拥挤阻塞与相互干扰的情况。

（5）楼梯间必须有良好的自然采光。

（6）楼梯造型要美观，与室内或室外环境相协调，满足一定的审美要求。

1. 楼梯的布置和数量

从建筑功能要求出发，楼梯位置、数量、宽度必须根据建筑物内部交通、疏散要求而定。

楼梯位置的确定：楼梯应放在明显和易于找到的部位；楼梯不宜放在建筑物的角部和端部，以便于荷载的传递；楼梯间应有直接采光。具体的布置要求应参照相关规范而定。

2. 楼梯的尺度

1）平面尺度

（1）楼梯段宽。楼梯的梯段宽（b）一般指梯段净宽，是墙面到扶手中心线之间垂直于行走方向的水平宽度。梯段宽应满足防火疏散要求和搬运家具需要，应根据建筑的类型、耐火等级、层数及疏散人数和通过的人流股数来确定。

人流较多的公共建筑的梯段宽应根据通行的人流股数来确定。单股人流通行的宽度为 $550+(0\sim150)$ mm。一般一股人流梯段宽应不小于 900mm，二股人流梯段宽为 $1100\sim1400$mm，三股人流梯段宽为 $1650\sim2100$mm，但公共建筑梯段宽不应少于二股人流，如图 12.6（a）～（c）所示。

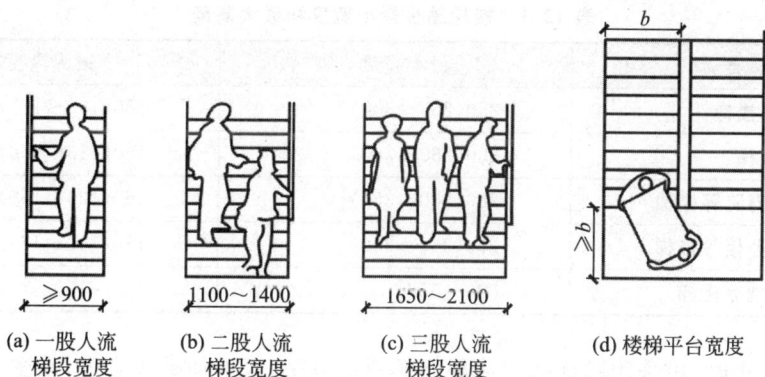

(a) 一股人流 梯段宽度   (b) 二股人流 梯段宽度   (c) 三股人流 梯段宽度   (d) 楼梯平台宽度

图 12.6　楼梯的梯段宽度

（2）楼梯井宽度。相邻平台和梯段所围成的空间称为楼梯井，考虑消防、安全和施工的要求，楼梯井宽度一般约为 100mm，有儿童经常使用的楼梯，梯井净宽大于 110mm 时，必须采取安全措施。

（3）平台宽度。平台宽度分为中间平台宽度（D_1）和楼层平台宽度（D_2），为确保通过楼梯段的人流和货物也能顺利地在楼梯平台上通过，平台宽度应大于或等于梯段宽度。为方便扶手转弯，休息平台宽度应取梯段宽再加上 1/2 踏步宽。在有门开启的出口处和有构件突出处，楼梯平台应适当放宽，如图 12.6（d）所示。

开敞式楼梯平台可以与走廊合并使用，这时楼梯平台的净宽为最后一个踏步前缘到靠近走廊墙面的距离，一般不少于 500mm，如图 12.7 所示。封闭式楼梯间的楼梯平台应比中间平台更宽松一些，以便于人流疏散和分配。

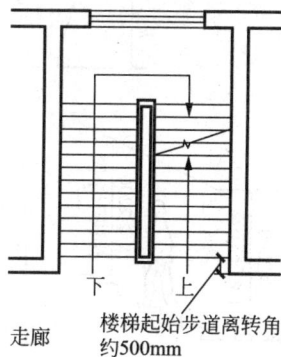

楼梯起始步道离转角约500mm

走廊

图 12.7　开敞式楼梯间转角处的平面布置

（4）梯段长度。梯段长度（L）是楼梯段的水平投影长度，它取决于踏面宽和梯段上踏步数量 N。梯段长度为 $L=(N-1)b$，楼梯的平面尺度如图 12.8 所示。

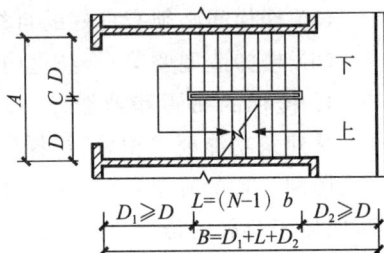

图 12.8　楼梯的平面尺度

2）剖面尺寸

（1）楼梯坡度和踏步尺寸。楼梯的坡度是指踏步前缘连线与水平面的夹角，或用踏面和踢面的投影长度之比表示。实际中采用后者居多。常用楼梯坡度范围为 $23°\sim45°$，其中以 $30°$ 左右为宜。楼梯坡度小时，行走舒适，但占地面积大；楼梯坡度大时可节约面积，但行走较吃力。确定楼梯坡度应根据楼梯的使用频率、使用对象的体质状况和经济因素综合考虑，如公共建筑中的楼梯及室外的台阶常采用 $26°34'$ 的坡度，即踢面高与踏面宽之比为 $1:2$；居住建筑的户内楼梯可以达到 $45°$；坡度达到 $45°$ 以上的属于爬梯的范围，一般只在通往屋顶、电梯机房等非公共区域使用。

楼梯踏步尺寸包括踏面宽和踢面高，它与梯段的坡度直接相关。常见建筑楼梯踏步尺寸的取值范围见表 12.1。

表 12.1　楼梯踏步最小宽度和最大高度　　　　　　　　单位：mm

楼梯类别	最小宽度 b	最大高度 h
住宅公用楼梯	250（260～300）	180（150～175）
幼儿园楼梯	260（260～280）	150（120～150）
医院、疗养院等楼梯	280（300～350）	160（120～150）
学校、办公楼等楼梯	260（280～340）	170（140～160）
剧院、会堂等楼梯	300～350	120～150

当踏步较小时，可采用踏面挑出或踢面倾斜的方法，以增加踏步宽度，如图 12.9 所示。

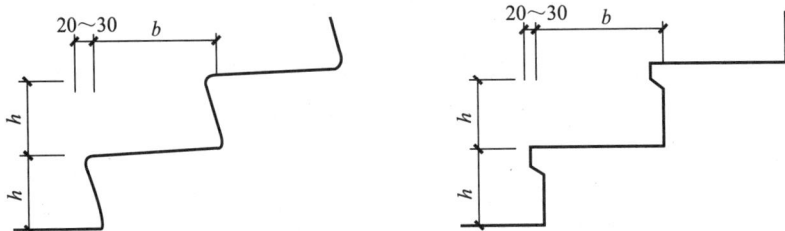

图 12.9　增加踏步宽度的方法

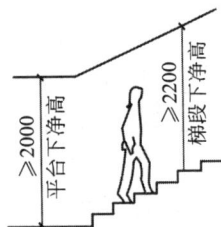

图 12.10　楼梯的净空高度

（2）楼梯的净空高度。楼梯各部位的净空高度应满足人流通行和搬运家具的需求，并考虑人的心理感受。在平台处的净空高度应大于 2m，梯段范围内净空高度应大于 2.2m，如图 12.10 所示。

当楼梯底层中间平台设置对外出入口时，为保证平台梁下净空高度不小于 2m，常采用以下几种处理方法。

① 将楼梯的底层第一跑梯段加长，设计成级数不同的"长短跑"

楼梯,由于第二跑梯段的踏步级数减少,梯段多为折板或折梁形式,如图 12.11(a)所示。

② 各梯段级数不变,局部降低底层中间平台下的地面标高,使其低于底层室内地坪标高(±0.000),但降低后的地坪标高仍应高于室外地坪标高,以免雨水内溢,如图 12.11(b)所示。

③ 既降低底层中间平台下的地面标高,同时设计成"长短跑",如图 12.11(c)所示。

④ 底层采用直跑梯段,如图 12.11(d)所示。

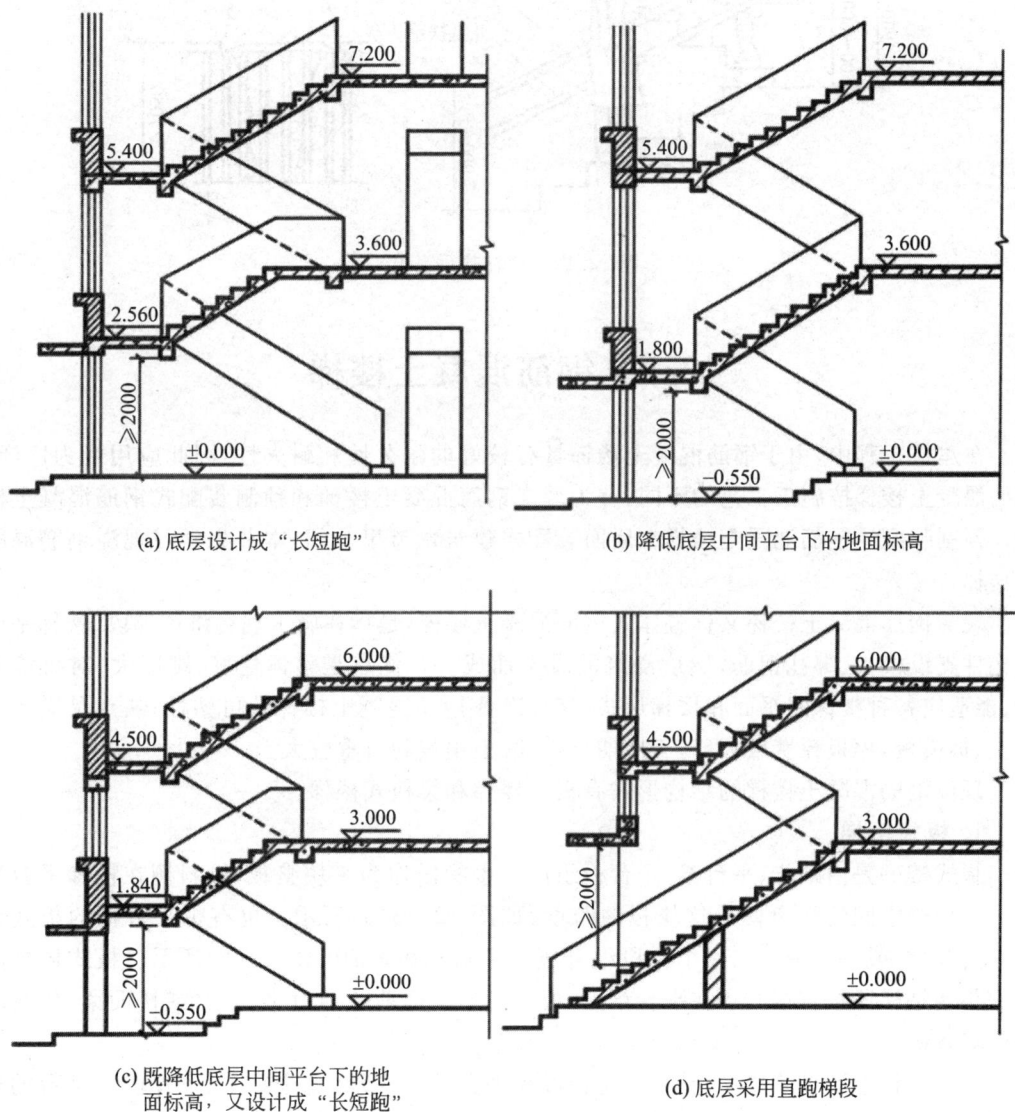

(a) 底层设计成 "长短跑"

(b) 降低底层中间平台下的地面标高

(c) 既降低底层中间平台下的地面标高,又设计成 "长短跑"

(d) 底层采用直跑梯段

图 12.11　对外出入口的几种处理方法

(3) 扶手高度。扶手高度为自踏面前缘至扶手顶面的垂直距离,一般不小于 0.90m。室外楼梯,特别是疏散楼梯的扶手高度应不小于 1.10m。住宅楼梯栏杆水平段的长度超过 0.50m 时,其高度不应低于 1.05m。楼梯栏杆垂直杆件间净空不应大于 0.11m。幼托及小学等使用对象主要为儿童的建筑物中,需要在 0.60m 左右的高度再设置一道扶手,以适应儿童的身高,如图 12.12 所示。为防止儿童在楼梯扶手上作滑梯游戏,可在扶手上加设防滑块。对于养老建筑以及需要进行无障碍设计的场所,楼梯扶手的高度应为 0.85m。

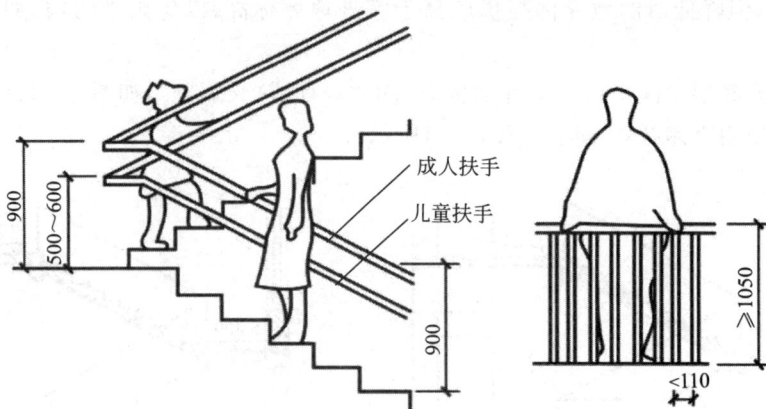

图 12.12　栏杆扶手高度

12.2　钢筋混凝土楼梯

在建筑工程中,由于钢筋混凝土楼梯具有较好的耐久性和耐火性,因此应用最为广泛。钢筋混凝土楼梯按施工工艺的不同,分为现浇钢筋混凝土楼梯和预制装配式钢筋混凝土楼梯。预制装配式钢筋混凝土楼梯在后面装配式建筑章节里介绍,本节先学习现浇钢筋混凝土楼梯。

现浇钢筋混凝土楼梯又称整体式钢筋混凝土楼梯,是指在施工现场将楼梯段、楼梯平台等构件支设模板、绑扎钢筋,然后浇筑混凝土而成。其优点是整体性好、刚度大、对抗震有利、能适应各种楼梯间平面和楼梯形式、充分发挥钢筋混凝土楼梯的可塑性;缺点是需要现场支、拆模板,模板耗费较大,施工周期长,混凝土用量和自重较大。

现浇钢筋混凝土楼梯的结构形式有板式楼梯和梁板式楼梯。

1. 板式楼梯

板式楼梯是由踏步、平台梁、平台板组成。楼梯段作为一块整板,倾斜搁在楼梯平台梁上。平台梁之间的距离便是这块板的跨度,如图 12.13(a)所示。也有带平台板的板式楼梯,即把两个或一个平台与一个梯段组合成一个折形板,如图 12.13(b)所示。板式楼梯的荷载传递是梯段板直接支承在平台梁上,板上面的全部荷载通过平台梁(或楼面梁)传给墙(柱)和基础。

还有一种悬臂板式楼梯,其特点是梯段和平台均无支承,完全靠上、下梯段和平台的空间板式结构与上、下楼板结构共同来受力,如图 12.13(c)所示。

板式楼梯构造简单,施工方便,外形简洁,板底平整。但由于梯段板的厚度较大,混凝土和钢筋用量较多,尤其是无平台梁的板式楼梯中混凝土和钢筋用量更多。因此,板式楼梯常用于楼梯荷载较小,梯段的水平投影长度不大于 3000mm 的建筑中。

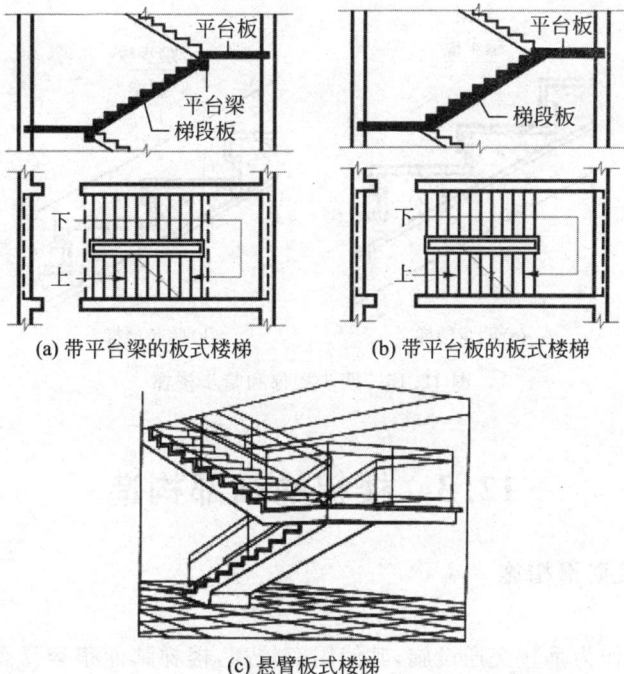

(a) 带平台梁的板式楼梯　　　(b) 带平台板的板式楼梯

(c) 悬臂板式楼梯

图 12.13　板式楼梯

2. 梁板式楼梯

梁板式楼梯一般由踏步板、斜梁、平台梁、平台板组成。踏步板支承在斜梁上，斜梁两端搁置在平台梁上，平台梁支承在墙或柱上。根据斜梁设置的数量分为单斜梁式和双斜梁式梯段，如图 12.14 所示。斜梁在板上部的梯段称为反梁式梯段，也称为暗步楼梯。这种楼梯可防止清扫楼梯时垃圾及污水污染下面，而且楼梯段底面平整，如图 12.15(a) 所示。斜梁在板下部的梯段称为正梁式梯段，也称为明步楼梯。这种造型的楼梯风格较为明快，但在板下梁的阴角容易积灰，如图 12.15(b) 所示。

梁板式楼梯板厚较薄，受力合理且经济，常用于跨度较大的楼梯中。

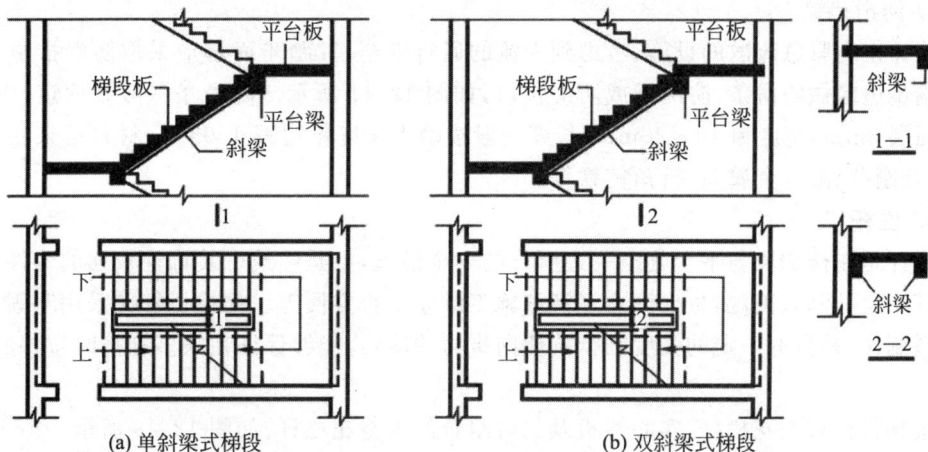

(a) 单斜梁式梯段　　　　　　　(b) 双斜梁式梯段

图 12.14　梁板式楼梯

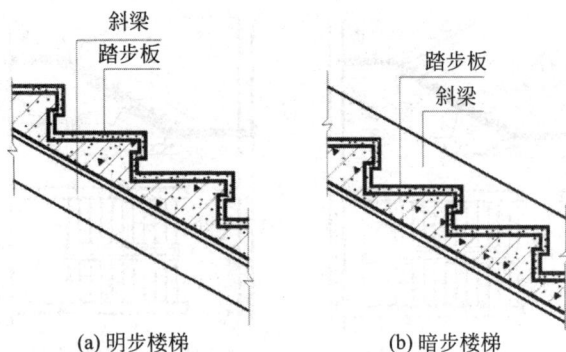

(a) 明步楼梯　　　　　　　(b) 暗步楼梯

图 12.15　明步楼梯和暗步楼梯

12.3　楼梯的细部构造

1. 踏步面层及防滑措施

1）踏步面层

建筑物中楼梯作为垂直交通设施，其使用率较高，楼梯踏面很容易受到磨损，影响行走和美观，因此踏面应耐磨、防滑、便于清洗，并应有较强的装饰性。楼梯踏面材料一般与门厅或走道的地面材料一致，常用的有水泥砂浆、水磨石、花岗岩、大理石、瓷砖等，如图 12.16 所示。

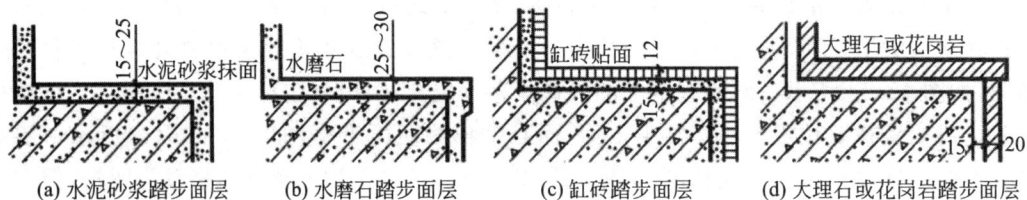

(a) 水泥砂浆踏步面层　　(b) 水磨石踏步面层　　(c) 缸砖踏步面层　　(d) 大理石或花岗岩踏步面层

图 12.16　踏步面层做法

2）防滑措施

楼梯作为紧急疏散的设施，考虑到人流的通行安全，其踏步面层应采取防滑措施，通常是在踏步边缘做防滑条、防滑槽或防滑包口，如图 12.17 所示。防滑条一般做两道，应高出踏步面层 3mm，宽度为 10～20mm，长度一般按踏步长度每边减 150mm，材料可采用水泥、铁屑、金刚砂、缸砖金属条、折角铸铁等。

2. 栏杆

栏杆是在楼梯段与平台临空一边所设的安全措施，也是建筑中装饰性较强的构件，不仅要求其安全、坚固、美观，也要注意经济和施工维修是否方便等。楼梯栏杆应采用坚固、耐久的材料制作，并具有一定的强度和抵抗侧向推力的能力，能够保证在人多拥挤时楼梯的使用安全。

楼梯栏杆有空花栏杆、实心栏板及二者组合的半空花栏杆，如图 12.18 所示。

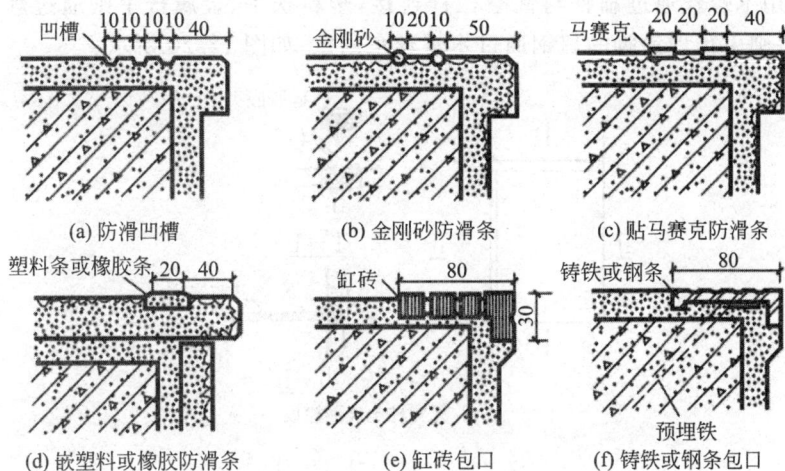

图 12.17 踏步防滑条做法

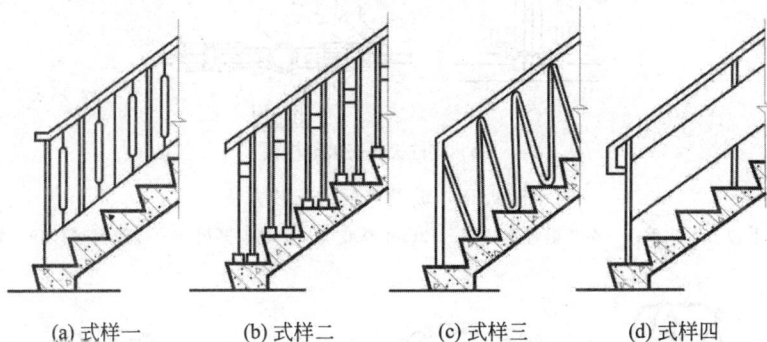

图 12.18 栏杆类型

1）空花栏杆

空花栏杆常用的立杆材料为圆钢、方钢、扁钢及钢管。其固定方式有：与预埋件焊接、开脚预埋（或留孔后装）、预埋件栓接、用膨胀螺栓固定等。其安装部位多在踏面的边缘位置或踏步的侧边。

2）实心栏板

实心栏板可采用在立杆之间固定安全玻璃、钢丝网、钢板网等形成栏板。随着建筑材料的改良和发展，有些玻璃栏板甚至可以不依赖立杆而直接作为受力的栏板来使用，但其自重较大，造价较高，现在采用较少。目前应用较多的玻璃栏板的安装方法如图 12.19 所示。

3）半空花栏杆

半空花栏杆是空花栏杆与栏板相结合的一种形式。空花部分多用金属材料制作，栏板可选用木板或钢化玻璃等。

3. 扶手

栏杆或栏板顶部应设置扶手。扶手的断面大小应便于扶握，顶面宽度一般不宜大于90mm。扶手可用木材、金属、塑料等做成，断面形状有圆形、方形、扁形，宽度以手握舒适为宜。木扶手用木螺丝通过扁铁与镂空栏杆连接,塑料扶手、金属扶手则通过焊接或螺钉连接,靠墙扶手则由预埋铁脚的扁钢通过木螺丝来固定,如图 12.20 所示。

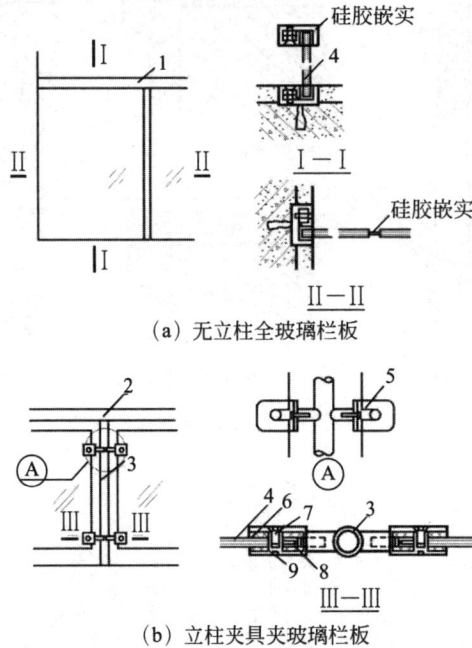

(a) 无立柱全玻璃栏板

(b) 立柱夹具夹玻璃栏板

图 12.19 玻璃栏板的安装方法

1—不锈钢扶手;2—木扶手;3—ϕ40 钢管立柱;4—12mm 厚玻璃;5—玻璃开槽;6—橡胶衬垫;7、9—紧固件;8—钢夹

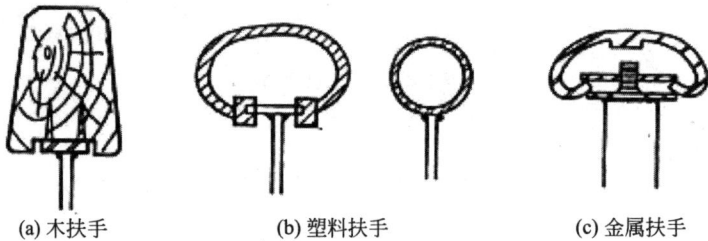

(a) 木扶手　　　　(b) 塑料扶手　　　　(c) 金属扶手

图 12.20 栏杆及栏板的扶手构造

4. 栏杆扶手的连接

1) 栏杆与梯段的连接

栏杆通常用膨胀螺栓固定,如图 12.21 所示。

2) 栏杆扶手转折处理

当上、下行梯段齐步时,上、下行楼梯扶手同时伸进平台半步,扶手为平顺连接,转折处的高度与其他部位一致,如图 12.22(a)所示;当平台宽度较窄时,扶手不宜伸进平台,应紧靠平台边缘设置,扶手为高低连接,在转折处形成向上弯曲的鹤颈扶手,如图 12.22(b)所示;鹤颈扶手制作麻烦,可改用斜接扶手,如图 12.22(c)所示;当上、下行梯段错步时,将形成一段水平扶手,如图 12.22(d)所示。

图 12.21 栏杆与梯段的连接

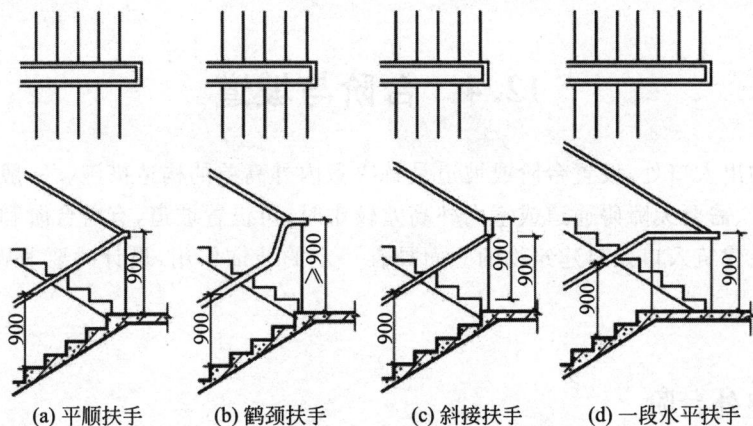

| (a) 平顺扶手 | (b) 鹤颈扶手 | (c) 斜接扶手 | (d) 一段水平扶手 |

图 12.22 栏杆扶手转折处理

3）扶手与墙体的连接

楼梯到达顶层楼面后,栏杆扶手沿着楼板悬空一侧一直延伸至墙边,扶手需与墙体进行连接,连接方式和栏杆与踏步连接方式一样。

5. 楼梯首层第一踏步下的基础

首层楼梯段的第一踏步下方应设置基础,基础的做法有两种:一种是楼梯段下直接设砖、石材或混凝土条形基础,当持力层深度较浅时采用这种做法较经济,但地基的不均匀沉降对楼梯有影响;另一种是将楼梯段下方设置钢筋混凝土基础梁,通过基础梁将荷载传给楼梯间墙,如图 12.23 所示。

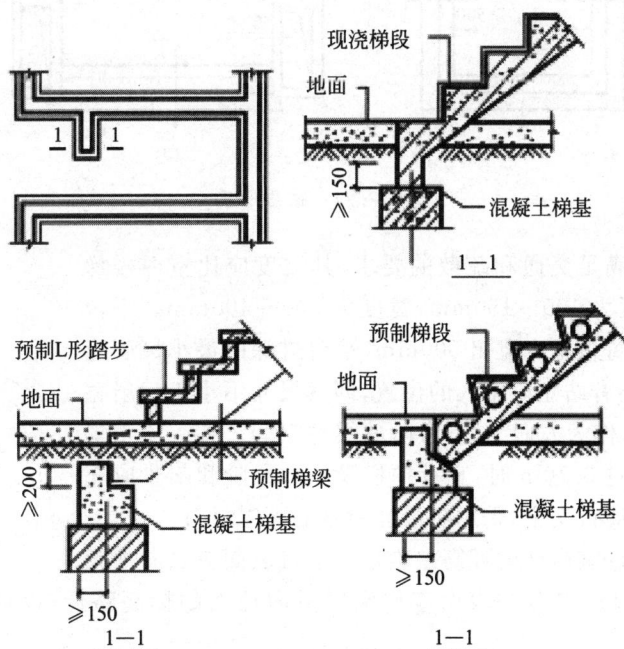

图 12.23 楼梯基础梁示意

12.4 台阶与坡道

在建筑的出入口处,设置台阶或坡道是解决室内外高差的构造措施。一般多采用台阶,当有车辆通行、需要无障碍通道或室内外高差较小时,可设置坡道,有时台阶和坡道均设置。台阶和坡道在建筑入口处对建筑物的立面具有一定的装饰作用,设计时要兼顾使用和美观要求。

12.4.1 室外台阶

室外台阶由平台和踏步组成。台阶的形式有单面踏步式、双面踏步式、三面踏步式等,如图 12.24 所示。某些大型公共建筑,为考虑汽车能在大门入口处通行,常采用台阶与坡道相结合的形式,如图 12.25 所示。

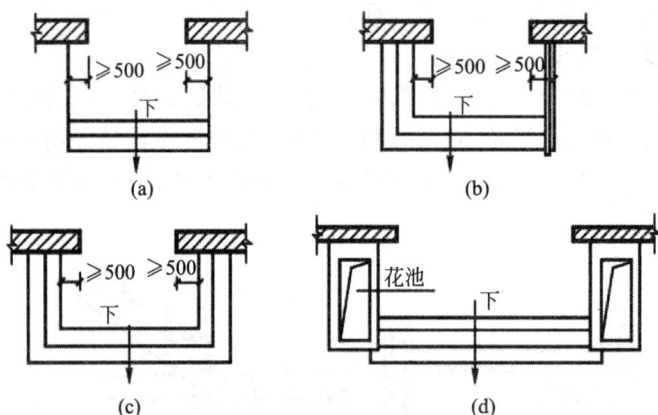

图 12.24 踏步形式

台阶的设置应满足交通和疏散的要求,其坡度应比室内楼梯平缓,每步台阶高度为 100~150mm,宽度为 300~400mm。平台宽度应比大门洞口每边至少宽出 500mm,平台进深的最小尺度应保证在门开启后,还有站立一个人的位置,即其尺寸不小于门扇宽加 300~600mm,以作为人们上、下台阶的缓冲空间。在人流密集场所台阶的高度超过 0.70m 时,宜有护栏设施。台阶和踏步应充分考虑雨雪天气的通行安全,采用防滑性能好的面层材料。

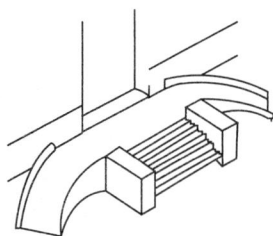

图 12.25 台阶与坡道结合

台阶的级数根据室内外地坪高差确定。平台表面应做向外倾斜 1%~4% 的流水坡,平台的表面应比底层室内地面的标高略低,以免积水或雨水流入室内。

室外台阶的构造有实铺式和架空式两种形式,实铺式室外台阶的构造与地坪类似,由面层、垫层和基层组成,如图 12.26(a) 和 (b) 所示。架空式室外台阶是指在外墙和地坪间架设梁板式梯段形成的室外台阶,多用于室内外高差较大时或土壤冻胀严重时,如图 12.26(c)所示。在季节性冰冻地区,用大颗粒的土如矿渣、粗砂、碎砖三合土等做垫层的室外台阶称为换土地基台阶,如图 12.26(d)所示。

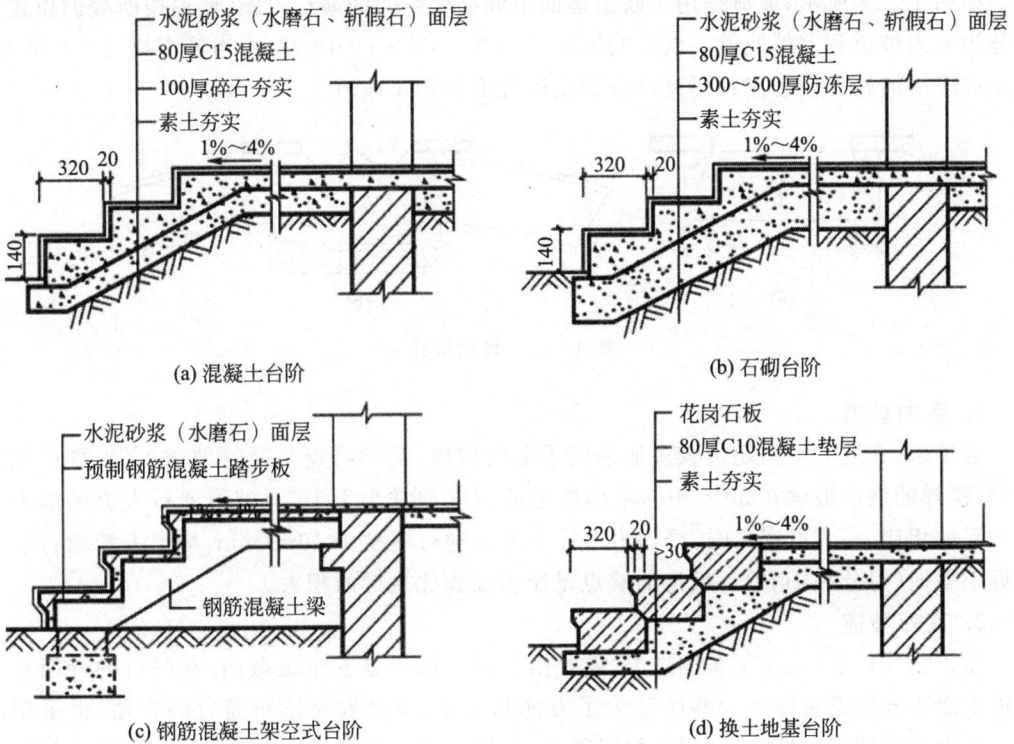

图 12.26　台阶构造示例

台阶面层需要考虑防滑和抗分化问题,宜用抗冻性好和表面耐磨的材料,如水泥砂浆、水磨石、天然石材、防滑地面砖等,垫层材料应采用抗冻、抗水性能好且质地坚实的材料。高度在 1m 以上的台阶需考虑设栏杆或栏板。

台阶的构造要点是对变形的处理,考虑房屋主体沉降、热胀冷缩、冰冻等因素可能造成台阶变形破坏,一般的解决方法是将二者结构完全脱开,在坡道与建筑物外墙根部之间留置变形缝,缝内用马蹄脂嵌固,如图 12.27 所示。

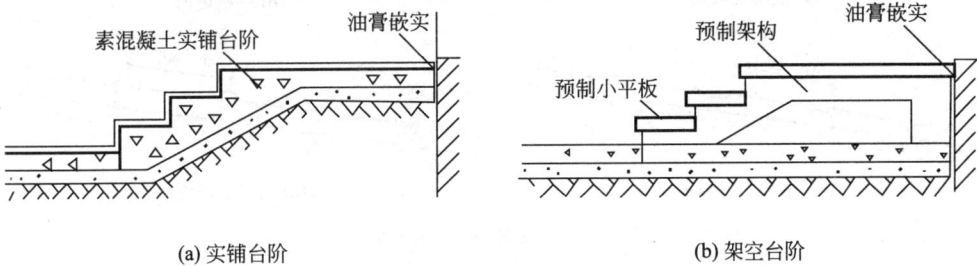

图 12.27　台阶与主体结构脱开示意图

12.4.2 坡道

如图 12.28 所示,坡道是用于联系地面不同高度空间的通行设施,坡道按所处的位置不同分为室内坡道和室外坡道。坡道的坡度一般在 1:6～1:12 左右,当坡度超过 1:10 时,应采取防滑措施。坡道按其用途可分为轮椅坡道和行车坡道。

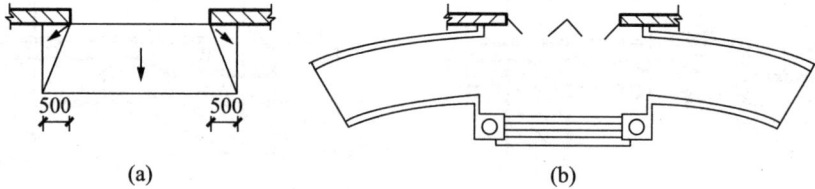

图 12.28　坡道形式

1. 室内坡道

近年来,各地大中型超市较多地采用了室内坡道,其的特点是通过坡道上、下楼层比较省力(楼梯的坡道坡度在 30°～40°,室内坡道的坡度通常小于 10°),坡道通行人流的能力几乎和平地相当,在人群密集时,楼梯由上往下人流通行速度为 10m/min,坡道人流通行速度接近于平地(每分钟 16m)。坡道的缺点是所占面积比楼梯面积大。

2. 室外坡道

建筑物入口处,为便于车辆进出,需要做坡道。如果是安全疏散门,在门口的外面必须设坡道而不允许设台阶。一些医院为了方便病人上、下楼和手推车通行的方便,也采用坡道。坡道应采用耐久性好的材料,如混凝土、天然石等。对经常处于潮湿环境或坡度较陡的坡道须作防滑措施,如图 12.29 所示。

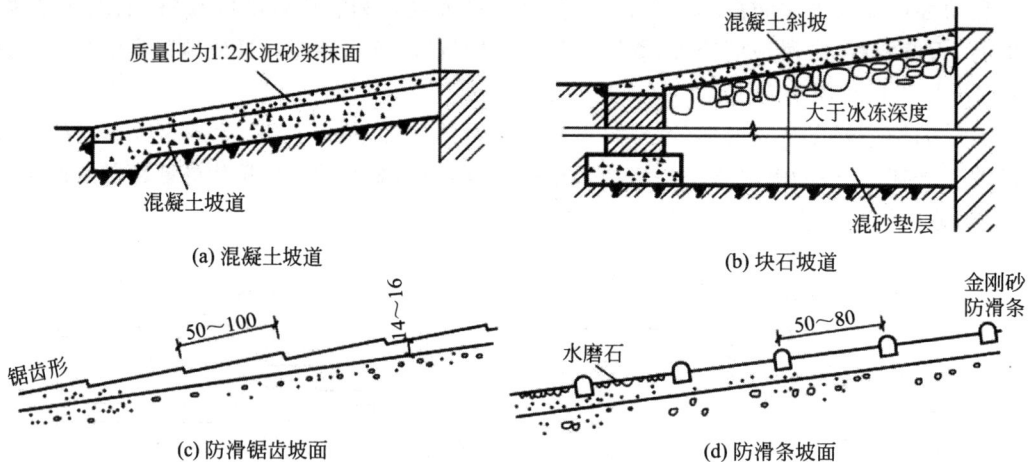

图 12.29　坡道表面防滑处理

坡道的构造一般采用实铺,要求与台阶基本相同。垫层的强度和厚度应根据坡道的长度及上部荷载的大小进行选择,严寒地区的坡道同样需要在垫层下部设置砂垫层。

12.4.3 无障碍设计

无障碍设计是指帮助下肢残疾的人和视觉残疾的人顺利通过高差的设计。下肢残疾的人往往需借助拐杖或轮椅代步,而视觉残疾的人需借助导盲棍的辅助行走。下面将简要介绍无障碍设计中有关坡道、楼梯等的构造问题。我国专门颁布了《无障碍设计规范》(GB 50763—2012),对无障碍出入口的坡道做了具体规定。

无障碍出入口的轮椅坡道及平坡出入口的坡度应符合以下规定。

(1) 平坡出入口的地面坡度不应大于1:20,当场地条件比较好时,不宜大于1:30。

(2) 同时设置台阶和轮椅坡道的出入口,轮椅坡道的净宽度不应小于1.0m,无障碍出入口的轮椅坡道净宽度不应小于1.20m。

(3) 轮椅坡道的高度超过300mm且坡度大于1:20时,应在两侧设置扶手,坡道与休息平台的扶手应保持连贯。

(4) 轮椅坡道的最大高度和水平长度应符合表12.2的规定。

表 12.2 轮椅坡道的最大高度和水平投影长度　　　　　　　　　　　单位:m

坡　度	1:20	1:16	1:12	1:10	1:8
最大高度	1.20	0.90	0.75	0.60	0.30
水平长度	24.00	14.40	9.00	6.00	2.40

注:其他坡度可用插入法进行计算。

12.5　电梯与自动扶梯

12.5.1　电梯

高层建筑的垂直交通以电梯为主,电梯运行速度快,节省时间和人力。其他有特殊功能要求的多层建筑,如大型宾馆、百货公司、医院等,除设置楼梯外,还须设置电梯以解决垂直升降的问题。

电梯按驱动方式分为交流电梯、直流电梯、液压电梯、齿轮齿条电梯、螺杆式电梯、直线电机驱动的电梯。

电梯按用途分为乘客电梯、载货电梯、病床电梯、服务电梯、观光电梯、车辆电梯、船舶电梯、建筑使用电梯和其他电梯等。

电梯按行驶速度分为高速电梯(5~10m/s)、中速电梯(2.5~5m/s)、低速电梯(2.5m/s以下)。

电梯安装在电梯间内,在确定电梯间的位置及布置方式时,应充分考虑以下几点要求。

(1) 电梯间应布置在人流集中的地方,如门厅、出入口等,位置要明显,电梯前面应有足够的等候面积,以免造成拥挤和堵塞。

(2) 按防火规范的要求。设计电梯时应配置辅助楼梯,供电梯发生故障时使用。布置时可将两者靠近,以便灵活使用,并有利于安全疏散。

(3)电梯井道无天然采光要求,布置较为灵活,通常布置在方便人流交通的位置。由于电梯等候厅人流集中,因此最好有天然采光及自然通风。

(4)电梯井道需解决防火、隔振、隔声、通风等问题。

(5)电梯门边通常需要为层间按钮、指示装置等预留安装孔。为了安装推拉门的滑槽,通常在门套下楼板边梁上做牛腿。

(6)电梯机房一般设置在电梯井道的顶部,液压电梯机房可设在底部,另有无机房电梯。

电梯由轿厢、井道、机房、地坑组成,如图 12.30 所示。轿厢是直接载人、运货的箱体。井道、机房、地坑组成电梯间,是电梯轿厢运行的空间,其构造形式和尺寸应符合轿厢的安装要求。

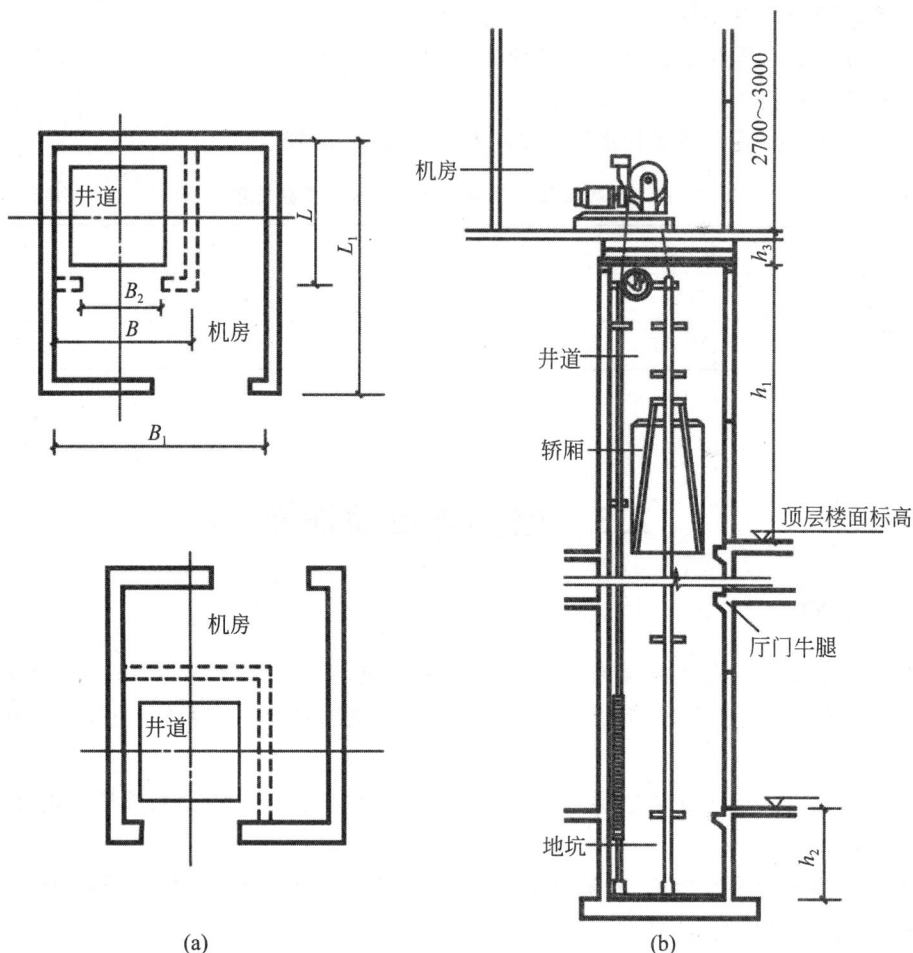

图 12.30 电梯组成示意

1. 电梯井道

电梯井道是电梯运行的通道。电梯井道的井壁目前大多选用钢筋混凝土结构。电梯分类与井道平面布置如图 12.31 所示。井道各层的出入口即为电梯间的厅门,在出入口处的地面应向井道内挑出牛腿,如图 12.32 所示。

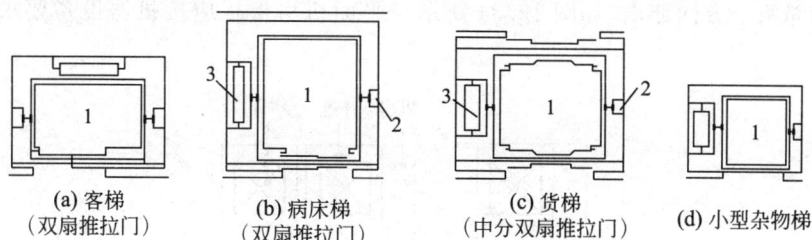

(a) 客梯
（双扇推拉门）

(b) 病床梯
（双扇推拉门）

(c) 货梯
（中分双扇推拉门）

(d) 小型杂物梯

图 12.31 电梯分类与井道平面布置
1—轿厢；2—轨道；3—平衡重

电梯井道的构造包括厅门的门套装修及厅门的牛腿处理，导轨撑架与井壁的固结处理等。

由于厅门是人流或货流频繁经过的部位，因此要坚固适用，并满足一定的美观要求。具体的措施是在厅门洞口上部和两侧装上门套。门套装修多采用金属板贴面，金属板为电梯厂定型产品。

2. 井道地坑

考虑电梯停靠时的冲力，井道地坑底部应低于底层平面标高下至少 1.4m，作为轿厢下降时所需的缓冲器的安装空间，如图 12.33 所示。

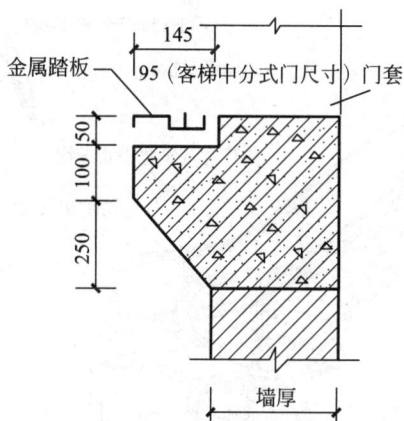

图 12.32 电梯厅门牛腿处理

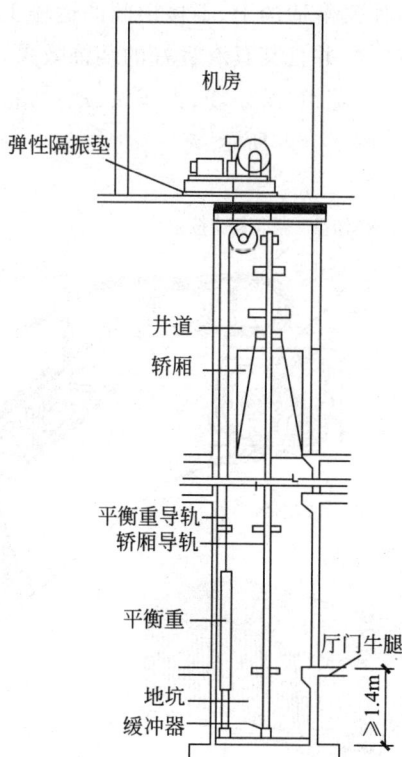

图 12.33 电梯剖面图

3. 电梯机房

电梯机房一般设在井道的顶部，机房应满足有关设备的安装要求，机房平面位置任意向井道平面相邻两个方向伸出,如图 12.34 所示。平面机房楼板应按机器设备要求的部位预留孔洞。

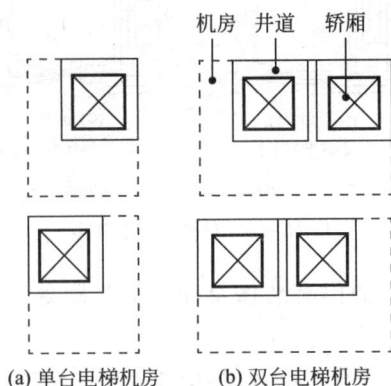

(a) 单台电梯机房   (b) 双台电梯机房

图 12.34　电梯机房与井道的关系

12.5.2　自动扶梯

自动扶梯是一种在一定方向上能大量、连续输送流动客流的装置。除了为乘客提供一种既方便又舒适的上、下楼层间的运输工具外,自动扶梯还可引导乘客和顾客沿着既定路线游览、购物,并且其具有良好的装饰效果。在具有频繁而连续人流的大型公共建筑中,如百货大楼、展览馆、游乐场、火车站、地铁站、航空港等建筑将自动扶梯作为主要垂直交通工具考虑,如图 12.35 所示。

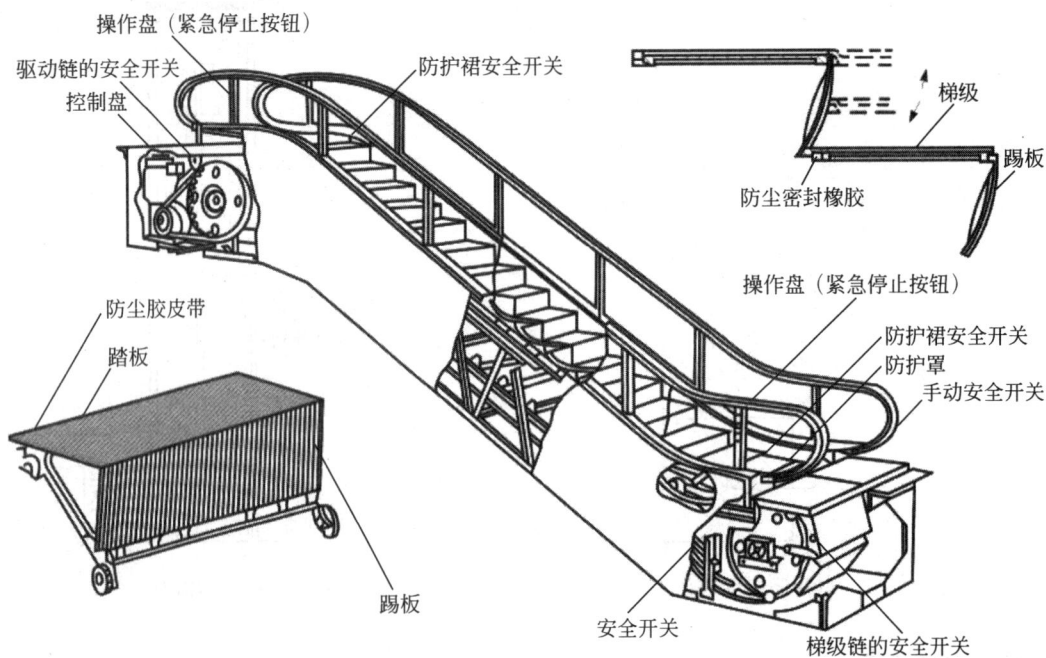

图 12.35　自动扶梯构造示意

　　自动扶梯的驱动速度一般为 0.45～0.5m/s,可正向、逆向运行。由于自动扶梯运行的人流都是单向,不存在侧身避让的问题,因此,其梯段宽度较楼梯更小,通常为 600～1000mm。一般运输的垂直高度为 0～20m,常用速度为 0.5m/s,自动扶梯的理论载客量为4000～13500 人次/小时,常用坡度为 30°,比较平缓。

小　结

　　建筑垂直方向交通设施有:楼梯、电梯、台阶、坡道等。楼梯是建筑物中主要的交通设施,它由楼梯段、平台、栏杆扶手三部分组成。楼梯按形式分为直行跑楼梯、平行双跑楼梯、三跑楼梯、折行多跑楼梯、剪刀梯、螺旋梯和弧形楼梯。楼梯的尺度分为平面尺度(梯段净宽、梯井宽度、平台宽度、梯段长度)和剖面尺度(楼梯坡度和踏步尺寸、楼梯的净空高度)。现浇钢筋混凝土楼梯按照传力途径的不同,分为板式楼梯和梁板式楼梯。楼梯的细部构造包括踏步面层及防滑措施、栏杆及扶手的类型、栏杆及扶手的连接及楼梯的基础等。台阶联系房屋室内、外地坪的高低差,由平台和一段踏步组成。高层建筑的垂直交通以电梯为主,电梯由轿厢、地坑、井道和机房组成。

学习单元 12 习题

学习单元 13 屋 顶

学习导引

屋顶丰富了建筑的形象,是建筑的重要维护部分之一。

知识目标

掌握有组织排水方案,平屋面防水、保温隔热的构造做法以及坡屋面的承重方案。熟悉平屋面排水设计和坡屋面的构造做法。

技能目标

通过本单元的学习,能够识读建筑设计说明、节能专篇中关于屋顶部分的内容,拥有识读并绘制屋顶平面、墙身大样的能力("1+X"建筑工程识图职业技能等级要求(中级——建筑设计类专业)1.1.2、1.1.3、1.3.3、1.4.1、1.5.2、1.6.1)。

思政要求

中国古建筑是我国古代灿烂文化的重要组成部分,现代建筑对古建筑既有继承又有发展。作为中华民族的一员,我们既不能忘记过去的辉煌,也要有放眼世界的高远境界。

13.1　屋 顶 概 述

13.1.1　屋顶类型

屋顶主要由屋面层、承重结构、保温或隔热层和顶棚四部分组成,在建筑中主要起承重和维护的作用。

屋顶按其承重结构形式和建筑造型要求不同,可分为平屋顶、坡屋顶及各种其他形式的屋顶(主要是曲面屋顶)。

1. 平屋顶

平屋顶通常是指屋面坡度小于3%的屋顶,常用坡度范围为2%～3%(不包括3%),其中常见的材料找坡一般为2%的坡度,如图13.1所示。

2. 坡屋顶

《坡屋面工程技术规范》(GB 50693—2011)规定,坡屋面是指坡度大于或等于3%的屋面,包括平面坡屋顶和古建筑中常见的曲面坡屋顶。

坡屋顶在我国有着悠久的历史,符合传统的审美观点,在现代建筑中也经常采用。坡屋顶有单坡、双坡、四坡、硬山及悬山两坡顶、庑殿及歇山顶、卷棚顶、圆攒尖顶等多种形式。

图 13.2 为坡屋顶常见的几种形式。

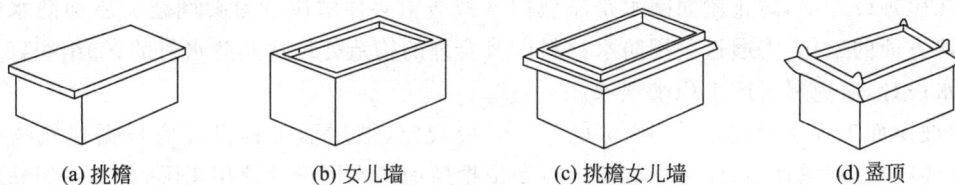

(a) 挑檐 (b) 女儿墙 (c) 挑檐女儿墙 (d) 盝顶

图 13.1 平屋顶的形式

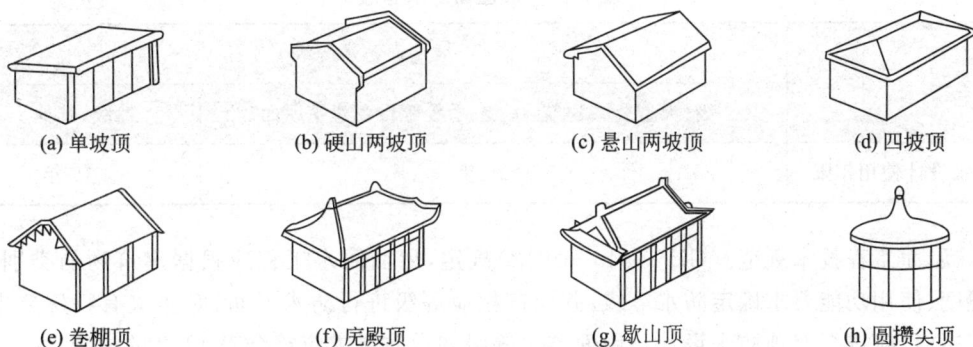

(a) 单坡顶 (b) 硬山两坡顶 (c) 悬山两坡顶 (d) 四坡顶

(e) 卷棚顶 (f) 庑殿顶 (g) 歇山顶 (h) 圆攒尖顶

图 13.2 坡屋顶的形式

3. 其他形式屋顶

随着建筑科学技术的发展,在大跨度公共建筑中使用了多种新型结构的屋顶,如拱屋顶、薄壳屋顶、网架屋顶、折板屋顶、悬索屋顶等,如图 13.3 所示。

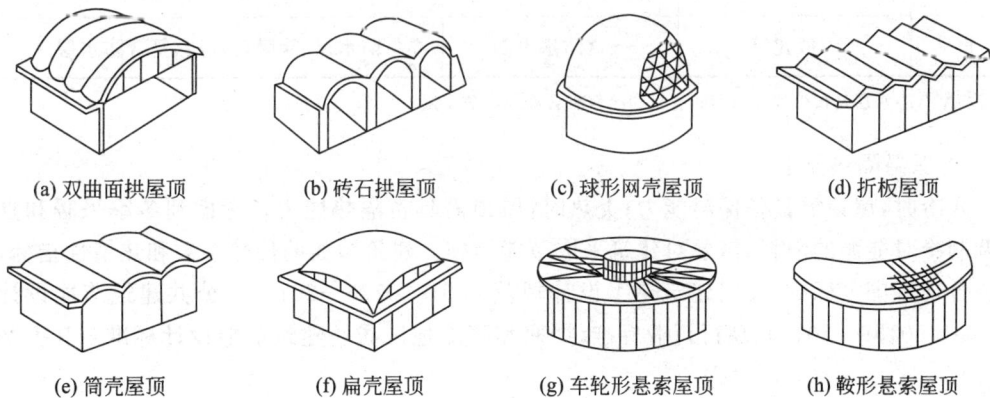

(a) 双曲面拱屋顶 (b) 砖石拱屋顶 (c) 球形网壳屋顶 (d) 折板屋顶

(e) 筒壳屋顶 (f) 扁壳屋顶 (g) 车轮形悬索屋顶 (h) 鞍形悬索屋顶

图 13.3 其他形式屋顶

13.1.2 屋顶的设计要求

屋顶设计主要考虑其功能、结构、建筑艺术三方面的要求。

1. 功能要求

屋顶是建筑物的围护结构,能够满足围护结构对防水、保温隔热、防火等的要求。

1) 防水要求

在屋顶设计中,防止屋面漏水是屋顶构造做法中必须解决的首要问题。屋面防水需要做好两方面的工作:①通过采用防水材料以及合理的构造处理达到防水目的;②组织好屋面的排水设计,避免屋面产生积水现象。

《坡屋面工程技术规范》(GB 50693—2011)规定,坡屋面工程设计应根据建筑物的性质、重要程度、地域环境、使用功能要求以及依据屋面防水层设计使用年限,分为一级防水和二级防水,并应符合表 13.1 中的规定。

表 13.1 坡屋面防水等级

项　目	坡屋面防水等级	
	一级(大型公共建筑、医院、学校等重要建筑屋面)	二级(其他)
防水设计使用年限	≥20 年	≥10 年

《屋面工程技术规范》(GB 50345—2012)规定,屋面防水工程应根据建筑物的类别、重要程度、使用功能要求确定防水等级,并应按相应等级进行防水设防;对防水有特殊要求的建筑屋面,应进行专项防水设计。屋面防水等级和设防要求应符合表 13.2 的规定。

表 13.2 屋面防水等级和设防要求

防水等级	建筑类别	设防要求	防水做法
Ⅰ	重要建筑和高层建筑	两道防水设防	卷材防水层和卷材防水层、卷材防水层和涂膜防水层、复合防水层
Ⅱ	一般建筑	一道防水设防	卷材防水层、涂膜防水层、复合防水层

注:复合防水层是指由彼此相容的卷材和涂料组合而成的防水层。

2) 保温隔热要求

寒冷时,屋顶需具备保温能力;炎热时,屋顶需具备隔热能力。考虑到冬季采暖和夏季空调制冷对能源的消耗,需要对建筑采取节能措施。建筑屋面的传热系数和热惰性指标,均应符合现行国家标准《民用建筑热工设计规范》(GB 50176—2016)、《公共建筑节能设计标准》(GB 50189—2015)、现行行业标准《严寒和寒冷地区居住建筑节能设计标准》(JGJ 26—2018)。

3) 防火

《建筑设计防火规范》(GB 50016—2014)(2018 年版)规定:建筑的屋面外保温系统,当屋面板的耐火极限不低于 1.00h 时,保温材料的燃烧性能不应低于 B2 级;当屋面板的耐火极限低于 1.00h 时,不应低于 B1 级。采用 B1、B2 级保温材料的外保温系统应采用不燃材料作防护层,防护层的厚度不应小于 10mm。

当建筑的屋面和外墙外保温系统均采用 B1、B2 级保温材料时,屋面与外墙之间应采用宽度不小于 500mm 的不燃材料设置防火隔离带进行分隔。

2. 结构要求

屋顶既是房屋的围护结构,也是房屋的承重结构,承受风、雨、雪等活荷载和自身的恒荷载。上人屋顶还要承受人和设备等荷载,所以要求屋顶应具有足够的强度和刚度,以保证屋面的结构安全。

3. 建筑艺术要求

中国传统建筑中,屋顶对建筑造型的贡献是最为重要的。在现代建筑中,如果建筑想在造型上有新意,屋顶的设计也是极为重要的,如图 13.4 所示。

图 13.4　现代建筑屋顶

13.2　屋面排水设计

因为坡屋面坡度较大,排水顺畅,所以坡屋面排水设计主要考虑坡屋面坡度的设置。平屋面排水设计除了考虑排水坡度的实现还需要采用正确的排水方式。

13.2.1　屋面坡度选择

1. 屋面坡度的表示方法

常用的坡度表示方法有角度法、斜率法和百分比法三种,如图 13.5 所示。角度法以屋顶倾斜面与水平面所成夹角的大小来表示;斜率法以屋顶倾斜面的垂直投影长度与水平投影度之比来表示;百分比法以屋顶倾斜面的垂直投影长度与水平投影长度之比的百分比值来表示。坡屋面多采用斜率法,平屋面多采用百分比法,角度法在工程中应用较少。

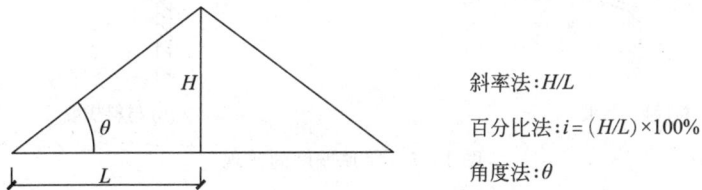

斜率法:H/L

百分比法:$i=(H/L)\times100\%$

角度法:θ

图 13.5　屋面坡度常用表示方法

2. 影响坡屋面坡度的因素

屋面坡度的确定与屋面防水材料、地区降雨量大小、屋顶结构形式、建筑造型要求以及经济条件等因素有关。对于一般民用建筑,确定屋面坡度,主要考虑以下两方面的因素。

1)屋面防水材料与排水坡度的关系

防水材料如果尺寸小,则接缝必然多,容易产生裂缝渗水,因此屋面应有较大的排水坡度,以便将积水迅速排除,减少漏水的机会。如果屋面的防水材料覆盖面积大,接缝少且严密,则屋面的排水坡度可小一些,即“小瓦大坡,大瓦小坡”。《坡屋面工程技术规范》(GB 50693—2011)规定:应根据建筑物高度、风力、环境等因素,确定坡屋面类型、坡度和防水垫层,见表 13.3。

表 13.3 屋面类型、坡度和防水垫层

坡度与垫层	屋面类型						
	沥青瓦屋面	块瓦屋面	波形瓦屋面	金属板屋面		防水卷材屋面	装配式轻型坡屋面
				压型金属板屋面	夹芯板屋面		
适用坡度/%	≥20	≥30	≥20	≥5	≥5	≥3	≥20
防水垫层	应选	应选	应选	一级应选 二级宜选	—	—	应选

注:在坡屋面中防水材料通常铺设在瓦材或金属板下面。

2）地区降雨量的大小

降雨量大的地区,屋面渗漏的可能性较大,屋面的排水坡度应适当加大;反之,排水坡度则宜小一些。

3. 形成屋面排水坡度的方法

形成屋面坡度的做法一般有结构找坡和材料找坡两种,如图 13.6 所示。

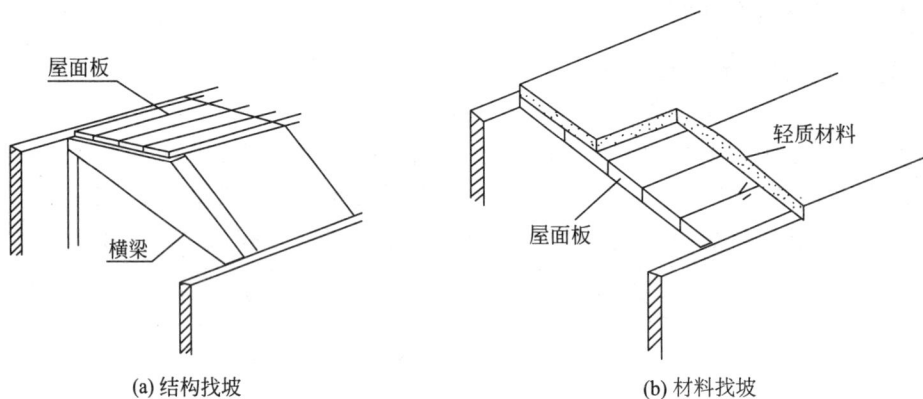

(a) 结构找坡   (b) 材料找坡

图 13.6 屋顶坡度的实现

1）结构找坡

结构找坡也称搁置坡度,是指屋顶结构自身带有排水坡度,是将屋面板搁置在顶部倾斜的梁上或墙上形成屋面排水坡度的方法。坡屋面本身就是结构找坡;对于平屋顶,屋面坡度大于 3%(这里坡度的定义,规范不统一),且单坡度大于 9m 时,宜进行结构找坡。

2）材料找坡

材料找坡也称垫置坡度,是指屋面板呈水平搁置,利用质量轻、吸水率低且有一定强度的材料垫置成排水坡度的做法,找坡材料的吸水率宜小于 20%,找坡层的坡度宜为 2%。常用于找坡的材料有水泥炉渣、石灰炉渣等,找坡材料最薄处一般不宜小于 30mm。材料找坡适用于坡向长度较小的平屋顶。

13.2.2　屋面的排水方式

屋面的排水方式分为两大类,即无组织排水和有组织排水。

1. 无组织排水（通常为坡屋面）

无组织排水是指屋面排水不需人工设计,雨水直接从檐口自由落到室外地面的排水方式,又称自由落水.如图 13.7 所示。

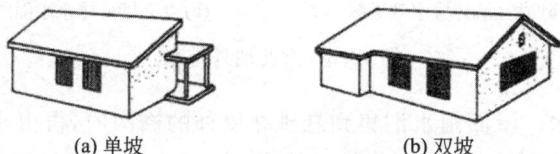

(a) 单坡　　　　　　　　　(b) 双坡

图 13.7　无组织排水

无组织排水构造简单,造价低,但屋面雨水自由落下会溅湿墙面,外墙墙角容易被飞溅的雨水侵蚀,降低外墙的坚固耐久性;从檐口滴落的雨水可能影响人行道的交通。《屋面工程技术规范》(GB 50693—2012)规定,低层建筑及檐高小于 10m 的屋面,可采用无组织排水。工业建筑中,积灰较多的屋面(如铸工车间、炼钢车间等)宜采用无组织排水,因为在生产活动中释放的大量粉尘积于屋面,下雨时被冲进天沟容易堵塞管道;另外,有腐蚀性介质的工业建筑(如铜冶炼车间、某些化工厂房等)也宜采用无组织排水,因为在生产活动中散发的大量腐蚀性介质会侵蚀铸铁雨水装置。

2. 有组织排水

有组织排水是指屋面雨水通过排水系统(天沟、雨水管等)有组织地将水排到室外地面或地下沟管的排水方式。

有组织排水将屋面划分为若干个排水分区,使每个排水区的雨水按屋面排水坡度有组织地排到檐沟或天沟,檐沟或天沟内设置 1‰纵坡(金属屋面集水沟可无坡度),然后经过雨水口排到雨水管,直至室外地面或地下沟管。有组织排水不妨碍人行交通,雨水不易溅湿墙面,因而在建筑工程中应用广泛。

有组织排水方案可分为外排水、内排水和内外排水相结合的方式。

(1) 多层建筑可采用有组织外排水。

(2) 屋面面积较大的多层建筑应采用内排水或内外排水相结合的方式。

(3) 严寒地区的高层建筑不应采用外排水。

(4) 寒冷地区的高层建筑不宜采用外排水,当采用外排水时,宜将水落管布置在紧贴阳台外侧或空调机搁板的阴角处,以利维修。

外排水方式有女儿墙外排水、挑檐沟外排水、女儿墙挑檐沟外排水。在一般情况下应尽量采用外排水方案,因为内排水构造复杂,容易造成渗漏。

1) 外排水方案

(1) 女儿墙外排水。这种排水方案的做法是:将外墙升起封住屋面形成女儿墙,屋面雨水穿过女儿墙流入室外的雨水管最后引入地沟,如图 13.8 所示。

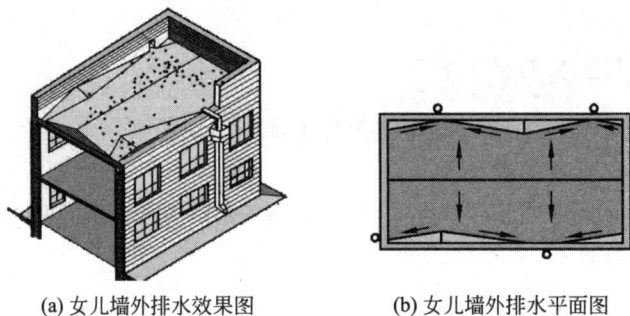

(a) 女儿墙外排水效果图　　　　　(b) 女儿墙外排水平面图

图 13.8　女儿墙外排水

（2）挑檐沟外排水。屋面雨水汇集到悬挑在墙外的檐沟内，再由水落管排下，如图 13.9 所示。当建筑物出现高低屋面时，可先将高处屋面的雨水排至低处屋面，然后从低处屋面的檐沟引入地下。

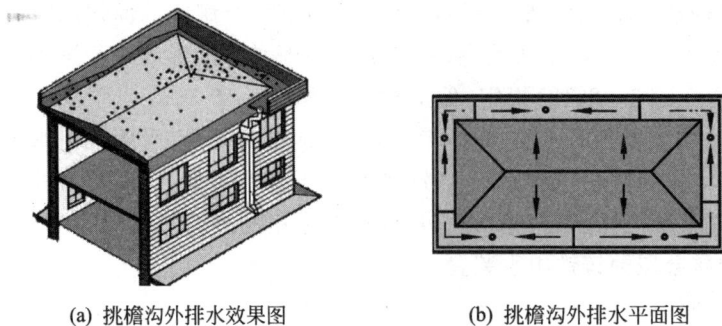

(a) 挑檐沟外排水效果图　　　　　(b) 挑檐沟外排水平面图

图 13.9　挑檐沟外排

采用挑檐沟外排水方案时，水流路线的水平距离不应超过 24m，以免造成屋面渗漏。

（3）女儿墙挑檐沟外排水。这种排水方案的特点是：在屋檐部位既有女儿墙（此时的女儿墙较低）又有挑檐沟。蓄水屋面常采用这种形式，利用女儿墙作为水仓壁，利用挑檐沟汇集从蓄水池中溢出的多余雨水，如图 13.10 所示。

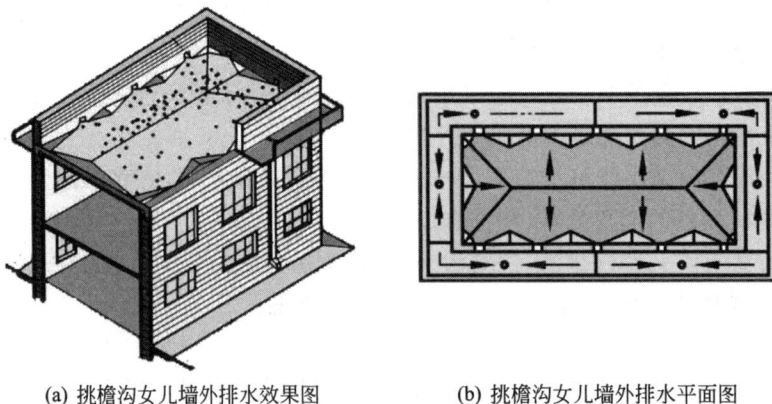

(a) 挑檐沟女儿墙外排水效果图　　　　　(b) 挑檐沟女儿墙外排水平面图

图 13.10　女儿墙挑檐沟外排水

2) 内排水方案

外排水构造简单,雨水管不进室内,有利于室内美观和减少渗漏,因此雨水较多的南方地区应优先采用。但是,有些情况采用外排水就不一定合适,如高层建筑屋面宜采用内排水,因为维修室外雨水管既不方便也不安全;又如《屋面工程技术规范》(GB 50345—2012)规定,严寒地区采用内排水,寒冷地区宜采用内排,因为低温会使室外雨水管的雨水冻结;有些屋面宽度较大的建筑,也无法完全依靠外排水排除屋面雨水,也要采用内排水方案。如图 13.11 所示。

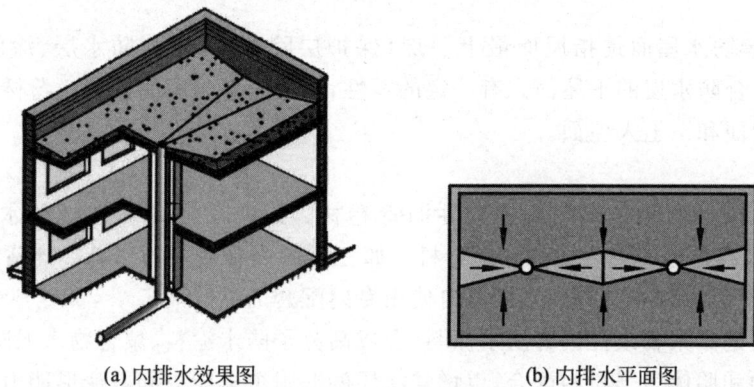

(a) 内排水效果图   (b) 内排水平面图

图 13.11　内排水

13.2.3　屋面排水组织设计

屋面排水组织设计的主要任务是将屋面划分为若干排水区,分别将雨水引向雨水管,做到排水线路简捷、雨水口负荷均匀、排水顺畅、避免屋面积水而引起渗漏。屋面排水组织设计一般按以下步骤进行。

1. 确定排水坡面的数目

进深不超过 12m 的房屋和临街建筑常采用单坡排水,进深超过 12m 时宜采用双坡排水。

2. 划分排水分区

划分排水分区的目的是合理地布置雨水管。排水区的面积是指屋面水平投影的面积,每一个雨水口的汇水面积一般为 $150\sim200m^2$。

3. 确定天沟断面大小和天沟纵坡的坡度

天沟即屋面上的排水沟,位于檐口部位时称为檐沟。天沟的功能是汇集和迅速排除屋面雨水。在沟底沿长度方向应设纵向排水坡度,即天沟纵坡。

檐沟、天沟的过水断面,应根据屋面汇水面积的雨水流量经计算确定。钢筋混凝土檐沟、天沟净宽不应小于 300mm,分水线处最小深度不应小于 100mm;沟内纵向坡度不应小于 1%,沟底水落差不得超过 200mm;檐沟、天沟排水不得流经变形缝和防火墙;金属檐沟、天沟的纵向坡度宜为 0.5%。

4. 雨水管的规格和间距

雨水管按材料分为铸铁、镀锌铁皮、塑料、石棉水泥和陶土等,外排水时可采用 UPVC 管、玻璃钢管、金属管等,内排水时可采用铸铁管、镀锌钢管、UPVC(硬聚氯乙烯,Unplasticized Polyvinyl Chloride)管等。雨水管内径不得小于 100mm,阳台雨水管直径可为 75mm。

每一个汇水面积内的屋面或天沟一般不应少于两个水落口。两个水落口的间距一般不宜大于下列数值:有外檐天沟的水落口间距为 24m;无外檐天沟、内排水的水落口间距为 15m。水落口中心距端部女儿墙内边不宜小于 0.5m。

13.3　平屋面卷材、涂膜防水构造

卷材、涂膜防水屋面是指屋面最上一层(保护层除外)为卷材防水层、涂膜防水层、卷材＋涂膜的复合防水层的平屋面。有一定的柔性,能适应部分屋面变形。卷材、涂膜防水屋面分为上人屋面和不上人屋面。

1. 材料

卷材分为以下两种。①高聚物改性沥青卷材。如弹性体 SBS 改性防水卷和塑性体 APP 改性防水卷材等。②合成高分子卷材。如三元乙丙橡胶卷材、BAC 自粘防水卷材、聚氯乙烯卷材、氯丁橡胶卷材等。它们各自使用专门配套的黏合剂。

涂膜主要是高聚物改性沥青防水涂料、合成高分子防水涂料、聚合物水泥防水涂料。有些防水涂料须和胎体增强材料配合,以增强涂层的贴附覆盖能力和抗变形能力。

2. 卷材、涂膜防水屋面的构造层次和做法

《平屋面建筑构造》(12J201)中指出,卷材、涂膜防水屋面由多层材料叠合而成,其构造层次自上而下为:保护层、隔离层(仅上人屋面)、防水层、找平层、找坡层、保温层、隔汽层、找平层和结构层(其中隔汽层、找平层设置与否由工程设计确定)。

1) 结构层

结构层的作用是预制或现浇钢筋混凝土屋面板。

2) 找平层

找平层的作用是修补现浇混凝土屋面板表面的不平整。

3) 隔汽层

隔汽层的作用是阻止室内水蒸气渗透到保温层内的构造层。

4) 保温层

保温层的作用是减少屋面热交换作用的构造层。在本单元 13.4 节重点介绍。

5) 找坡层

找坡层的作用是实现屋面排水坡度。屋面是结构找坡时,不设找坡层;材料找坡时尽量采用轻质材料,坡度宜为 2%。可利用现制保温层兼作找坡层。

6) 找平层

卷材、涂膜的基层宜设找平层。找平层厚度和技术要求应符合表 13.4 的规定。当找平层下有保温层时应留分格缝,缝宽宜为 5~20mm,纵横缝的间距不宜大于 6m。

7) 防水层

防水层是指能够隔绝水而不使水向建筑物内部渗透的构造层。

(1) 防水层的厚度。卷材、涂膜防水屋面的防水层除要满足《屋面工程技术规范》(GB50345—2012)对屋面防水等级和设防要求外,还应满足《屋面工程技术规范》(GB50345—2012)对防水层厚度的要求,如表 13.5~表 13.7 所示。混凝土结构层不得作

为屋面的一道防水设防。

表13.4 找平层厚度和技术要求 单位:mm

找平层分类	适用的基层	厚度	技术要求
水泥砂浆	整体现浇混凝土板	15～20	1:2.5水泥砂浆
	整体材料保温层	20～25	
细石混凝土	装配式混凝土板	30～35	C20混凝土,宜加钢筋网片
	板状材料保温层		C20混凝土

表13.5 每道卷材防水层最小厚度 单位:mm

防水等级	合成高分子防水卷材	高聚物改性沥青防水卷材		
		聚酯胎、玻纤胎、聚乙烯胎	自粘聚酯胎	自粘无胎
I	1.2	3.0	2.0	1.5
II	1.5	4.0	3.0	2.0

表13.6 每道涂膜防水层最小厚度 单位:mm

防水等级	合成高分子防水涂膜	聚合物水泥防水涂膜	高聚物改性沥青防水涂膜
I	1.5	1.5	2.0
II	2.0	2.0	3.0

表13.7 复合防水层最小厚度 单位:mm

防水等级	合成高分子防水卷材+合成高分子防水涂膜	自粘聚合物改性沥青防水卷材(无胎)+合成高分子防水涂膜	高聚物改性沥青防水卷材+高聚物改性沥青防水涂膜	聚乙烯丙纶卷材+聚合物水泥防水胶
I	1.2+1.5	1.5+1.5	3.0+2.0	(0.7+1.3)×2
II	1.0+1.0	1.2+1.0	3.0+1.2	0.7+1.3

(2)顺序和方向。卷材防水层铺贴顺序和方向应符合以下要求:卷材防水层施工时,应先进行细部构造处理,然后由屋面最低标高向上铺贴;檐沟、天沟卷材施工时,宜顺檐沟、天沟方向铺贴,搭接缝应顺流水方向;卷材宜平行屋脊铺贴,上、下层卷材不得相互垂直铺贴。

涂膜防水需铺设胎体增强材料时,屋面坡度小于15%时,可平行屋脊铺设;屋面坡度大于15%时,应垂直屋脊铺设。

涂膜防水采用溶剂型涂料时,基层应干燥。防水涂膜应分层涂布,不得一次涂成。前一层成膜后涂后一层。前后两层涂布应相互垂直。

复合防水层的层次为涂膜在下,卷材在上。

(3)搭接缝要求。卷材防水层平行屋脊的搭接缝应顺流水方向,防水卷材接缝应采用搭接缝,搭接宽度应符合表13.8的规定;同一层相邻两幅卷材短边搭接缝错开不应小于500mm;上、下层卷材长边搭接应错开,且不应小于幅宽的1/3;叠层铺贴的各层卷材,在天沟与屋面的交接处,应采用叉接法搭接,搭接缝应错开;搭接缝宜留在屋面与天沟侧面,不宜留在沟底。

表 13.8　卷材搭接宽度　　　　　　　　　　　单位:mm

卷材类别	搭 接 宽 度	
合成高分子防水卷材	胶粘剂	80
	胶粘带	50
	单缝焊	60,有效焊接宽度不小于 25
	双缝焊	80,有效焊接宽度 10×2+空腔宽
高聚物改性沥青防水卷材	胶粘剂	100
	自粘	80

当涂膜防水须铺设胎体增强材料时,设计应符合下列规定:胎体增强材料宜采用聚酯无纺布或化纤无纺布;胎体增强材料长边搭接宽度不应小于 50mm,短边搭接宽度不应小于 70mm;上、下层胎体增强材料的长边搭接缝应错开,且不得小于幅宽的 1/3;上、下层胎体增强材料不得相互垂直铺设。

(4)其他施工要求。立面或大坡面铺贴时,应采用满粘法,并宜减少卷材短边搭接。高聚物卷材铺贴方法有冷粘法和热熔法;高分子卷材铺贴方法为冷粘法。

防水附加层设计应符合下列规定:檐沟、天沟与屋面交接处、屋面平面与立面交接处,以及水落口、伸出屋面管道根部等部位,应设置卷材或涂膜附加层;屋面找平层分格缝等部位,宜设置卷材空铺附加层,其空铺宽度不宜小于 100mm;涂膜附加层应夹铺胎体增强材料。

8)隔离层

消除相邻两种材料之间黏结力、机械咬合力、化学反应等不利影响的构造层。上人屋面的块体材料、细石混凝土保护层与卷材、涂膜防水层之间应采用低强度等级的砂浆作为隔离层。

9)保护层

对防水层或保温层起防护作用的构造层分为以下两种。

(1)上人屋面保护层:采用现浇细石混凝土或块体材料。

(2)不上人屋面保护层:采用预制板、浅色涂料、铝箔或绿豆砂。

上人屋面为保证刚性材料保护层更好地发挥作用,会采取如下措施。

(1)为避免开裂,在采用细石混凝土板保护层时,应设分格缝,纵横间距不宜大于 6m,分格缝宽为 20mm,并用密封胶封严。

(2)为避免刚性接触,在块体材料、细石混凝土保护层与女儿墙或山墙之间应预留宽度为 30mm 的缝隙,缝内用密封胶封严,上人平屋面的构造如图 13.12 所示。

3. 细部构造

屋顶细部是指屋面上的泛水、檐口、雨水口以及变形缝等部位的细部构造处理。

1)泛水构造

泛水一般是指屋面上水平面和垂直面交接处做的防水构造。如屋面上女儿墙、烟囱、楼梯间、变形缝、检查孔、立管等位置。

女儿墙处的泛水构造做法如下。

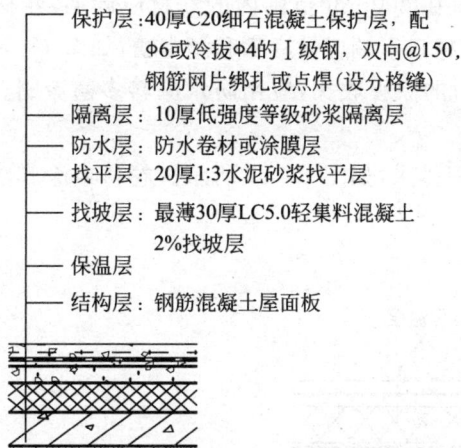

图 13.12　上人平屋面构造

保护层:40厚C20细石混凝土保护层,配φ6或冷拔φ4的Ⅰ级钢,双向@150,钢筋网片绑扎或点焊(设分格缝)
隔离层:10厚低强度等级砂浆隔离层
防水层:防水卷材或涂膜层
找平层:20厚1:3水泥砂浆找平层
找坡层:最薄30厚LC5.0轻集料混凝土2%找坡层
保温层
结构层:钢筋混凝土屋面板

（1）女儿墙压顶可采用混凝土或金属制品。压顶向内排水坡度不应小于5%,压顶内侧下端应作滴水处理。

（2）女儿墙泛水处的卷材铺贴应采用满粘法,泛水处的防水层下应增设附加层,附加层在平面和立面的宽度均不应小于250mm。

（3）低女儿墙泛水处的防水层可直接铺贴或涂刷至压顶下,卷材收头应用金属压条钉压固定,并应用密封材料封严;涂膜收头应用防水涂料多遍涂刷,如图13.13(a)所示。

（4）高女儿墙泛水处的防水层泛水高度不应小于250mm,防水层收头应符合施工要求,做到牢固、不剥落;泛水上部的墙体应作防水处理,如图13.13(b)所示。

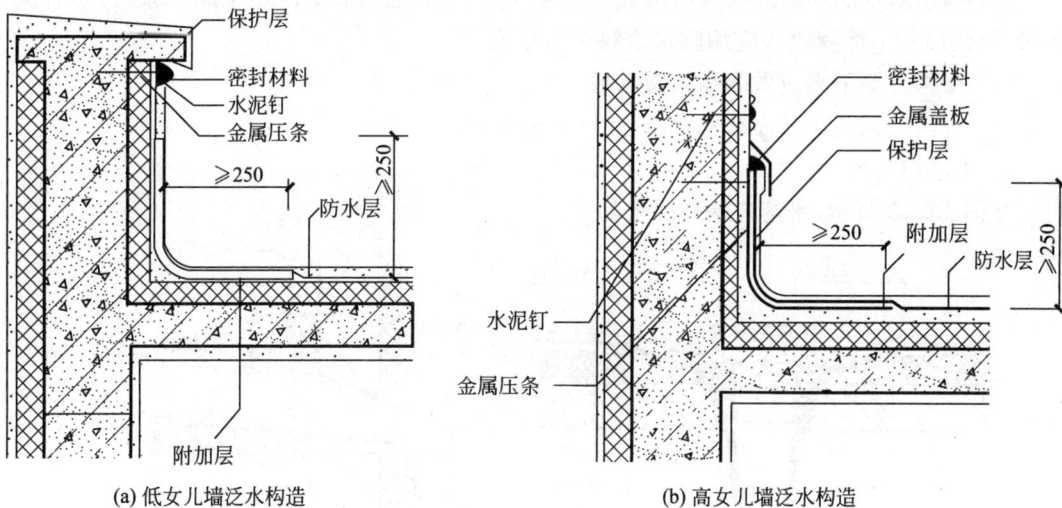

(a) 低女儿墙泛水构造　　(b) 高女儿墙泛水构造

图 13.13　女儿墙泛水构造

（5）女儿墙泛水处的防水层表面宜采用涂刷浅色涂料或浇筑细石混凝土保护。

2）檐口

当屋顶排水方式为无组织排水时,卷材和涂膜防水屋面的檐口构造应满足下列要求。

（1）卷材防水屋面檐口在 800mm 范围内的卷材应满粘，卷材收头应采用金属压条钉压，并应用密封材料封严。檐口下端应做鹰嘴和滴水槽，如图 13.14(a)所示。

（2）涂膜防水屋面檐口的涂膜收头，应用防水涂料多遍涂刷。檐口下端应做鹰嘴和滴水槽，如图 13.14(b)所示。

屋顶排水方式为有组织排水，如图 13.15 所示。卷材或涂膜防水屋面的檐口构造应满足下列要求。

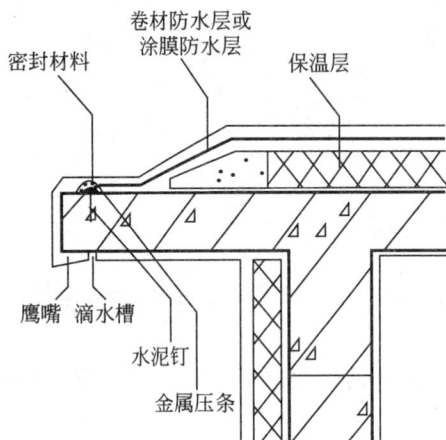

图 13.14　无组织排水檐口构造

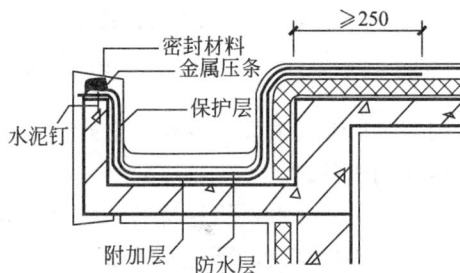

图 13.15　卷材或涂膜防水屋面檐沟和天沟的防水构造

（1）檐沟和天沟的防水层下应增设附加层，附加层伸入屋面的宽度应不小于 250mm。

（2）檐沟防水层和附加层应由沟底翻上至外侧顶部，卷材收头应用金属压条钉压，并应用密封材料封严，涂膜收头应用防水涂料多遍涂刷。

（3）檐沟外侧下端应做鹰嘴或滴水槽。

（4）檐沟外侧高于屋面结构板时，应设置溢水口。

3）水落口

如图 13.16 所示，水落口构造要求如下。

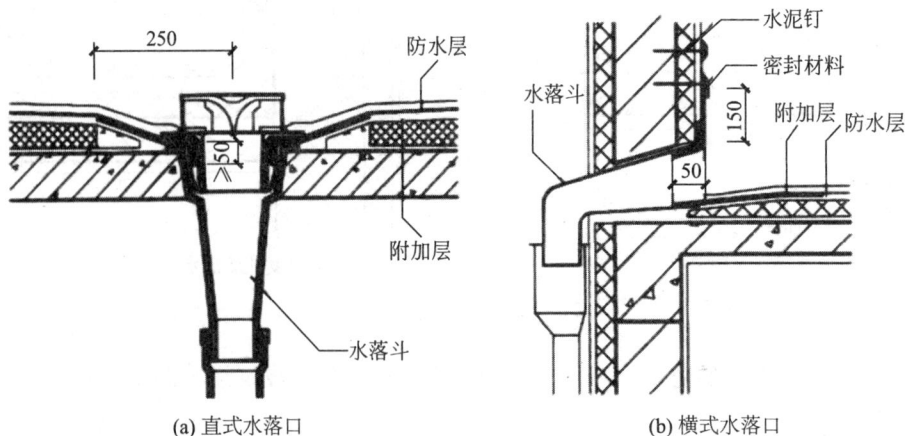

(a) 直式水落口　　　　　　　(b) 横式水落口

图 13.16　水落口构造

（1）水落口可采用塑料或金属制品,水落口的金属配件均应作防锈处理。

（2）水落口杯应牢固地固定在承重结构上,其埋设标高应根据附加层的厚度及排水坡度加大的尺寸确定。

（3）水落口周围直径在500mm范围内坡度不应小于5%,防水层下应增设涂膜附加层。

（4）防水层和附加层伸入水落口杯内不应小于50mm,并应黏结牢固。

水落口分为直式水落口和横式水落口两类,直式水落口适用于中间天沟、挑檐沟和女儿墙内排水天沟,横式水落口适用于女儿墙外排水。

13.4 平屋顶的保温与隔热

13.4.1 屋面保温

寒冷地区和有空调要求的建筑,屋面应做保温处理,以减少室内热损失,降低能源消耗。

1. 保温材料

保温层应根据屋面所需传热系数或热阻选择轻质、高效的保温材料,保温层及其保温材料应符合表13.9的规定。

表 13.9　保温层及其保温材料

保温层	保温材料
板状材料保温层	聚苯乙烯泡沫塑料,硬质聚氨酯泡沫塑料,膨胀珍珠岩制品,泡沫玻璃制品,加气混凝土砌块,泡沫混凝土砌块
纤维材料保温层	玻璃棉制品,岩棉、矿渣棉制品
整体材料保温层	喷涂硬泡聚氨酯,现浇泡沫混凝土

2. 保温层构造

保温层设计应符合下列规定。

（1）保温层宜选用吸水率低、密度和导热系数小,并有一定强度的保温材料。

（2）保温层厚度应根据所在地区现行建筑节能设计标准,经计算确定。

（3）保温层的含水率,应相当于该材料在当地自然风干状态下的平衡含水率。

（4）屋面为停车场等高荷载情况时,应根据计算确定保温材料的强度。

（5）纤维材料做保温层时,应采取防止压缩的措施。

（6）屋面坡度较大时,保温层应采取防滑措施。

（7）封闭式保温层或保温层干燥有困难的卷材屋面,宜采取排汽构造措施。

3. 隔汽层

当严寒及寒冷地区下部房间为厨房、浴室蒸汽比较足的房间,考虑蒸汽透过结构层进入保温层,应设置隔汽层。隔汽层设计应符合下列规定。

（1）隔汽层应设置在结构层上、保温层下。

（2）隔汽层应选用气密性、水密性好的材料。

（3）隔汽层应沿周边墙面向上连续铺设,高出保温层上表面不得小于150mm。

隔气层排气道符合下列要求。

（1）找平层设置的分格缝可兼作排汽道,排汽道的宽度宜为40mm。

（2）排汽道应纵横贯通,并应与大气连通的排汽孔相通,排汽孔可设在檐口下或纵横排汽道的交叉处。

（3）排汽道纵横间距宜为6m,屋面面积每36m² 宜设置一个排汽孔,排汽孔应作防水处理。

（4）在保温层下也可铺设带支点的塑料板。

如图13.17所示为屋面排汽孔的构造。

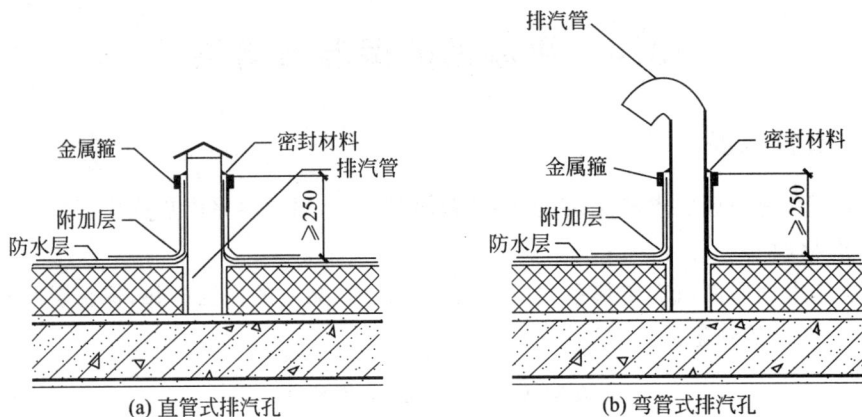

图13.17 屋面排汽口构造

4. 倒置式屋面

一般工程中的保温层位于防水层的下方,也有保温层位于防水层的上方的做法,即倒置式屋面。如图13.18所示,倒置式屋面的构造层次自下而上为:结构层、找坡层、找平层、防水层、保温隔热层、隔离层和保护层。

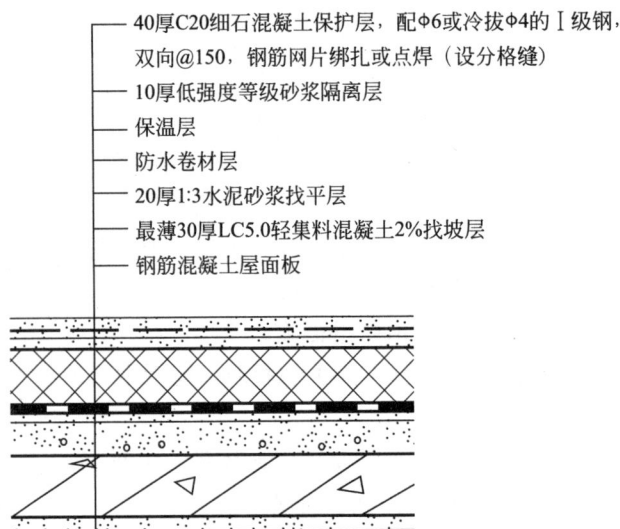

图13.18 倒置式上人保温屋面

倒置式屋面的构造做法如下。

(1) 倒置式屋面应优先选择结构找坡,坡度宜为3%。

(2) 保温层应采用吸水率低,且长期浸水不变质的保温材料。

(3) 板状保温材料的下部纵向边缘应设排水凹缝。

(4) 保温层与防水层所用材料应相容匹配。

(5) 保温层上面宜采用块体材料或细石混凝土做保护层。

(6) 檐沟、水落口部位应采用现浇混凝土堵头或砖砌堵头,并应作好保温层排水处理。

13.4.2 屋面隔热

南方地区夏日太阳辐射强,室内温度高,需对屋顶采取隔热处理。屋面隔热层设计应根据地域、气候、屋面形式、建筑环境、使用功能等条件,采取种植、架空和蓄水等隔热措施。

1. 种植隔热

种植隔热层的设计应符合下列规定:种植隔热层的构造层次应包括植被层、种植土层、过滤层和排水层等;种植隔热层所用材料及植物等应与当地气候条件相适应,并应符合环境保护要求;种植隔热层宜根据植物种类及环境布局的需要进行分区布置,分区布置应设挡墙或挡板;排水层材料应根据屋面功能及环境、经济条件等进行选择;过滤层宜采用200~400g/m² 的土工布,过滤层应沿种植土周边向上铺设至种植土高度;种植土四周应设挡墙,挡墙下部应设泄水孔,并应与排水出口连通;种植土应根据种植植物的要求选择综合性能良好的材料;种植土厚度应根据不同种植土和植物种类等确定;当种植隔热层的屋面坡度大于20%时,其排水层、种植土应采取防滑措施。如图 13.19 所示。

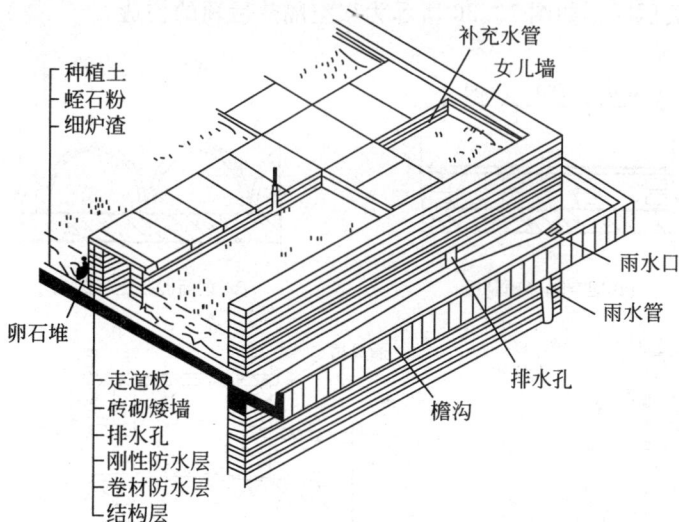

(a) 种植屋面直观图

图 13.19 种植屋面

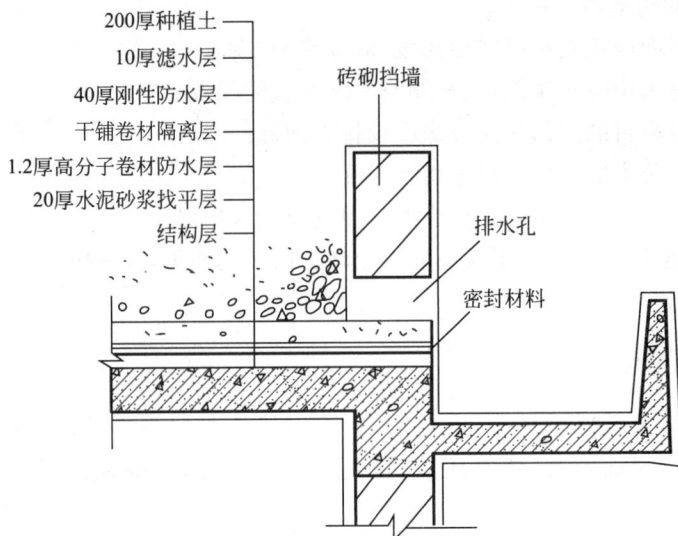

(b) 种植屋面檐口断面图

图　13.19(续)

2. 架空隔热

架空隔热层的设计应符合下列规定：架空隔热层宜在屋顶有良好通风的建筑物上采用，不宜在寒冷地区采用；当采用混凝土板架空隔热层时，屋面坡度不宜大于5%；架空隔热制品及其支座的质量应符合国家现行有关材料标准的规定；架空隔热层的高度宜为180～300mm，架空板与女儿墙的距离不应小于250mm；当屋面宽度大于10m时，架空隔热层中部应设置通风屋脊；架空隔热层的进风口，宜设置在当地炎热季节最大频率风向的正压区，出风口宜设置在负压区。如图13.20所示为架空隔热屋顶的构造。

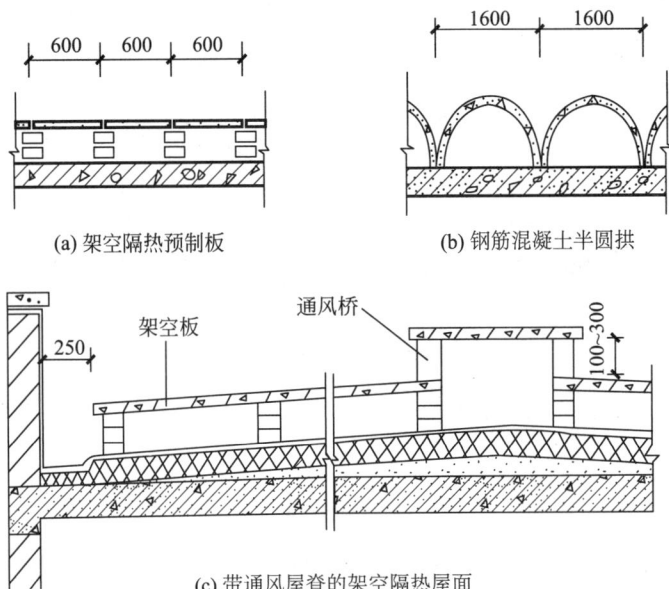

(a) 架空隔热预制板

(b) 钢筋混凝土半圆拱

(c) 带通风屋脊的架空隔热屋面

图 13.20　架空隔热屋顶

3. 蓄水隔热

蓄水隔热层的设计应符合下列规定：蓄水隔热层不宜在寒冷地区、地震设防地区和振动较大的建筑物上采用；蓄水隔热层的蓄水池应采用强度等级不低于 C25、抗渗等级不低于 P6 的现浇混凝土，蓄水池内宜采用 20mm 厚防水砂浆抹面；蓄水隔热层的排水坡度不宜大于 0.5%；蓄水隔热层应划分为若干蓄水区，每区的边长不宜大于 10m，在变形缝的两侧应分成两个互不连通的蓄水区；长度超过 40m 的蓄水隔热层应分仓设置，分仓隔墙可采用现浇混凝土或砌体；蓄水池应设溢水口、排水管和给水管，排水管应与排水出口连通；蓄水池的蓄水深度宜为 150～200mm；蓄水池溢水口距分仓墙顶面的高度不得小于 100mm；蓄水池应设置人行通道。如图 13.21 所示为蓄水屋面。

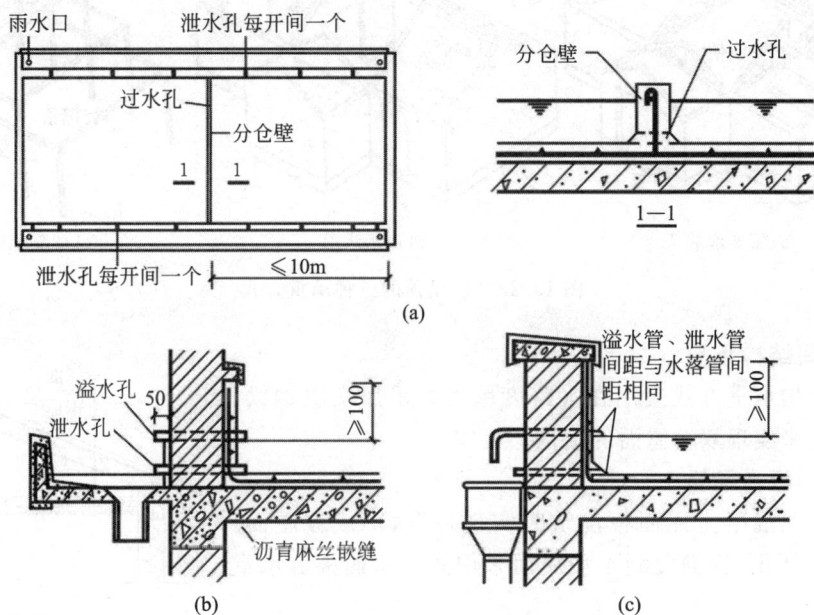

图 13.21　蓄水屋面

13.5　坡屋顶构造

13.5.1　坡屋顶的组成和承重结构

坡屋顶一般由承重结构和屋面两部分组成，必要时还设有找平层、保温隔热层、隔汽层、防水层等。

坡屋顶的承重结构主要有屋架承重、山墙承重、梁架结构和空间结构承重、屋面板自重等方案。

1. 屋架承重

屋架由上弦杆、下弦杆、腹杆等组成。一般采用三角形屋架。屋架按不同材料可分为木屋架、钢筋混凝土屋架、钢屋架、钢木屋架等。屋架承受屋面荷载并把它传递到墙或柱上。

2. 山墙承重

山墙上搁置檩条、檩条上设椽子、上面铺屋面，也可以在山墙上直接搁置挂瓦板、预制板等形成屋面承重体系。

3. 梁架承重

梁架承重形式是我国古代建筑屋顶传统的结构形式，也称木构架。由柱和梁组成梁架，在每两排梁架之间搁置檩条，将梁架联系成一个完整骨架承重体系。建筑物的全部荷载由柱、梁、檩条骨架承重体系承担，墙只起围护和分隔空间的作用。图 13.22 为坡屋顶承重方式。

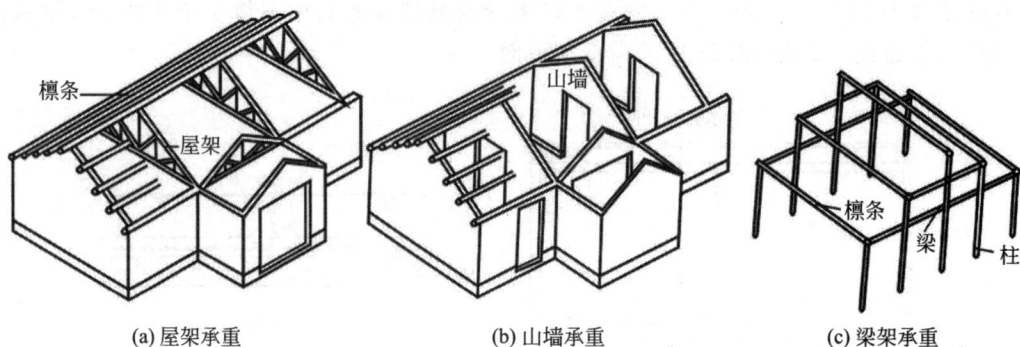

图 13.22 坡屋顶的三种承重方式

4. 空间结构承重

空间结构承重方式应用在大跨度屋面如采用实腹钢梁、空间管桁架来实现双坡屋面的结构。

5. 屋面板自承重

现浇钢筋混凝土屋面板浇筑时实现坡度，形成坡屋面。如图 13.23 所示，钢筋混凝土坡屋面采用的是屋面板自承重方式。

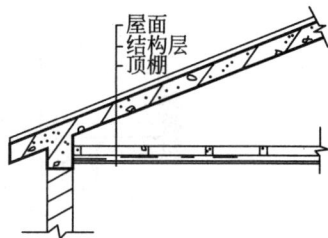

图 13.23 钢筋混凝土坡屋面

13.5.2 坡屋顶的屋面防水

1. 屋面类型和防水垫层

图 13.24 所示为坡屋面防水垫层构造。

1）屋面类型

根据屋面材料的不同，坡屋面可分为沥青瓦屋面、块瓦屋面、波形瓦屋面、防水卷材屋面、金属板屋面和装配式轻型坡屋面等几种类型。坡屋面中应根据建筑高度、风力、环境等因素确定坡屋面类型、坡度和防水垫层。

2）防水垫层

（1）防水垫层主要采用的材料有以下几种。

① 沥青类防水垫层包括自粘聚合物沥青防水垫层、聚合物改性沥青防水垫层、波形沥青通风防水垫层等。

② 高分子类防水垫层包括铝箔复合隔热防水垫层、塑料防水垫层、透气防水垫层和聚

乙烯丙纶防水垫层等。

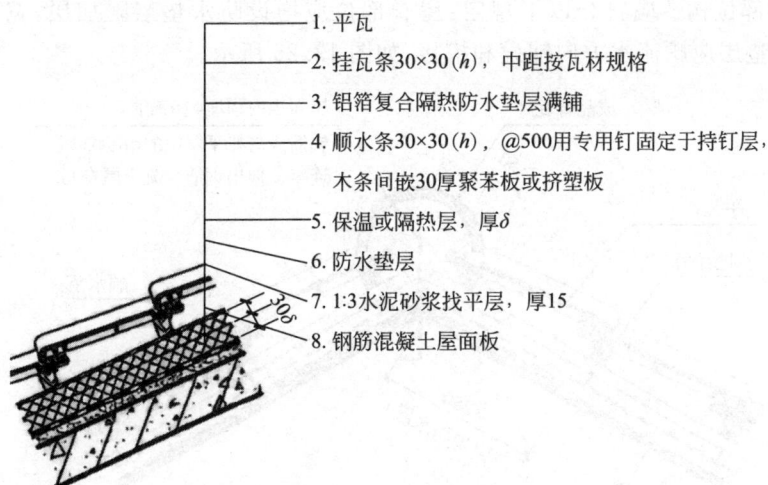

1. 平瓦
2. 挂瓦条30×30(h)，中距按瓦材规格
3. 铝箔复合隔热防水垫层满铺
4. 顺水条30×30(h)，@500用专用钉固定于持钉层，
   木条间嵌30厚聚苯板或挤塑板
5. 保温或隔热层，厚δ
6. 防水垫层
7. 1:3水泥砂浆找平层，厚15
8. 钢筋混凝土屋面板

图 13.24　坡屋面防水垫层

③ 防水卷材和防水涂料。

（2）防水垫层在瓦屋面构造层次中的位置有以下几种情况。

① 防水垫层铺设在瓦材和屋面板之间，屋面应为内保温隔热构造。

② 防水垫层铺设在持钉层和保温隔热层之间，应在防水垫层上铺设配筋细石混凝土持钉层。

③ 防水垫层铺设在保温隔热层和屋面板之间，瓦材应固定在配筋细石混凝土持钉层上。

④ 防水垫层或隔热防水垫层铺设在挂瓦条和顺水条之间，防水垫层宜呈下垂凹形。

防水垫层可空铺、满粘或机械固定。屋面坡度大于50%，防水垫层宜采用机械固定或满粘法施工，防水垫层的搭接宽度不得小于100mm。固定钉穿透非自粘防水垫层，钉孔部位应采取密封措施。细部节点部位的防水垫层应增设附加层，宽度不宜小于500mm。如图 13.24 所示。

2. 块瓦屋面构造

块瓦包括烧结瓦、混凝土瓦等，适用于防水等级为一级和二级的坡屋面。块瓦屋面坡度不应小于30%。块瓦屋面的屋面板可为钢筋混凝土板、木板或增强纤维板。块瓦屋面应采用干法挂瓦，固定牢固，檐口部位应采取防风揭措施。

1）块瓦屋面构造做法

（1）当保温隔热层上铺设细石混凝土保护层做持钉层时，防水垫层应铺设在持钉层上，构造层依次为块瓦、挂瓦条、顺水条、防水垫层、持钉层、保温隔热层、屋面板。

（2）当保温隔热层镶嵌在顺水条之间时，应在保温隔热层上铺设防水垫层，构造层依次为块瓦、挂瓦条、防水垫层或隔热防水垫层、保温隔热层、顺水条、屋面板。

（3）当采用具有挂瓦功能的保温隔热层时，在屋面板上做水泥砂浆找平层，防水垫层应铺设在找平层上，保温板应固定在防水垫层上，构造层依次为块瓦、有挂瓦功能的保温隔热层、防水垫层、找平层（兼作持钉层）、屋面板。

2) 块瓦屋面细部构造

（1）屋脊部位构造应符合以下规定：屋脊部位应增设防水垫层附加层，宽度不应小于500mm；防水垫层应顺流水方向铺设和搭接，如图 13.25 所示。

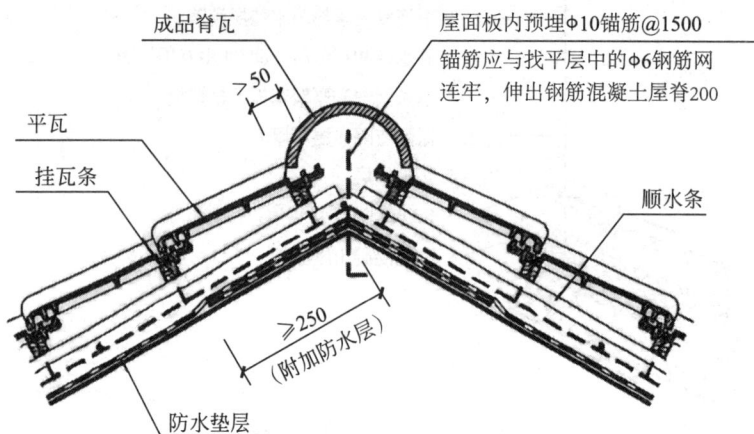

图 13.25　屋脊构造

（2）檐口部位应增设防水垫层附加层。严寒地区或大风区域，应采用自粘聚合物沥青防水垫层加强，下翻宽度不应小于 100mm，屋面铺设宽度不应小于 900mm；金属泛水板应铺设在防水垫层的附加层上，并伸入檐口内；在金属泛水板上应铺设防水垫层，如图 13.26 所示。

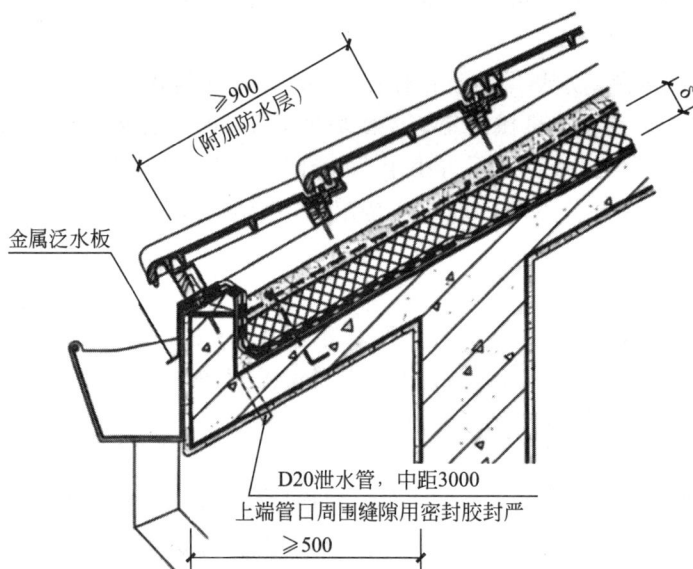

图 13.26　檐口构造

（3）钢筋混凝土檐沟应增设防水垫层附加层；檐口部位防水垫层的附加层应延展铺设到混凝土檐沟内，如图 13.27 所示。

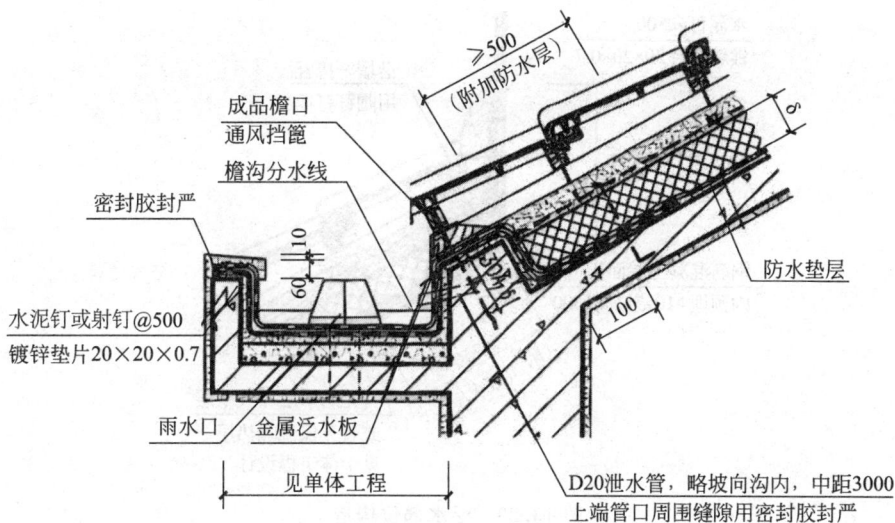

图 13.27 钢筋混凝土檐沟细部构造

（4）天沟部位应沿天沟中心线增设防水垫层附加层，宽度不应小于 1000mm；铺设防水垫层和瓦材应顺流水方向进行，如图 13.28 所示。

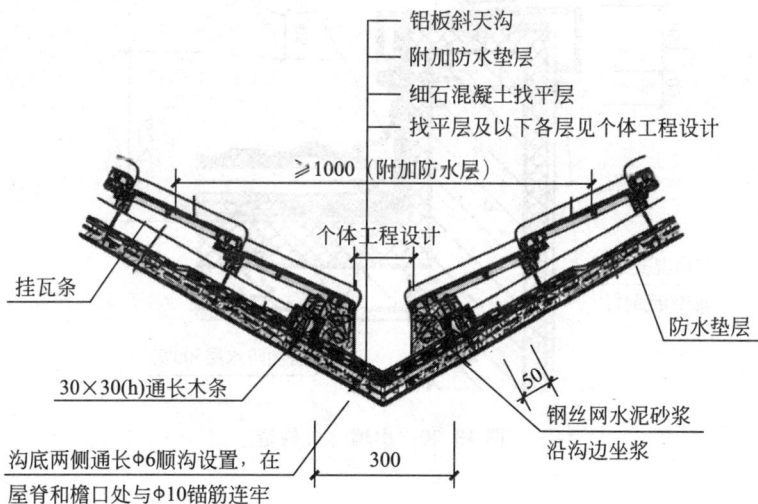

图 13.28 天沟细部构造

（5）泛水部位构造要点：阴角部位应增设防水垫层附加层；防水垫层应满粘铺设，沿立墙向上延伸不少于 250mm；金属泛水板或耐候型泛水带覆盖在防水垫层上，泛水带与瓦之间应采用胶黏剂满粘；泛水带与瓦搭接应大于 150mm，并应黏结在下一排瓦的顶部；非外露型泛水的立面防水垫层宜采用钢丝网聚合物水泥砂浆层保护，并用密封材料封边，如图 13.29 所示。

（6）山墙部位应做好泛水，如图 13.30 所示。

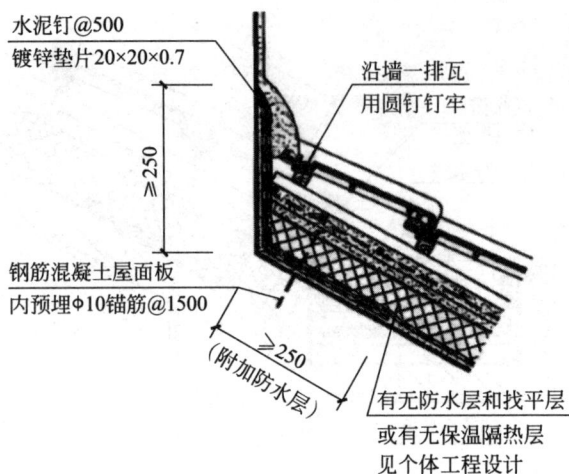

图 13.29　泛水部位构造

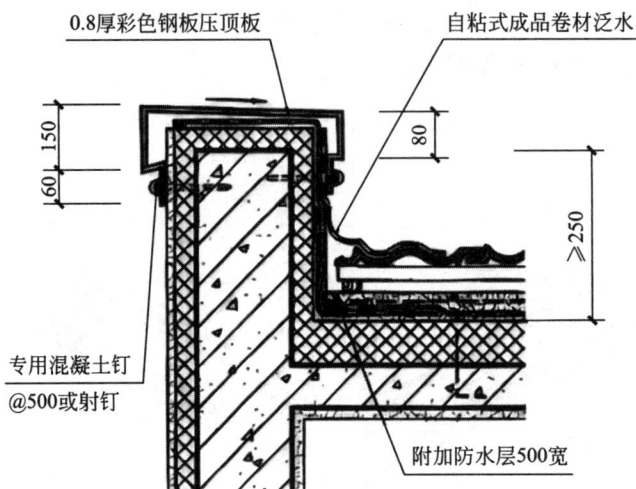

图 13.30　山墙部位构造

═══ 小　　结 ═══

屋顶是建筑上面的维护构件,常见的屋顶形式有平屋顶、坡屋顶及其他形式的屋顶。

屋顶设计最重要的内容是防水和排水,屋顶的排水方案分为有组织排水方案和无组织排水方案。屋顶的防水分为卷材防水、涂膜防水和瓦材防水。

平屋顶一般采用卷材防水和涂膜防水,同时做好檐口防水材料的收头、泛水、雨水口等细部构造处理。

　　坡屋顶主要由屋面、承重结构和顶棚等部分组成。其承重结构主要有山墙承重、屋架承重和空间结构承重等方案。

　　屋顶保温构造处理的方法通常是在屋顶中增设保温层,隔热措施有屋顶通风隔热、蓄水隔热和种植隔热。

学习单元 13 习题

学习单元 14 门 窗

学习导引

门窗是我们熟悉的建筑构造组成,它们的作用及其构造要求有哪些?

知识目标

掌握门窗的分类、组成与尺度。

技能目标

能识读建筑门窗尺寸等;能识读外立面装修做法、门窗位置等["1+X"建筑工程识图职业技能等级要求(中级——建筑设计类专业)1.3.2、1.4.2要求]。

思政要求

引导学生弘扬精益求精的工匠精神。

门窗是房屋的重要围护配件。门主要有围护、分隔、室内外交通疏散、采光、通风和装饰的功能。交通疏散和防火规范规定了门洞口的宽度、位置和数量。窗的主要功能是采光、通风、接受日照及供人眺望。在不同情况下,门窗还具有保温、隔声、防风、防水等功能。寒冷地区由门窗缝隙而损失的热量,占全部采暖耗热量的25%左右。门窗的密闭性要求,是节能设计的重要内容。

14.1 门

14.1.1 门的分类

门按主要制作材料可分为木门、钢门、铝合金门、塑料门等。

门按形式和制造工艺可分为镶板门、纱门、实拼门、夹板门等。

门按功能可分为防火门、隔声门、保温门、防盗门等。

门按其开启方式分为平开门、弹簧门、推拉门、折叠门、转门、卷帘门等,如图14.1所示。

(1)平开门是水平开启的门,它的铰链装于门扇与门框相连的一侧,使门扇围绕铰链轴转动。门扇有单扇、双扇和内开、外开之分。平开门构造简单,开启灵活,加工制作简便,易于维修,是建筑中常见、使用较广泛的门。

(2)弹簧门的开启方式与普通平开门相同,所不同的是以弹簧铰链代替了普通铰链,借助弹簧的力量使门扇能向内、向外开启并经常保持关闭。弹簧门使用方便、美观大方,广泛

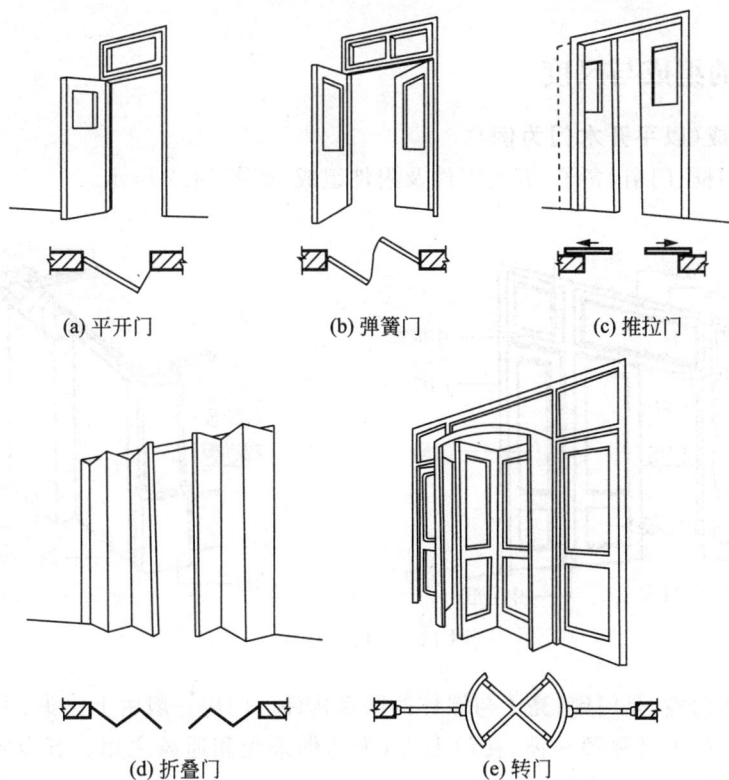

(a) 平开门   (b) 弹簧门   (c) 推拉门

(d) 折叠门   (e) 转门

图 14.1　门的开启方式

应用于商店、学校、医院、办公楼和商业大厦。为避免人流相撞,门扇或门扇上部应镶嵌玻璃。

(3) 推拉门是门扇通过上下轨道,左右推拉滑行进行开关,有单扇和双扇之分。推拉门受力合理,开启时不占空间,但构造复杂,多用于办公楼、宾馆、大酒店等公共建筑中的门。推拉门常采用玻璃门扇,可设置光电管或触动式设施实现自动启闭。

(4) 折叠门可分为侧挂式和推拉式两种。由多扇门构成,每扇门宽度为 500～1000mm,一般以 600mm 为宜,适用于宽度较大的洞口。侧挂式折叠门与普通平开门相似,只是门扇之间用铰链相连。推拉式折叠门与推拉门构造相似,在门顶或门底装滑轮及导向装置,每扇之间以铰链相连,开启时门扇通过滑轮沿着导向装置移动。折叠门开启时占用空间少,但构造较复杂,一般用于宽度较大的门,如仓库、商店或公共建筑中作灵活分隔空间用。

(5) 转门由两个固定的弧形门套和垂直旋转的门扇构成。门扇可分为三扇或四扇,绕竖轴旋转。转门对隔绝室外气流有一定作用,可作为寒冷地区公共建筑的外门,但不能作为疏散门。当设置在疏散口时,需在转门两旁另设疏散用门。转门构造复杂,造价高,不宜大量采用。

(6) 卷帘门多用于商店橱窗或商店出入口外侧的封闭门。卷帘门加工制作复杂,造价高。

14.1.2 门的组成与尺度

1. 门的组成（以平开木门为例）

门一般由门框、门扇、亮子、五金零件及附件组成，如图 14.2 所示。

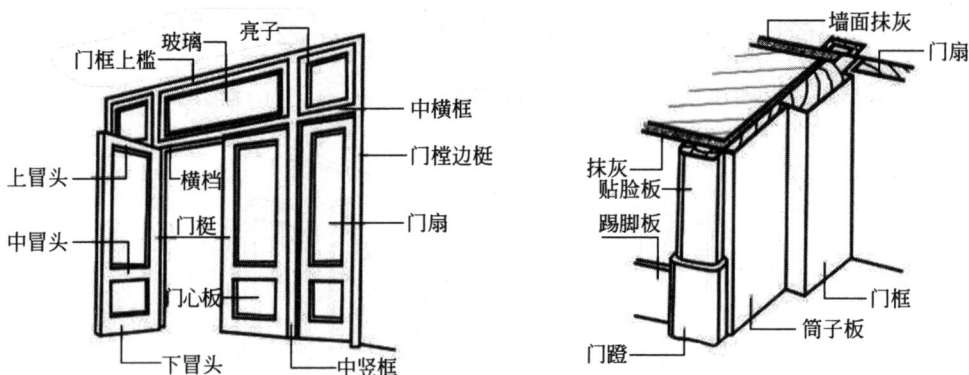

图 14.2 门的组成

门框又称为门樘，是门扇、亮子与墙体的联系构件。门扇一般由上冒头、中冒头、下冒头和边梃等组成。亮子又称腰头窗，在门上方，为辅助采光和通风之用。五金零件一般有铰链、插销、门锁、拉手、门碰头等。

2. 门的尺度

门的尺度通常是指门洞的高宽尺寸。门作为交通疏散通道，其尺度取决于人的通行要求、家具器械的搬运及其与建筑物的比例关系等，并应符合现行《建筑模数协调标准》（GB/T 50002—2013）的规定。

一个房间应该开几个门，每个建筑物门的总宽度应该是多少，一般由交通疏散的要求和防火规范来确定，设计时应按照规范来选取。一般规定：公共建筑安全入口的数目应不少于两个；但房间面积在 60m² 以下，人数不超过 50 人时，可只设一个出入口；对于低层建筑，每层面积不大，人数也较少的，可以设一个通向户外的出口。门的尺度应根据建筑中人员和家具设备等的日常通行要求、安全疏散要求以及建筑造型艺术和立面设计要求等决定。为避免门扇面积过大导致门扇及五金连接件等变形而影响门的使用，门的宽度也要符合防火规范的要求。一般民用建筑门的高度不宜小于 2100mm。如门设有亮子时，亮子高度一般为300～600mm，此时门洞高度为门扇高加亮子高，再加上门框及门框与墙体间的缝隙尺寸，即门洞高度一般为 2400～3000mm。公共建筑大门高度可视需要适当提高。单扇门的宽度为 700～1000mm，双扇门的宽度为 1200～1800mm。当宽度在 2100mm 以上时，则做成三扇、四扇或双扇带固定窗的门，因为门扇过宽易产生翘曲变形，同时也不利于开启。辅助房间（如浴厕、储藏室等）门的宽度可窄些，一般为 700～800mm。

3. 门框与墙体的连接

根据门的开启方式及墙体厚度不同，门框在墙体中的位置分为外平、居中、内平、内外平四种情况，如图 14.3 所示。

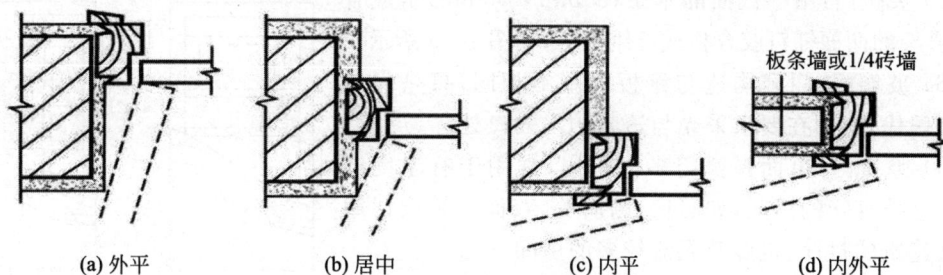

(a) 外平 　　(b) 居中 　　(c) 内平 　　(d) 内外平

图 14.3　门框在墙中的位置

　　门的安装分为立口和塞口两种,这两种安装方式均需在地面找平层和面层施工前进行,以便门边框伸入地面 20mm 以下。

　　立口又称站口,即先立门框后砌墙。为使门框连接牢固,门框上、下槛两端各伸出120mm,称槛出头,俗称"羊角",并在边框两侧墙内沿高度每隔 600～800mm 砌入一块120mm×60mm 的防腐木砖或开脚铁杆。立口安装门框与墙结合紧密、牢固,但门框在建筑主体封闭前始终暴露在外,主体施工时门框易受碰撞变位,且风吹日晒易产生变形。故目前较少采用。

　　塞口又称塞樘子,是在砌墙时留出门洞口,待建筑主体工程结束后再安装门框。为便于塞入门框,洞口的宽度应比门框宽 20～30mm,高度比门框高 10～20mm,用膨胀螺栓固定,每边的固定点不少于两个。塞口安装保证了门框的安装质量,但对砌体的砌筑质量要求较高,框与墙之间的缝隙较大。

　　门框与墙体之间的缝隙一般用面层砂浆直接填塞或用贴脸板封盖,寒冷地区缝内应填毛毡、矿棉、沥青麻丝或聚乙烯泡沫塑料等。

　　门框的下端应埋入地面,设门槛时,门槛也应部分埋入地面。

4. 门扇

　　木门门扇的做法很多,常见的有镶板门、夹板门、玻璃门和弹簧门等。

　　(1) 镶板门:由上冒头、中冒头、下冒头和边梃组成骨架,中间镶嵌门芯板,门芯板可采用 15mm 厚的木板拼接而成,也可采用胶合板、硬质纤维板或玻璃等,如图 14.4 所示。

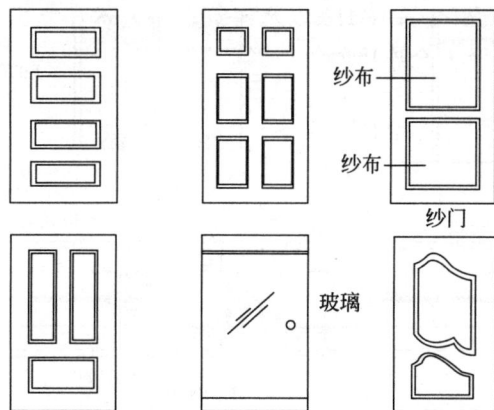

图 14.4　镶板门

（2）夹板门：用小截面的木条（35mm×50mm）组成骨架，在骨架的两面铺钉胶合板或纤维板等，如图14.5所示。

（3）玻璃门：门扇构造与镶板门基本相同，只是门芯板用玻璃代替，用在要求采光与透明的出入口处。

（4）弹簧门：单面弹簧门多为单扇，常用于有温度调节及要遮挡气味的房间，如厨房、厕所等，双面弹簧门适用于公共建筑的过厅、走廊及人流较多的房间。

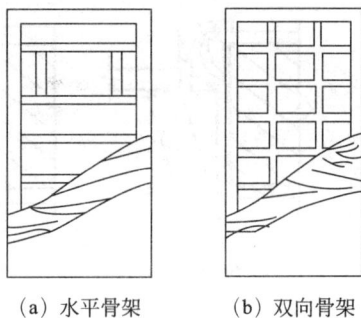

（a）水平骨架　　　（b）双向骨架

图14.5　夹板门

14.1.3　铝合金门

铝合金门具有质量轻、强度高、耐腐蚀、密闭性好等优点，近年来被广泛采用。常用的铝合金门有推拉门、平开门、弹簧门、卷帘门等。各种铝合金门都是用不同断面型号的铝合金型材、配套零件及密封件加工制作而成。各地铝合金加工厂都有系列标准产品供选用，特殊需要可提供图样委托加工。

铝合金门多为半截玻璃门，有推拉和平开两种开启方式。推拉铝合金门有70系列和90系列两种，基本门洞高度有2100mm、2400mm、2700mm、3000mm，基本门洞宽度有1500mm、1800mm、2100mm、2700mm、3000mm、3300mm、3600mm。

当采用平开的开启方式时，门扇边框的上、下端要用地弹簧连接，如图14.6所示。铝合金地弹簧门有70系列、100系列。基本门洞高度有2100mm、2400mm、2700mm、3000mm、3300mm，基本门洞宽度有900mm、1000mm、1500mm、1800mm、2400mm、3000mm、3300mm、3600mm。

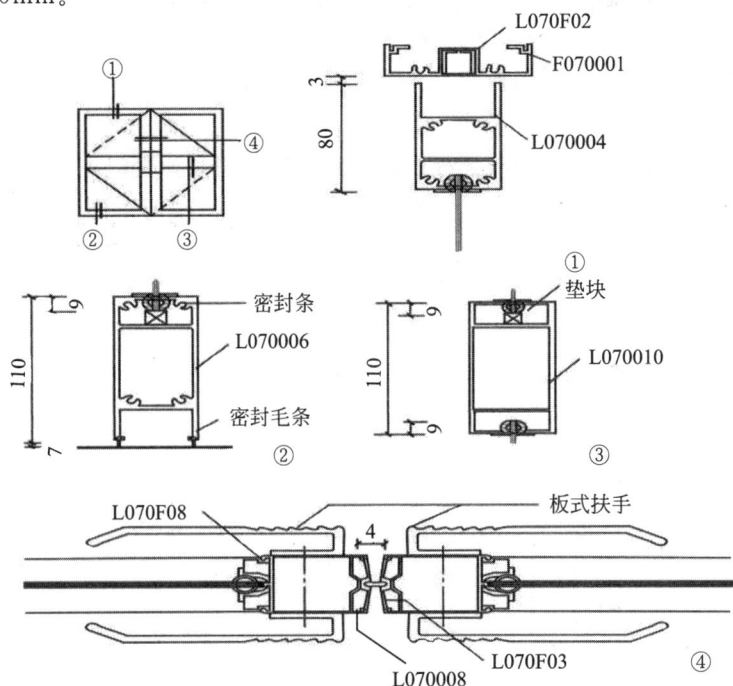

图14.6　铝合金地弹簧门的构造

14.2　窗

14.2.1　窗的分类

窗按开启方式的不同有以下几种,如图 14.7 所示。

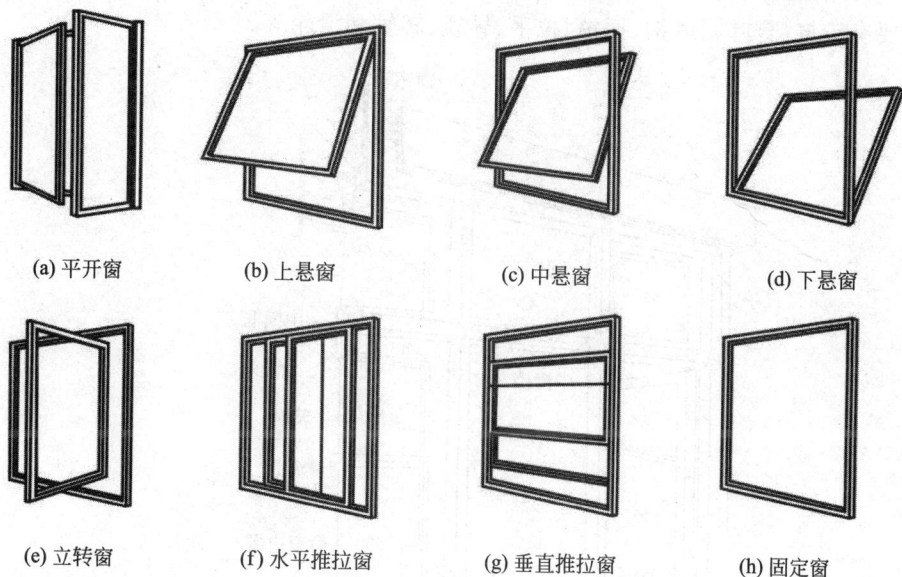

(a) 平开窗	(b) 上悬窗	(c) 中悬窗	(d) 下悬窗
(e) 立转窗	(f) 水平推拉窗	(g) 垂直推拉窗	(h) 固定窗

图 14.7　窗的开启方式

（1）平开窗的窗扇用铰链与窗框侧边相连,可向外或向内水平开启,有单扇、双扇、多扇之分。平开窗构造简单,开启灵活,制作维护方便,是民用建筑中应用最广泛的窗。

（2）悬窗根据铰链和转轴的位置不同,可分为上悬窗、中悬窗和下悬窗。上悬窗铰链安装在窗扇的上边,一般向外开,防雨好,多用作外门和窗上的亮子。下悬窗铰链安装在窗扇的下边,一般向内开,通风较好,不挡雨,不能用作外窗,一般用于内门上的亮子。中悬窗是在窗扇两边中部装水平转轴,窗扇绕水平轴旋转,开启时窗扇上部向内,下部向外,对挡雨通风有利,并且开启易于机械化,故常用作大空间建筑的高侧窗,上、下悬窗联动,也可用于靠外廊的窗。

（3）立转窗是在窗扇上、下两边设垂直转轴,转轴可设在中部或偏左一侧,开启时窗扇绕转轴垂直旋转。立转窗开启方便,通风采光好,但防雨和密闭性较差。

（4）推拉窗分垂直推拉和水平推拉两种。窗扇沿水平或竖向导轨或滑槽推拉,开启时不占空间。推拉窗窗扇及玻璃尺寸均比平开窗大,有利于采光和眺望,但不能全部开启,通风效果会受到影响。

（5）固定窗无窗扇,将玻璃直接安装在窗框上,不能开启,只供采光和眺望,多用于门的亮子窗或与开启窗配合使用。

另外,还有集遮阳、防晒及通风等多种功能于一体的百叶窗、滑轴单层窗、折叠窗等。窗按层数还有单层窗和多层窗之分。

窗按制作材料的不同可分为木窗、钢窗、铝合金窗、塑料窗、塑钢窗等。

14.2.2　窗的组成与尺度

1. 窗的组成

以平开木窗为例,窗主要由窗框、窗扇和建筑五金零件组成,如图14.8所示。建筑五金零件主要有铰链(合叶)、风钩、插销、拉手、导轨、转轴和滑轮等。

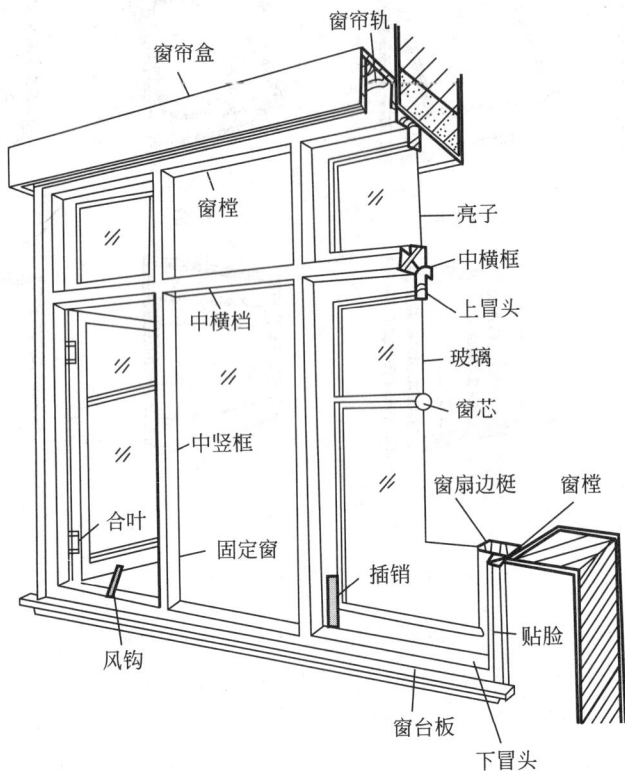

图14.8　木窗的组成

2. 窗的尺度

窗的尺度主要指窗洞口的尺度。其洞口尺度又取决于房间的采光通风标准。通常用窗地面积比来确定房间的窗口面积(窗地面积比是指窗口面积与房间地面面积之比),其数值在有关设计标准或规范中有具体规定,如教室、阅览室为 $1/6 \sim 1/4$,居室、办公室为 $1/8 \sim 1/6$ 等。窗洞口面积确定后,根据建筑层高确定窗洞口高度。窗洞口宽度根据洞口面积、洞口高度即可确定。

窗洞口的高度与宽度尺寸通常采用扩大模数 3M 数列作为洞口的标志尺寸,一般窗洞口高度为 $600 \sim 3600\text{mm}$。考虑强度、刚度、构造、耐久和开关方便,窗洞口高度为 $1500 \sim 2100\text{mm}$ 时,设亮子窗,亮子窗的高度一般为 $300 \sim 600\text{mm}$。窗洞口高度大于或等于 2400mm 时,可将窗组合成上下扇窗。窗洞口宽度一般为 $600 \sim 3600\text{mm}$,根据建筑立面造型需要可达 6000mm,甚至更宽。对一般民用建筑用窗,各地均有通用图集,需要时只要按所需类型及尺度大小直接选用。

14.2.3 木窗构造

1. 窗框

1) 窗框的断面形式与尺寸

窗框的断面形式与窗的类型有关,同时应便于窗的安装,并应具有一定的密闭性。窗框的断面尺寸应根据窗扇层数和榫接的需要确定。一般单层窗的窗框断面厚 40~60mm,宽70~95mm,中横框和中竖框因两面有裁口,并且横框常有披水,断面尺寸应相应增大。双层窗窗框的断面宽度应比单层窗宽 20~30mm。

同门框一样,窗框在构造上也应做裁口和背槽。裁口有单裁口和双裁口之分。

2) 窗框的安装

窗框的安装方法与门框基本相同。窗框与墙体之间的缝隙应用砂浆或油膏填实,以满足防风、挡雨、保温、隔声等要求。标准较高的常做贴脸板或筒子板封盖。寒冷地区,缝内填塞弹性密封材料,如毛毡、矿棉或聚乙烯泡沫塑料等,以增强密封保温效果。

3) 窗框在墙上的位置

一般与墙的内表面平齐,安装时窗框突出砖面 20mm,以便墙面粉刷后与抹灰面平齐。窗框与抹灰面交接处应用贴脸板搭盖,以阻止由于抹灰干缩形成缝隙后风雨入室,同时可使建筑更美观。

当窗框立于墙中时,应内设窗台板,外设窗台。窗框外平时,靠室内一面设窗台板。窗台板可用木板,也可用预制水磨石板,如图 14.9 所示。

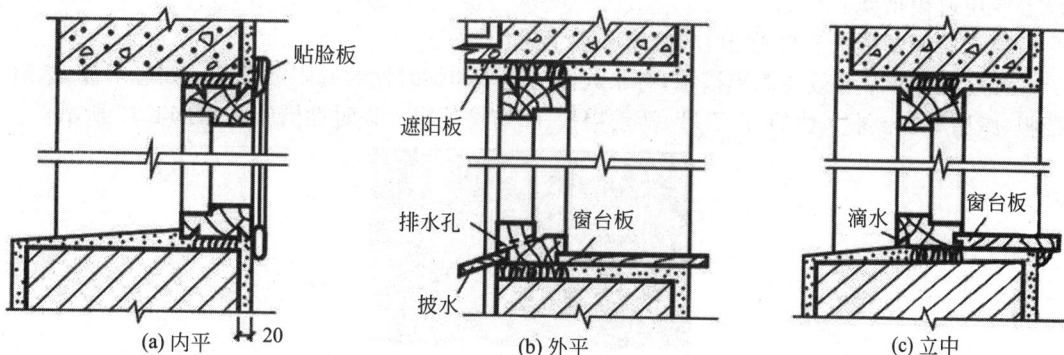

图 14.9 窗框在墙中的位置

2. 窗扇

常见的平开窗窗扇有玻璃窗扇、纱窗扇和百叶窗扇,其中玻璃窗扇最普遍。一般平开窗的窗扇高度为 600~1200mm,宽度不宜大于 600mm。推拉窗的窗扇高度不宜大于1500mm,窗扇由上冒头、下冒头和边梃组成,为减少玻璃尺寸,窗扇上常设窗芯分格。

14.3 门窗的节能构造措施

门窗作为重要的建筑物外围护结构之一,起着遮风挡雨、隔热隔音、采光通风等方面的功能,对人们的工作和生活环境有着重要的作用。因此,门窗的节能构造显得尤为重要。

门窗的节能主要考虑材料的光学性能、热工性能和密封性,常通过改善门窗的构造来达到节能效果。

针对门窗的光学性能在相关的节能规范中,规定了单一立面的窗墙面积比的限值要求。根据建筑物的功能不同,这个限值的大小也不同。

门窗的热工性能包括多个方面,比如外窗的传热系数,建筑外门、外窗的气密性及水密性等。气密性指外门窗在正常关闭状态时,阻止空气渗透的能力,共分为 8 级。水密性是指外门窗正常关闭状态时,在风雨同时作用下,阻止雨水渗漏的能力,共分为 6 级。

按照规范规定,不同地区建筑物外门窗要求达到的气密性、水密性要求等级不同。

太阳辐射通过围护结构进入室内的热量是造成夏季室内过热的主要原因,因此遮蔽太阳辐射,使其在夏季能尽量遮挡直射日照,而在冬季又能让更多的低高度角阳光射入室内,是建筑节能的重要措施。《居住建筑节能设计标准(节能 75%)》(DB13(J)185—2020)规定,寒冷 B 区建筑的南向外窗(包括阳台的透明部分)宜设置水平遮阳。东、西向外窗宜设置活动遮阳。建筑设计中,宜结合外廊、阳台、挑檐等处理方法达到遮阳目的。屋面外表面宜采用浅色处理,东、西向墙面宜涂覆反射性隔热涂料,以减少夏季吸收的太阳辐射热量。

遮阳是为了避免阳光直射室内,防止局部过热,减少太阳辐射热或产生眩光以及保护物品而采取的建筑措施。建筑遮阳的方法很多,如室外绿化、室内窗帘、设置百叶窗等均是有效方法,但对于太阳辐射强烈的地区,特别是朝向不利遮阳的墙面上、建筑的门窗等洞口,应设置专用遮阳措施。

建筑遮阳的形式有外遮阳、内遮阳和玻璃遮阳等。

外遮阳是非常有效的遮阳措施,有永久性的遮阳和临时性的遮阳两大类。如遮阳板、遮阳挡板、屋檐等属于永久性的,而百叶、活动挡板、帆布篷等属于临时性措施,如图 14.10 所示。

(a) 水平遮阳板

(b) 垂直遮阳板

(c) 活动挡板遮阳

图 14.10 遮阳措施

小 结

门窗的构造设计既要满足采光、通风、保温、隔声的需要,也要满足开启灵活、关闭紧密、便于擦洗、维修方便、坚固耐用、耐腐蚀等特性。门窗的基本组成包括门窗框、门窗扇、门窗五金和门窗装饰附件等部分。门窗的节能构造需要在减少门窗的热损失方面采取构造措施。为避免夏季室内过热,减少太阳辐射热,应采取一定的遮阳措施。遮阳板按其位置可分为水平遮阳、垂直遮阳、综合遮阳等。

学习单元 14 习题

学习单元 *15* 变形缝

学习导引

变形缝是建筑中为防止各构件间相互拉扯变形,而设置的垂直缝隙。

知识目标

掌握变形缝的概念及其设置原则,熟悉变形缝的构造做法。

技能目标

通过本单元的学习使学生拥有识读变形缝节点详图的能力("1+X"建筑工程识图职业技能等级要求(中级——建筑设计类专业)1.1.1、1.3.1、1.4.1、1.6.1)。

思政要求

做人像变形缝一样——张弛有度。

15.1 变形缝的类型与设置原则

15.1.1 变形缝的类型

当建筑的长度超过规定、体型复杂、平面图形曲折变化比较多或同一建筑物不同部分的高度或荷载差异较大时,建筑构件内部会因气温变化、地基的不均匀沉降或地震等原因产生附加应力。当这种应力较大而又处理不妥当时,会引起建筑构件产生变形,导致建筑物出现裂缝甚至破坏,影响正常使用与安全。

为了预防和避免这种情况发生,一般可以采取两种措施:一种是加强建筑物的整体性,使之具有足够的强度和刚度来克服这些附加应力和变形;另一种是在设计和施工中预先在这些变形敏感部位将建筑构件垂直断开,留出一定的缝隙,将建筑物分成若干独立的部分,形成多个较规则的抗侧力结构单元。这种将建筑物垂直分开的预留缝隙称为变形缝。

变形缝按其作用的不同分为伸缩缝、沉降缝、防震缝三种。伸缩缝又称温度缝,是为了防止由于建筑物超长而产生的伸缩变形。沉降缝是解决由于建筑物高度不同、重量不同、平面转折部位等而产生的不均匀沉降变形。防震缝是解决由于地震时产生的相互撞击变形而设置的。

虽然各种变形缝的功能不同,但它们的构造要求基本相同,应根据工程实际情况设置,符合设计规范规定要求。采用的构造处理方法和材料应根据设缝部位和特定需要分别达到盖缝、防水、防火、防虫、保温等方面的要求,要确保缝两侧的建筑物各独立部分能自由变形、互不影响、不被破坏。

15.1.2 变形缝的设置原则

1. 伸缩缝

建筑物因受到温度变化的影响而产生热胀冷缩,使结构构件内部产生附加应力而变形。当建筑物较长时为避免建筑物因热胀冷缩的幅度较大而使结构构件产生裂缝,建筑中需设置伸缩缝。当建筑物超过一定长度、建筑平面复杂且变化较多或建筑中结构类型变化较大时,建筑中需设置伸缩缝。

设置伸缩缝时,通常是沿建筑物长度方向每隔一定距离或结构变化较大处在垂直方向预留缝隙。伸缩缝的宽度应根据建筑材料、结构形式、使用情况、施工条件以及当地气温和湿度变化等因素确定。伸缩缝最大间距详见表 15.1～表 15.3。

表 15.1　砌体结构房屋伸缩缝的最大间距　　　　单位:m

屋盖或楼盖类别		间距
整体式或装配整体式钢筋混凝土结构	有保温层或隔热层的屋盖、楼盖	50
	无保温层或隔热层的屋盖	40
装配式无檩体系钢筋混凝土结构	有保温层或隔热层的屋盖、楼盖	60
	无保温层或隔热层的屋盖	50
装配式有檩体系钢筋混凝土结构	有保温层或隔热层的屋盖	75
	无保温层或隔热层的屋盖	60
瓦材屋盖、木屋盖或楼盖、轻钢屋盖		100

表 15.2　钢筋混凝土结构伸缩缝的最大间距　　　　单位:m

结构类别		室内或土中	露天
排架结构	装配式	100	70
框架结构	装配式	75	50
	现浇式	55	35
剪力墙结构	装配式	65	40
	现浇式	45	30
挡土墙、地下室墙壁等类型结构	装配式	40	30
	现浇式	30	20

表 15.3　高层建筑伸缩缝的最大间距　　　　单位:m

结构体系	施工方法	最大间距
框架结构	现浇式	55
剪力墙结构	现浇式	45

当采用下列构造措施和施工措施减少温度和混凝土收缩对结构的影响时,可适当放宽伸缩缝的间距。

(1) 顶层、底层、山墙和纵墙端开间等温度变化影响较大的部位提高配筋率。

(2) 顶层加强保温隔热措施,外墙设置外保温层。

(3) 每30~40m间距留出施工后浇带,带宽800~1000mm,钢筋采用搭接接头,后浇带混凝土宜在两个月后浇灌。

(4) 顶部楼层改用刚度较小的结构形式或顶部设局部温度缝,将结构划分为长度较短的段。

(5) 采用收缩小的水泥、减少水泥用量、在混凝土中加入适量的外加剂。

(6) 提高每层楼板的构造配筋率或采用部分预应力结构。

设置伸缩缝的主要原因是温度变化。由于基础部分受温度变化影响不大,因此可不设缝。基础部分以上全高设缝断开,缝宽一般为20~40mm。

2. 沉降缝

沉降缝是为了预防建筑物各部分由于地基承载力不同或各部分荷载差异较大等原因导致建筑物不均匀沉降从而引起的破坏所设置的变形缝。符合下列情况之一者应设置沉降缝。

(1) 建筑平面的转折部位。

(2) 高度差异或荷差异处。

(3) 长高比过大的砌体承重结构或钢筋混凝土框架结构的适当部位。

(4) 地基的压缩性有显著差异处。

(5) 建筑结构或基础类型不同处。

(6) 分期建造房屋的交界处。

设置沉降缝时,必须将建筑的基础、墙体、楼层及屋顶等部分全部在垂直方向断开,使各部分形成能各自自由沉降的独立的刚度单元。基础必须断开是沉降缝不同于伸缩缝的主要特征。沉降缝的宽度与地基的性质和建筑物的高度有关,见表15.4。地基越弱,建筑产生沉降的可能性越大;建筑越高,沉降后产生的倾斜越大。沉降缝一般兼起伸缩缝的作用,其构造与伸缩缝基本相同,但盖缝条及调节片构造必须能保证在水平方向和垂直方向自由变形。

表 15.4　沉降缝的宽度

地基性质	房屋高度	沉降缝宽度/mm
一般地基	$H < 5m$	30
	$H = 5m \sim 10m$	50
	$H = 10m \sim 15m$	70
软弱地基	2~3 层	50~80
	4~5 层	80~120
	6 层及 6 层以上	>120
湿陷性黄土地基		30~70

3. 防震缝

强烈地震对地面建筑物和构筑物的影响或损坏是极大的,因此在地震区建造房屋必须充分考虑地震对建筑物所造成的影响。我国建筑抗震设计规范中明确了各地区建筑物抗震的基本要求。建筑物的防震和抗震通常可从设置防震缝和对建筑进行抗震加固两方面考虑。在地震区建造房屋,应力求体形简单,重量、刚度对称并均匀分布,建筑物的形心和重心尽可能接近,避免在平面和立面上突然变化,同时最好不设变形缝,以保证结构的整体性,加强整体刚度。

一般情况下基础可不设防震缝,但在平面复杂的建筑中或与振动有关的建筑中各相连部分的刚度差别很大时,须将基础分开。防震缝的宽度应符合相关要求。

在地震设防烈度为 7~9 度的地区,有下列情况之一时需设防震缝。

(1) 毗邻房屋立面高差大于 6m。

(2) 房屋有错层且楼板高差较大。

(3) 房屋毗邻部分结构的刚度、质量截然不同。

防震缝最小宽度应符合下列要求。

(1) 框架结构房屋,高度不超过 15m 的部分,可取 100mm;超过 15m 的部分,6 度、7 度、8 度和 9 度相应每增加高度 5m、4m、3m 和 2m,宜加宽 20mm。

(2) 框架—剪力墙结构房屋可按第一项规定数值的 70% 采用,剪力墙结构房屋可按第一项规定数值的 50% 采用,但二者均不宜小于 100mm。

(3) 防震缝两侧结构体系不同时,防震缝宽度应按不利的结构类型确定;防震缝两侧的房屋高度不同时,防震缝宽度应按较低的房屋高度确定。

(4) 当相邻结构的基础存在较大沉降差时,宜增大防震缝的宽度。

(5) 结构单元之间或主楼与裙房之间如无可靠措施,不应采用牛腿托梁的做法设置防震缝。

15.2 变形缝的设计与构造

15.2.1 变形缝的设计

(1) 按变形缝所在部位的防水和防火要求选配止水带和阻火带,并在项目设计中注明。

(2) 对防水要求较高的楼地面除可设置止水带外,还可以选用在铝合金基座上装有止水胶条的产品。有特殊要求的楼地面还可以在缝内设置排水槽。

(3) 对防止噪音要求较高的楼地面,可以选用带有橡胶防噪垫条的产品。

(4) 楼地面变形缝装置应与钢筋混凝土主体结构用膨胀螺栓固定。一般有两种情况:当先固定变形缝装置,后做楼地面装修层时,钢筋混凝土主体结构应按构造详图的要求向上做翻边或向下做凹槽;当先做楼地面装修层后固定变形缝装置时,将由生产厂家配合提供准确的槽口尺寸。

(5) 对于隔声要求高的公共建筑,应采取相应的构造措施。

15.2.2　变形缝的构造

建筑物变形缝按照设置部位的不同分为四类:楼地面变形缝,内墙、顶棚及吊顶变形缝,外墙变形缝和屋面变形缝。下面以金属盖板型变形缝处理为例展开介绍。

1. 楼地面变形缝构造

楼地面伸缩缝的位置和大小应与墙体、屋顶变形缝一致。地面的垫层、楼板和面层均在伸缩缝处断开;缝隙可用沥青麻丝、改性沥青麻丝、矿棉丝或发泡聚苯乙烯板等填充料填嵌缝隙;面层可采用改性沥青油膏、聚氨酯改性塑料油膏、防水油膏等嵌缝膏填缝;面层盖板可采用加盖预制混凝土块面料、花岗岩和大理石等块面料,也可以采用塑料硬板、硬橡胶板、铝板、铝合金板和钢板等,同时满足防水、防火等使用要求。楼面伸缩缝构造如图 15.1 所示。

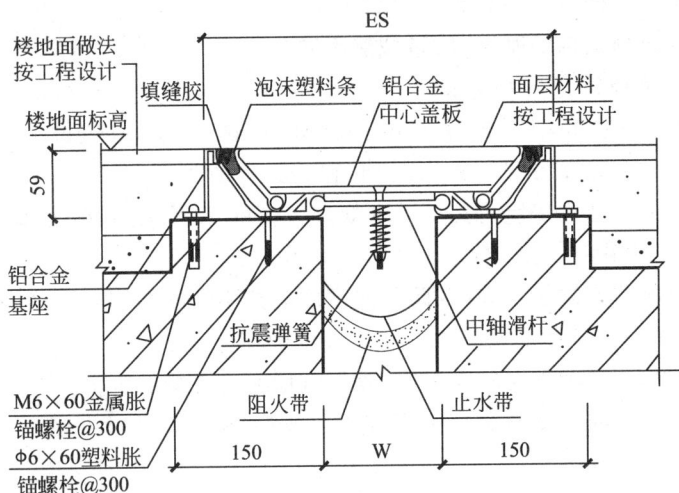

图 15.1　楼面变形缝构造

2. 吊顶变形缝构造

顶棚伸缩缝通常结合室内装修进行设置,一般采用金属板、木板、橡塑板等盖缝,盖缝板只能固定于一侧,以保证缝的两侧构件能在水平方向自由伸缩变形。如图 15.2 所示为有防震要求的变形缝。

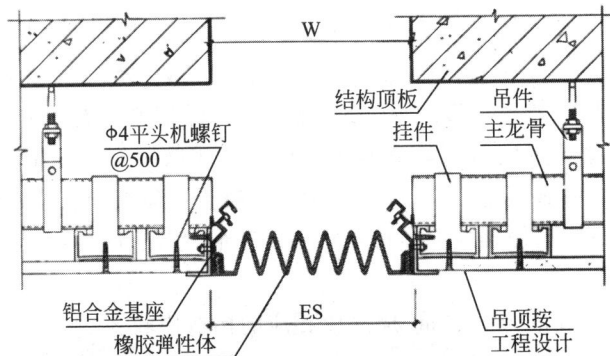

图 15.2　防震型吊顶变形缝

3. 外墙变形缝

建筑外墙变形缝既要满足防水要求,也要满足建筑伸缩、沉降、抗震要求。此外,还应有极佳的户外耐候性、保色性、抗碱性、耐水性、耐擦洗性、抗裂、耐温变、耐磨、耐碰撞等性能,且漆膜坚韧持久、附着力强、防霉效果好。如图15.3所示为防震型外墙变形缝。

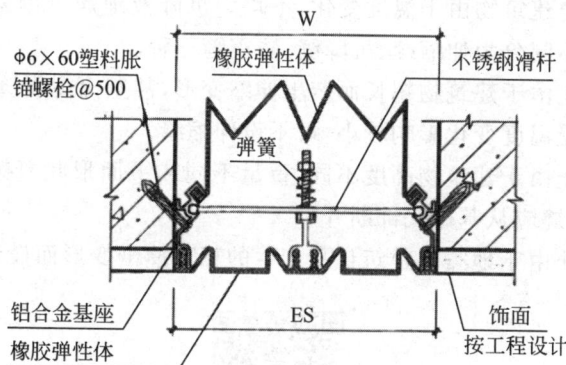

图 15.3　防震型外墙变形缝

4. 屋面变形缝

屋面变形缝位置一般有设在同一标高屋顶或高低错落处屋面两种。缝的构造处理原则是在保证两侧结构构件能在水平方向自由伸缩的同时又能满足防水、保温、隔热、防火等屋面结构的要求。如图15.4所示为屋面变形缝构造。

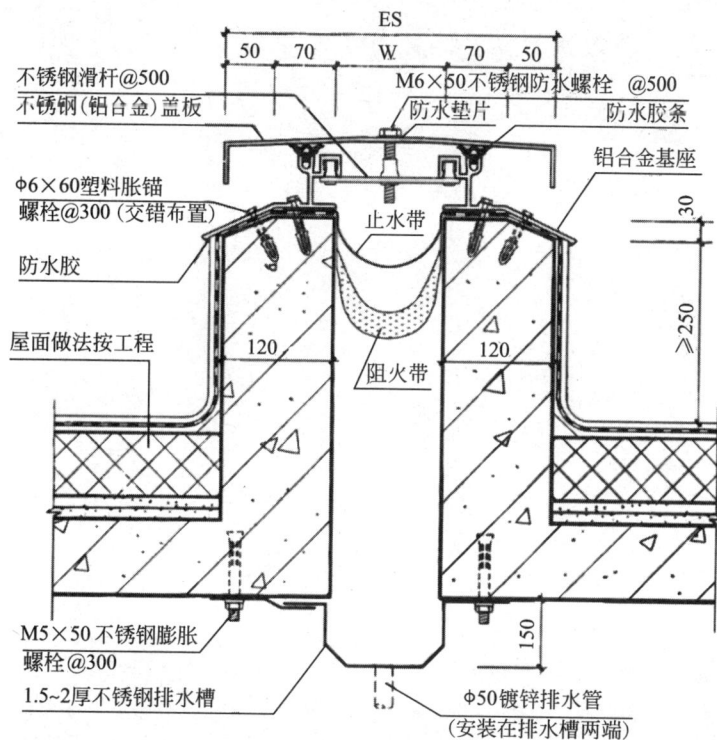

图 15.4　屋面变形缝构造

小　结

变形缝是为了防止建筑物由于温度变化、不均匀沉降及地震等因素影响产生裂缝的一种措施。按其作用的不同分为伸缩缝、沉降缝、防震缝三种。

伸缩缝是为了防止由于建筑物超长而产生伸缩变形,甚至出现裂缝,从而影响使用而设置的缝。基础部分因受温度变化影响较小,可不设伸缩缝。

沉降缝是为了防止由于建筑物高度不同、重量不同或平面形状复杂等原因产生不均匀沉降而设置的缝,沉降缝应从基础底部断开。

防震缝是为了防止由于地震时建筑自身产生的相互撞击变形而设置的缝。

学习单元 15 习题

学习单元 16 钢筋混凝土装配式建筑构造

学习导引

　　装配式建筑采用标准化设计、工厂化生产、装配化施工、信息化管理、一体化装修和智能化应用,是现代工业化的生产方式。发展装配式建筑,是推进建筑业转型发展的重要方式。

知识目标

　　掌握装配式混凝土建筑结构类型体系、基本构造;熟悉装配式建筑附属构件构造。

技能目标

　　通过本单元的学习,使学生拥有识读装配式建筑图纸的能力("1+X"建筑工程识图技能等级要求(中级——建筑设计类专业)1.6.1)。

思政要求

　　了解建筑行业的发展历史和发展趋势,提升自身的职业核心竞争力。

　　在我国,装配式混凝土建筑越来越受重视有两个原因。一是经济社会背景使然,即劳动力价格快速上升、建筑质量要求提高、绿色环保概念的普及使装配式建筑应运而生;二是装配式混凝土建筑相较于传统混凝土建筑具有五个优势:有利于提高施工质量、有利于加快工程进度、有利于提高建筑品质、有利于文明施工和安全管理以及有利于环境保护和节约资源。

16.1 装配式混凝土建筑类型

16.1.1 装配式混凝土建筑形式

1. 板材建筑

　　板材建筑又称大板建筑,由预制的大型内外墙板、楼板和屋面板等板材装配而成,它是工业化体系建筑中全装配式混凝土建筑的主要类型。

　　板材建筑可以减小结构质量,提高劳动生产率,扩大建筑的使用面积和防震能力。板材建筑的内墙板多为钢筋混凝土的实心板或空心板,外墙板多为带有保温层的钢筋混凝土复合板,也可用轻骨料混凝土、泡沫混凝土或大孔混凝土等制成带有外饰面的墙板。板材建筑内的设备常采用集中的室内管道配件或盒式卫生间等,以提高装配化的程度。板材建筑的关键问题是节点设计,在结构上应保证构件连接的整体性(板材之间的连接方法主要有焊接、螺栓连接和后浇混凝土整体连接)。在防水构造上要妥善解决外墙板接缝的防水,以及楼缝、角部的热工处理等问题。板材建筑的主要缺点是其造型和布局有较大的制约性,小开间横向承重的板材建筑内部分隔缺少灵活性(纵墙式、内柱式和大跨度楼板式的内部可灵活分隔),如图 16.1 所示。

2. 盒式建筑

盒式建筑是在板材建筑的基础上发展而来的一种装配式混凝土建筑。盒式建筑的工厂化程度很高,现场安装快。盒式建筑不但可在工厂完成盒子的结构部分,而且内部装修和设备也可安装好,甚至可连家具、地毯等一概安装齐全,盒子吊装完成、接好管线后即可使用。如图 16.2 所示,盒式建筑有以下装配形式。

图 16.1　板式建筑

图 16.2　盒式建筑

(1) 全盒式:完全由承重盒子重叠组成建筑。

(2) 板材盒式:将小开间的厨房、卫生间或楼梯间等做成承重盒子,再与墙板和楼板等组成建筑。

(3) 核心体盒式:以承重的卫生间盒子作为核心体,四周再用楼板、墙板或骨架组成建筑。

(4) 骨架盒式:用轻质材料制成的许多住宅单元或单间式盒子,支承在承重骨架上形成建筑;也有用轻质材料制成包括设备和管道的卫生间盒子,安置在其他结构形式的建筑内。盒式建筑工业化程度较高,但投资大,运输不便,且需用重型吊装设备,因此发展受到了限制。

3. 骨架板材建筑

骨架板材建筑由预制的骨架和板材组成、其承重结构一般有两种形式:一种是由柱、梁组成承重框架,再搁置楼板和非承重的内、外墙板的框架结构体系;另一种由柱子和楼板组成承重的板柱结构体系,内外墙板是非承重的,如图 16.3 所示。

4. 升板和升层建筑

升板和升层建筑是板柱结构体系的一种,其施工方法比较特殊。这种建筑是在底层混凝土地面上重复浇筑各层楼板和屋面板,竖立预制钢筋混凝土柱,以柱为导杆,用放在柱上的液压千斤顶把楼板和屋面板提升到设计高度加以固定。外墙可用砖墙、砌块墙、预制外墙板、轻质组合墙板或幕墙等;也可在提升楼板时提升滑动模板,浇筑外墙,如图 16.4 所示。

图16.3　骨架板材建筑

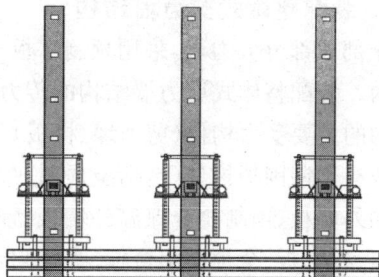

图16.4　升板法施工

16.1.2　装配式混凝土建筑结构类型体系

装配式混凝土结构是由预制混凝土构件通过可靠的连接方式装配而成的混凝土结构。全部由预制构件装配形成的混凝土结构称为全装配混凝土结构；由预制混凝土构件通过可靠的方式进行连接并与现场后浇混凝土、水泥基灌浆料形成整体的装配式混凝土结构，称为装配整体式混凝土结构。

装配整体式混凝土结构分为装配整体式框架结构、装配整体式剪力墙结构、装配整体式框架—剪力墙结构。我国目前应用最多的装配式混凝土结构体系是装配整体式剪力墙结构。

图16.5　装配整体式框架结构

1. 装配整体式框架结构

框架结构中全部或部分框架梁、柱采用预制构件建成的装配整体式混凝土结构，简称装配整体式框架结构，如图16.5所示。装配整体式框架结构一般由预制柱、预制梁、预制楼板、预制楼梯等结构构件组成。其主要应用于空间要求较大的建筑，如商店、学校、医院等。其传力途径为楼板—梁—柱—基础—地基。装配整体式混凝土框架结构按连接方式分为两类：等同现浇结构（刚性连接）和不等同现浇结构（柔性连接）。

1）等同现浇结构（刚性连接）

预制构件端部伸出的预留钢筋通常采用焊接或用钢套筒连接，然后现场浇筑混凝土。这种连接方式的优点是构件生产及施工方便，结构整体性较好，可做到等同现浇结构。在接缝位于受力关键部位，连接要求高。

2）不等同现浇结构（柔性连接）

这种连接方式的框架结构节点采用柔性连接，连接部位抗弯能力比预制构件低，地震作用下弹塑性变形通常发生在连接处。不等同现浇结构的柔性连接既可以用于预制混凝土框架体系，又可以用于预制混凝土板柱结构。由于其在地震作用下的变形在弹性范围内，因此结构恢复性能好，震后只要对连接部位进行修复即可继续使用，具有较好的经济性能。如图16.6所示。

图16.6　不等同现浇结构
（柔性连接）

2. 装配整体式剪力墙结构

全部或部分剪力墙,采用预制墙板构建成的装配整体式混凝土结构称为装配整体式剪力墙结构。装配整体式剪力墙结构的传力途径为楼板—剪力墙—基础—地基。装配整体式剪力墙结构的主要受力构件(剪力墙、楼板)及非受力构件(墙体、外装饰等)均可预制。预制构件种类一般有预制围护构件(包括全预制剪力墙、单层叠合剪力墙、双层叠合剪力墙、预制混凝土夹芯保温外墙板、预制叠合保温外墙板、预制围护墙板)、预制剪力墙内墙、全预制梁、叠合梁、全预制板、叠合板、全预制阳台板、叠合阳台板、预制飘窗、全预制空调板、全预制楼梯、全预制女儿墙等。其中,预制剪力墙的竖向连接可采用螺栓连接、钢筋套筒灌浆连接、钢筋浆锚搭接连接等,预制围护墙板的竖向连接一般采用螺纹盲孔灌浆连接。如图 16.7 所示。

(a) 底部预留后浇区的预制剪力墙　　　(b) 叠合板式预制剪力墙

图 16.7　预制剪力墙

3. 装配整体式框架—剪力墙结构

为了充分发挥框架结构平面布置灵活和剪力墙结构侧向刚度大的特点,当建筑物需要有较大空间且高度超过了框架结构的合理高度时,可采用框架和剪力墙共同工作的结构体系,如图 16.8 所示。装配整体式框架—剪力墙结构是办公、酒店类建筑中常见的结构体系,剪力墙为第一道抗震防线,预制框架为第二道抗震防线。预制构件种类一般有预制外挂墙板、全预制柱、叠合梁、全预制板、叠合板、全预制女儿墙等。其中,预制柱的竖向连接采用钢筋套筒灌浆连接。

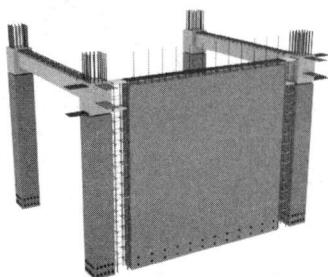

(a) 墙、梁一体化预制加连梁　　　(b) 施工现场

图 16.8　框架—剪力墙结构

16.2　装配式混凝土建筑基本构造

16.2.1　预制构件的连接方式

装配式混凝土结构连接方式包括钢筋套筒灌浆连接、浆锚搭接连接、后浇混凝土连接、螺栓连接、焊接连接。

1. 钢筋套筒灌浆连接

钢筋套筒灌浆连接的原理是透过铸造的中空型套筒,钢筋从两端开口穿入套筒内部,不需要搭接或熔铸,钢筋与套筒间填充高强度微膨胀结构性砂浆,即完成钢筋续接工作。其连接的机理主要是借助砂浆受到套筒的围束作用,加上本身具有微膨胀特性,增强与钢筋、套筒内侧间的摩擦力,以传递钢筋应力。

按照钢筋与套筒的连接方式不同,钢筋套筒可分为全灌浆套筒和半灌浆套筒两种,分别如图 16.9(a)和(b)所示。灌浆套筒由带肋钢筋、套筒和灌浆料 3 个部分组成。全灌浆套筒接头是传统的灌浆连接接头形式,套筒两端的钢筋均采用灌浆连接,两端钢筋均是带肋钢筋。半灌浆套筒接头是一端钢筋用灌浆连接,另一端采用非灌浆方法(如螺纹连接)连接的接头。

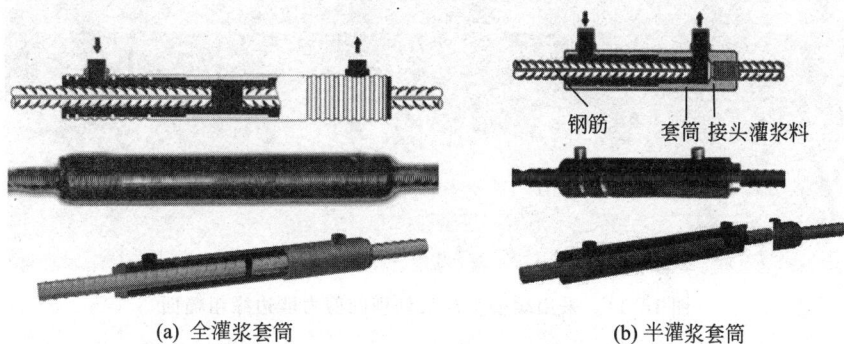

钢筋　　套筒 接头灌浆料

(a) 全灌浆套筒　　　　　　　　　　(b) 半灌浆套筒

图 16.9　灌浆套筒连接

2. 浆锚搭接连接

浆锚搭接连接是基于黏结锚固原理进行连接的方法,在竖向结构部品下段范围内预留出竖向孔洞,孔洞内壁表面留有螺纹状粗糙面,周围配有横向约束螺旋钢筋。装配式构件将下部钢筋插入孔洞内,通过灌浆孔注入灌浆料,直至从排气孔溢出停止灌浆。当灌浆料凝结后将此部分连接成一体。

浆锚搭接连接有两种方式,一是两根搭接的钢筋外圈有螺旋钢筋,它们共同被螺旋钢筋约束,如图 16.10 所示;二是浆描孔用金属波纹管代替。

3. 后浇混凝土连接

后浇混凝土是指预制构件安装后在预制构件连接区或叠合层现场浇筑的混凝土。在装配式建筑中,基础、首层、裙楼、顶层等部位现场浇筑的混凝土称为"现浇混凝土";连接和叠合部位现场浇筑的混凝土称为"后浇混凝土"。

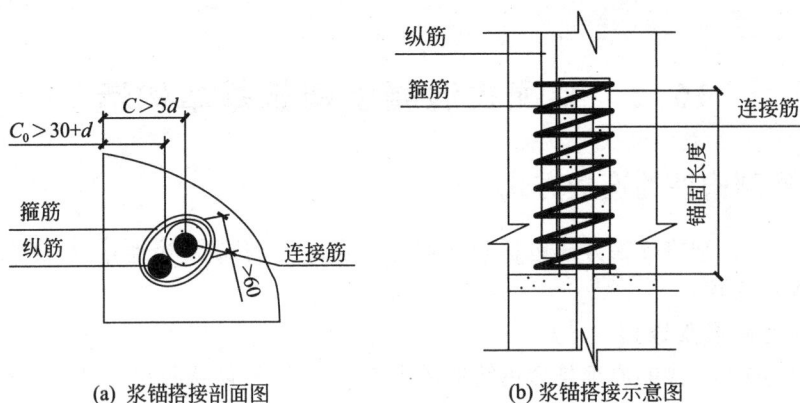

(a) 浆锚搭接剖面图　　　(b) 浆锚搭接示意图

图 16.10　浆锚搭接连接

后浇混凝土是装配整体式混凝土结构非常重要的连接方式。到目前为止,世界上所有的装配整体式混凝土结构建筑都会有后浇混凝土。后浇混凝土钢筋连接是后浇混凝土连接节点最重要的环节。后浇区钢筋连接方式可采用现浇结构钢筋连接方式,具体包括机械螺纹套筒连接、注胶套筒连接、钢筋搭接、钢筋焊接等。预制混凝土构件与后浇混凝土的接触面须做成粗糙面或键槽面,以提高抗剪能力,如图 16.11 所示。

图 16.11　采用缓凝水冲法处理的剪力墙边缘粗糙面

4. 螺栓连接

螺栓连接是用螺栓和预埋件将预制构件与预制构件或预制构件与主体结构进行连接。前面介绍的钢筋套筒灌浆连接、浆锚搭接连接、后浇混凝土连接都属于湿法连接,而螺栓连接属于干法连接。

在装配整体式混凝土结构中,螺栓连接仅用于外挂墙板和楼梯等非主体结构构件的连接;全装配式混凝土结构中螺栓连接是主要连接方式,可以连接结构柱、梁。非抗震设计或低抗震设防烈度设计的低层或多层建筑,当采用全装配式混凝土结构时,可用螺栓连接主体结构。

5. 焊接连接

焊接连接方式是在预制混凝土构件中预埋钢板,构件之间如钢结构一样用焊接方式连接。与螺栓连接一样,焊接连接方式在装配整体式混凝土结构中仅用于非结构构件的连接;在全装配式混凝土结构中可用于结构构件的连接。

16.2.2　楼盖构造

目前装配式混凝土建筑常用叠合楼盖。叠合楼盖包括普通叠合楼板、带肋预应力叠合楼板、空心预应力叠合板、双 T 形预应力叠合楼板。全预制楼盖主要包括空心板和预应力空心板。

叠合楼盖是预制底板与现浇混凝土叠合的楼盖,如图 16.12 所示。叠合楼盖的预制部分多为薄板,在预制构件加工厂完成。施工时吊装就位,现浇部分在预制板面上完成。预制薄板作为永久模板,同时作为楼板的一部分承担荷载。

图 16.12　钢筋桁架叠合楼板

1. 叠合楼盖接缝构造

根据受力情况,可以将板与板之间的连接接缝分为分离式接缝和整体式接缝。其中,分离式接缝板与板之间不传递弯矩,故采用分离式接缝的板均为单向板;采用整体式接缝连接的板,可以传递弯矩,故可以按照无接缝整间板的方式判断板的受力类型。

单向板板侧的分离式接缝宜配置附加钢筋,如图 16.13 所示。接缝处紧邻预制板顶面宜设置垂直于板缝的附加钢筋,附加钢筋伸入两侧后浇混凝土叠合层的锚固长度不应小于 $15d$(d 为附加钢筋直径);附加钢筋截面面积不宜小于预制板中该方向钢筋截面积,钢筋直径不宜小于 6mm,间距不宜大于 250mm。

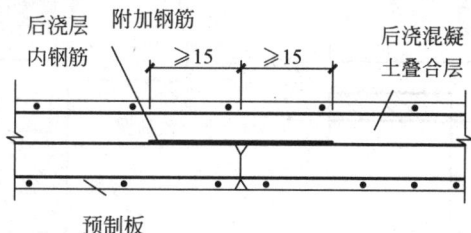

图 16.13　单向板板侧的分离式拼缝构造示意图

双向板板侧的整体式接缝处由于有应变集中情况,宜将接缝设置在叠合板的次要受力方向上且宜避开最大弯矩截面,如图 16.14 所示。接缝可采用后浇带形式,接缝后浇带宽度不宜小于 200mm。

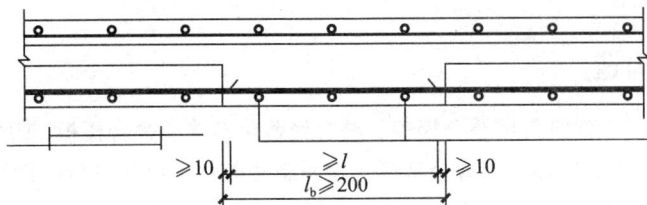

图 16.14 板底纵筋直接搭接的后浇带形式接缝

2. 叠合楼盖支座构造

叠合楼盖边角宜做成 45°倒角。单向板和双向板的上部都做成倒角,一是为了保证连接节点钢筋保护层厚度,二是为了避免后浇段混凝土转角部位应力集中。单向板下部边角做成倒角是为了便于接缝处理,如图 16.15 所示。

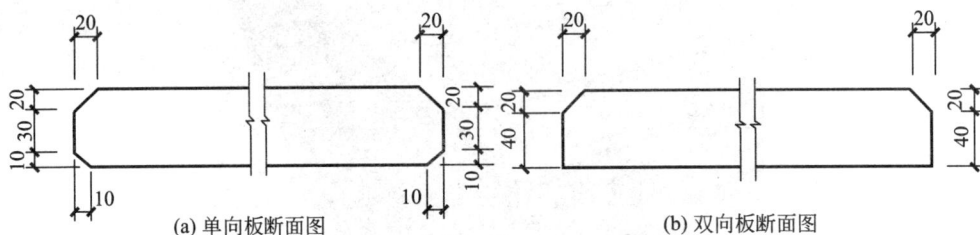

(a) 单向板断面图   (b) 双向板断面图

图 16.15 叠合楼盖边角构造

16.2.3 梁柱构造

1. 叠合梁后浇混凝土

混凝土叠合梁的预制梁截面一般有两种,分为矩形截面预制梁和凹口截面预制梁,如图 16.16 所示。在装配整体式框架结构中,当采用叠合梁时,预制梁端的粗糙面凹凸幅度不应小于 6mm,框架梁的后浇混凝土叠合层厚度不宜小于 150mm,如图 16.16(a) 所示,次梁的后浇混凝土叠合板厚度不宜小于 120mm;当采用凹口截面预制梁时,凹口深度不宜小于 50mm,凹口边厚度不宜小于 60mm,如图 16.16(b) 所示。

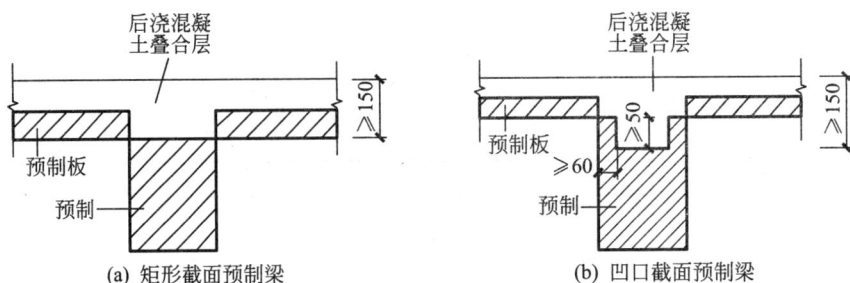

(a) 矩形截面预制梁   (b) 凹口截面预制梁

图 16.16 叠合梁示意图

为了提高叠合梁的整体性能,使预制梁与后浇层之间有效地结合为整体,预制梁与后浇混凝土、灌浆料、坐浆材料的结合面应设置粗糙面,预制梁端面应设置键槽。

2. 叠合梁对接连接

叠合梁对接连接应符合如下规定。

(1) 连接处应设置后浇段,后浇段的长度应满足梁下部纵向钢筋连接作业的空间需求。

(2) 梁下部纵向钢筋在后浇段内宜采用机械连接、钢筋套筒灌浆连接或焊接连接。

(3) 后浇段内的箍筋应加密,箍筋间距不应大于 $5d$(d 为纵向钢筋直径),且不应大于 100mm。

3. 预制柱连接

预制柱连接节点通常为湿式连接,当房屋高度不大于 12m 或层数不超过 3 层时,柱纵向钢筋可采用钢筋套筒灌浆、浆锚搭接、焊接等方式连接;当房屋高度大于 12m 或层数超过 3 层时,宜采用钢筋套筒灌浆连接,如图 16.17 所示。

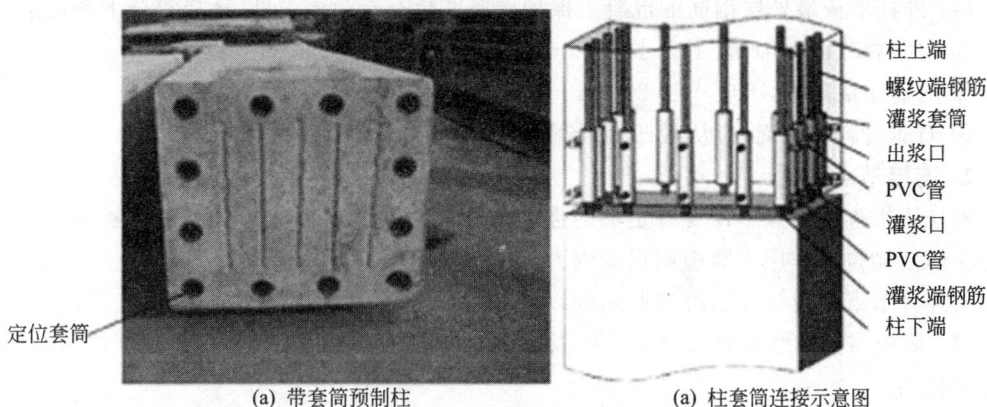

柱上端
螺纹端钢筋
灌浆套筒
出浆口
PVC管
灌浆口
PVC管
灌浆端钢筋
柱下端

定位套筒

(a) 带套筒预制柱　　　　　(a) 柱套筒连接示意图

图 16.17　采用钢筋套筒灌浆湿式连接的预制柱

在采用预制柱及叠合梁的装配整体式框架中,柱底接缝宜设置在楼面标高处,后浇节点区混凝土上表面应设置粗糙面,柱纵向受力钢筋应贯穿后浇节点区。柱底接缝厚度宜为 20mm,并采用灌浆料填实。

4. 梁柱连接

采用预制柱及叠合梁的装配式框架节点,梁纵向受力钢筋应伸入后浇节点区域内锚固或连接,并应符合下列规定。

(1) 对框架中间层中节点,节点两侧的梁下部纵向受力钢筋宜锚固在后浇节点区内,可采用 90°弯折锚固,也可采用机械连接或焊接的方式直接连接。

(2) 对框架中间层边节点,当柱截面尺寸不满足梁纵向受力钢筋的直线锚固要求时,应采用锚固板锚固,也可采用 90°弯折锚固。

(3) 对框架顶层中节点,梁纵向受力钢筋的构造符合本条(1)框架中层中节点中关于梁纵向受力钢筋的构造的规定。柱纵向受力钢筋宜采用直线锚固;当梁截面尺寸不满足直线锚固要求时,宜采用锚固板锚固。

(4) 对框架顶层端节点,梁下部纵向受力钢筋应锚固在后浇节点区内,且宜采用锚固板的锚固方式。

(5) 用预制柱及叠合梁的装配整体式框架节点,考虑到梁柱节点区域空间狭小,不利于钢筋连接,同时节点区域内钢筋布置较多,不利于混凝土充分振捣,因此可以将梁下部纵向受力钢筋延伸至节点区外的后浇段内连接,连接接头与节点区的距离不应小于 1.5h(h 为梁截面有效高度)。

16.2.4　外挂墙板构造

1. 墙板结构构造

(1)外挂墙板的高度不宜大于一个层高,厚度不宜小于 100mm。

(2)外挂墙板宜采用双层、双向配筋,竖向和水平钢筋的配筋率均不应小于 0.15%,且钢筋直径不宜小于 5mm,间距不宜大于 200mm。

(3)外挂墙板薄弱部分应配置加强钢筋。

(4)外挂墙板最外层钢筋的混凝土保护层厚度除有专门要求外,还应符合下列规定。

① 对石材或面砖饰面,不应小于 15mm。

② 对清水混凝土,不应小于 20mm。

③ 对露骨料装饰面,应从最凹处混凝土表面计起,且不应小于 20mm。

2. 连接节点布置

外挂墙板连接节点不仅要有足够的强度和刚度以保证墙板与主体结构可靠连接,还要避免主体结构位移作用于墙板而形成内力。

对连接节点的设计要求可以归纳为以下几点。

(1)墙板与主体结构应有可靠连接以保证墙板在自重、风荷载、地震作用下的承载能力和正常使用。

(2)当主体结构发生位移时,墙板相对于主体结构应可以"移动"。

(3)连接节点部件的强度与变形满足使用要求和规范规定。

(4)连接节点位置有足够的空间可以进行安装作业以及放置和锚固连接预埋件。

小　结

装配式混凝土建筑形式有板材建筑、盒式建筑、骨架板材建筑、升板和升层建筑。

装配式混凝土建筑结构类型体系有全装配混凝土结构和装配整体式混凝土结构。其中后者又分为装配整体式框架结构、装配整体式剪力墙结构、装配整体式框架—剪力墙结构。

装配式混凝土结构连接方式包括钢筋套筒灌浆连接、浆锚搭接连接、后浇混凝土连接、螺栓连接、焊接连接。

本学习单元最后介绍了叠合楼盖板缝、支座构造,梁柱构造,剪力墙构造,外挂墙板构造,附属构件构造处理方法。

学习单元 16 习题

参 考 文 献

[1] 夏玲涛,邬京虹.施工图识读[M].北京:高等教育出版社,2019.

[2] 钟振宇,那丽岩.装配式混凝土建筑构造[M].北京:科学出版社,2018.

[3] 陈鹏,叶财华,姜荣斌.装配式混凝土建筑识图与构造[M].北京:机械工业出版社,2020.

[4] 张小平.建筑识图与房屋构造[M].3 版.武汉:武汉理工大学出版社,2018.

[5] 叶雁冰,刘克难.房屋建筑学[M].北京:机械工业出版社,2017.

[6] 张小平.建筑工程图绘制与识读[M].北京:高等教育出版社,2014.

[7] 肖芳.建筑构造[M].2 版.北京:北京大学出版社,2016.

附录 "1+X" 建筑工程识图职业技能等级样题

样题一 样题二